S2k-Leitlinie – Labordiagnostik schwangerschaftsrelevanter Virusinfektionen

Deutsche Vereinigung zur Bekämpfung
der Viruskrankheiten e.V. (DVV e.V.)
Gesellschaft für Virologie e.V. (GfV e.V.)
(Hrsg.)

S2k-Leitlinie – Labordiagnostik schwangerschafts-relevanter Virusinfektionen

Herausgeber

Federführende Fachgesellschaften:
Deutsche Vereinigung zur Bekämpfung der Viruskrankheiten (DVV e.V.)
Gesellschaft für Virologie (GfV e.V.)

Beteiligte Fachgesellschaften:
Deutsche Gesellschaft für Gynäkologie und Geburtshilfe (DGGG e.V.)
Berufsverband der Frauenärzte (BvF e.V.)
Deutsche Gesellschaft für Pädiatrische Infektiologie (DGPI e.V.)
Gesellschaft für Neonatologie und pädiatrische Intensivmedizin (GNPI e.V.)
Berufsverband der Ärzte für Mikrobiologie und Infektionsepidemiologie (BÄMI e.V.)

Leitung und Koordination:
Prof. Dr. Susanne Modrow
Institut für Medizinische Mikrobiologie und Hygiene, Universität Regensburg

Dr. Daniela Huzly
Institut für Virologie, Universitätsklinikum Freiburg

ISBN 978-3-662-43480-2
DOI 10.1007/978-3-662-43481-9

ISBN 978-3-662-43481-9 (eBook)

Die Deutsche Nationalbibliothek verzeichnet diese Publikation in der Deutschen Nationalbibliografie; detaillierte bibliografische Daten sind im Internet über http://dnb.d-nb.de abrufbar.

SpringerMedizin
Springer-Verlag Berlin Heidelberg
© DVV, GfV 2014

Dieses Werk ist urheberrechtlich geschützt. Die dadurch begründeten Rechte, insbesondere die der Übersetzung, des Nachdrucks, des Vortrags, der Entnahme von Abbildungen und Tabellen, der Funksendung, der Mikroverfilmung oder der Vervielfältigung auf anderen Wegen und der Speicherung in Datenverarbeitungsanlagen, bleiben, auch bei nur auszugsweiser Verwertung, vorbehalten. Eine Vervielfältigung dieses Werkes oder von Teilen dieses Werkes ist auch im Einzelfall nur in den Grenzen der gesetzlichen Bestimmungen des Urheberrechtsgesetzes der Bundesrepublik Deutschland vom 9. September 1965 in der jeweils geltenden Fassung zulässig. Sie ist grundsätzlich vergütungspflichtig. Zuwiderhandlungen unterliegen den Strafbestimmungen des Urheberrechtsgesetzes.

Produkthaftung: Für Angaben über Dosierungsanweisungen und Applikationsformen kann vom Verlag keine Gewähr übernommen werden. Derartige Angaben müssen vom jeweiligen Anwender im Einzelfall anhand anderer Literaturstellen auf ihre Richtigkeit überprüft werden.

Die Wiedergabe von Gebrauchsnamen, Warenbezeichnungen usw. in diesem Werk berechtigt auch ohne besondere Kennzeichnung nicht zu der Annahme, dass solche Namen im Sinne der Warenzeichen- und Markenschutzgesetzgebung als frei zu betrachten wären und daher von jedermann benutzt werden dürfen.

Planung: Dr. Sabine Hoeschele, Heidelberg
Projektmanagement: Hiltrud Wilbertz, Heidelberg
Lektorat: Monika Liesenhoff, Bonn
Projektkoordination: Michael Barton, Heidelberg
Umschlaggestaltung: deblik Berlin
Fotonachweis Umschlag: © DVV – Deutsche Vereinigung zur Bekämpfung der Viruskrankheiten e.V. // GfV – Gesellschaft für Virologie e.V.
Herstellung: Crest Premedia Solutions (P) Ltd., Pune, India

Gedruckt auf säurefreiem und chlorfrei gebleichtem Papier

Springer Medizin ist Teil der Fachverlagsgruppe Springer Science+Business Media
www.springer.com

Vorwort

Die vorliegende S2k-Leitlinie beschreibt die Notwendigkeit und Vorgehensweise der labordiagnostischen Abklärung von Virusinfektionen während der Schwangerschaft. Dabei werden sowohl grundlegende, für die meisten Virusinfektionen gültige Empfehlungen ausgesprochen als auch spezielle Fragen behandelt. Die virusspezifischen Abschnitte sind jeweils untergliedert in einen grundlegenden Teil mit den »Kenndaten« und dem »Stand der Technik« sowie in einen speziellen Teil, in dem detaillierte Angaben zur diagnostischen Vorgehensweise vor, während und nach der Schwangerschaft gemacht werden. Angesichts der sehr umfangreichen Thematik war es notwendig, sich auf ausgewählte Infektionen zu beschränken. Der Fokus der Leitlinie liegt deswegen auf Virusinfektionen, von denen aufgrund von Veröffentlichungen und/oder langjährigen Erfahrungen bekannt ist, dass sie

1. die Gesundheit des werdenden Kindes gefährden und kausal mit Embryopathien, Fetopathien, fetalen Todesfällen und/oder mit Spätfolgen (neonatalen Erkrankungen) einhergehen und/oder
2. in besonderem Maße die Gesundheit der Schwangeren gefährden.

Wegen der Fokussierung der Leitlinie auf die labordiagnostische Vorgehensweise wurde auf die Details von therapeutischen Maßnahmen als mögliche Konsequenz der diagnostischen Befunde verzichtet; Entsprechendes gilt für präventive Impfungen. Falls möglich, wird in diesen Fällen jedoch auf andere Leitlinien beziehungsweise auf die Impfempfehlungen der Ständigen Impfkommission des Robert-Koch-Instituts (STIKO) verwiesen.

Wir danken den Springerverlag und insbsondere Frau Dr. Sabine Höschele und Frau Hiltrud Wilbartz für die schnelle Zusage zum Druck und die ansprechende Gestaltung des Manuskripts sowie Frau Monika Liesenhoff für das Lektorat.

Prof. Dr. Susanne Modrow
Dr. Daniela Huzly
Im Juni 2014

Inhaltsverzeichnis

1	**Einleitung**	1
	Susanne Modrow	
1.1	Zielsetzung und Zielgruppen	2
1.2	Gliederung der Leitlinie und Auswahl der abzuhandelnden Virusinfektionen	2

I Sektion I Empfehlungen, die alle Virusinfektionen betreffen

2	**Virusinfektionen als Risiko für die Schwangerschaft**	7
	Susanne Modrow	
2.1	Grundlegendes	8
2.2	Abschätzung der Häufigkeit der besprochenen Virusinfektionen in Deutschland	8
2.3	Abhängigkeit der Maßnahmen und der labordiagnostischen Untersuchung von den Schwangerschaftsphasen	9
3	**Allgemeine Empfehlungen**	11
	Susanne Modrow	
3.1	Empfehlungen zur Vermeidung von akuten Virusinfektionen	12
3.2	Empfehlung zur Archivierung von Untersuchungsproben aus der Frühphase der Schwangerschaft	14
4	**Regeln für Transport und Lagerung des Probenmaterials**	17
	Susanne Modrow	
4.1	Transport und Lagerung der Proben für den Virusdirektnachweis	18
4.2	Transport und Lagerung der Proben für den Nachweis von virusspezifischen Antikörpern	18

II Sektion II Spezielle Daten und Empfehlungen: Impfpräventable Virusinfektionen

5	**Hepatitis B**	21
	Klaus Korn	
5.1	Grundlegende Informationen zu Hepatitis-B-Virus	22
5.2	Allgemeine Daten zur Labordiagnostik der Hepatitis-B-Virusinfektion	23
5.2.1	Diagnostische Methoden (Stand der Technik) und Transport der Proben	23
5.2.2	Allgemeine Fragestellungen zur Labordiagnostik	25
5.2.3	Diagnostische Probleme	27
5.3	Spezielle Fragestellungen zur Labordiagnostik der Hepatitis-B-Virusinfektion	28
5.3.1	Labordiagnostik von Hepatitis-B-Virusinfektionen vor der Schwangerschaft	28
5.3.2	Labordiagnostik der Hepatitis-B-Virusinfektion während der Schwangerschaft	29
5.3.3	Labordiagnostik der Hepatitis-B-Virusinfektion nach der Schwangerschaft und/oder beim Neugeborenen	34
	Literatur	35
6	**Influenza**	37
	Daniela Huzly	
6.1	Grundlegende Informationen zu Influenzaviren	38

6.2	Allgemeine Daten zur Labordiagnostik der Influenzavirusinfektion	39
6.2.1	Diagnostische Methoden (Stand der Technik) und Transport von Proben	39
6.2.2	Allgemeine Fragestellungen zur Labordiagnostik	40
6.2.3	Diagnostische Probleme	41
6.3	Spezielle Fragestellungen zur Labordiagnostik der Influenzavirusinfektion	41
6.3.1	Labordiagnostik von Influenzavirusinfektionen vor der Schwangerschaft	41
6.3.2	Labordiagnostik von Influenzavirusinfektionen während der Schwangerschaft	41
6.3.3	Labordiagnostik von Influenzavirusinfektionen nach der Schwangerschaft und/oder beim Neugeborenen	43
	Literatur	44
7	**Masern**	45
	Annette Mankertz	
7.1	Grundlegende Informationen zum Masernvirus	46
7.2	Allgemeine Daten zur Labordiagnostik der Masernvirusinfektion	47
7.2.1	Diagnostische Methoden (Stand der Technik) und Transport von Proben	47
7.2.2	Allgemeine Fragestellungen zur Labordiagnostik	48
7.2.3	Diagnostische Probleme	50
7.3	Spezielle Fragestellungen zur Labordiagnostik der Masernvirusinfektion	50
7.3.1	Labordiagnostik von Masernvirusinfektionen vor der Schwangerschaft	50
7.3.2	Labordiagnostik von Masernvirusinfektionen während der Schwangerschaft	52
7.3.3	Labordiagnostik von Masernvirusinfektionen nach der Schwangerschaft und/oder beim Neugeborenen	56
	Literatur	57
8	**Mumps**	59
	Annette Mankertz	
8.1	Grundlegende Informationen zu Mumpsvirus	60
8.2	Allgemeine Daten zur Labordiagnostik der Mumpsvirusinfektion	61
8.2.1	Diagnostische Methoden (Stand der Technik) und Transport von Proben	61
8.2.2	Allgemeine Fragestellungen zur Labordiagnostik	62
8.2.3	Diagnostische Probleme	64
8.3	Spezielle Fragestellungen zur Labordiagnostik der Mumpsvirusinfektion	64
8.3.1	Labordiagnostik von Mumpsvirusinfektionen vor der Schwangerschaft	64
8.3.2	Labordiagnostik von Mumpsvirusinfektionen während der Schwangerschaft	66
8.3.3	Labordiagnostik von Mumpsvirusinfektionen nach der Schwangerschaft und/oder beim Neugeborenen	69
	Literatur	70
9	**Röteln**	73
	Annette Mankertz	
9.1	Grundlegende Informationen zu Rötelnvirus	74
9.2	Allgemeine Daten zur Labordiagnostik der Rötelnvirusinfektion	75
9.2.1	Diagnostische Methoden (Stand der Technik) und Transport von Proben	75
9.2.2	Allgemeine Fragestellungen zur Labordiagnostik	77
9.2.3	Diagnostische Probleme	81
9.3	Spezielle Fragestellungen zur Labordiagnostik der Rötelnvirusinfektion	81

9.3.1	Labordiagnostik von Rötelnvirusinfektionen vor der Schwangerschaft	81
9.3.2	Labordiagnostik von Rötelnvirusinfektionen während der Schwangerschaft	83
9.3.3	Labordiagnostik von Rötelnvirusinfektionen nach der Schwangerschaft und/oder beim Neugeborenen	89
	Literatur	91

10 Windpocken (Varizellen) ... 95
Andreas Sauerbrei

10.1	Grundlegende Informationen zu Varicella-Zoster-Virus	96
10.2	Allgemeine Daten zur Labordiagnostik der Varicella-Zoster-Virusinfektion	97
10.2.1	Diagnostische Methoden (Stand der Technik) und Transport von Proben	97
10.2.2	Allgemeine Fragestellungen zur Labordiagnostik	99
10.2.3	Diagnostische Probleme	101
10.3	Spezielle Fragestellungen zur Labordiagnostik der Varicella-Zoster-Virusinfektion	101
10.3.1	Labordiagnostik von Varicella-Zoster-Virusinfektionen vor der Schwangerschaft	101
10.3.2	Labordiagnostik von Varicella-Zoster-Virusinfektionen während der Schwangerschaft	103
10.3.3	Labordiagnostik von Varicella-Zoster-Virusinfektionen nach der Schwangerschaft und/oder beim Neugeborenen	107
	Literatur	109

III Sektion III Spezielle Daten und Empfehlungen: Nicht impfpräventable Virusinfektionen

11 AIDS (erworbene Immunschwäche) ... 113
Klaus Korn

11.1	Grundlegende Informationen zu Humanen Immundefizienzviren (HIV)	114
11.2	Allgemeine Daten zur Labordiagnostik der HIV-Infektion	115
11.2.1	Diagnostische Methoden (Stand der Technik) und Transport der Proben	115
11.2.2	Allgemeine Fragestellungen zur Labordiagnostik	117
11.2.3	Diagnostische Probleme	118
11.3	Spezielle Fragestellungen zur Labordiagnostik der HIV-Infektion	118
11.3.1	Labordiagnostik der HIV-Infektion vor der Schwangerschaft	119
11.3.2	Labordiagnostik der HIV-Infektion während der Schwangerschaft	119
11.3.3	Labordiagnostik der HIV-Infektion nach der Schwangerschaft und/oder beim Neugeborenen	122
	Literatur	124

12 Enterovirus-Infektionen ... 125
Daniela Huzly

12.1	Grundlegende Informationen zu Enteroviren	126
12.2	Allgemeine Daten zur Labordiagnostik der Enterovirusinfektion	127
12.2.1	Diagnostische Methoden (Stand der Technik) und Transport von Proben	127
12.2.2	Allgemeine Fragestellungen zur Labordiagnostik	128
12.2.3	Diagnostische Probleme	129
12.3	Spezielle Fragestellungen zur Labordiagnostik der Enterovirusinfektion	129
12.3.1	Labordiagnostik von Enterovirusinfektionen vor der Schwangerschaft	129
12.3.2	Labordiagnostik von Enterovirusinfektionen während der Schwangerschaft	129

12.3.3	Labordiagnostik von Enterovirusinfektionen nach der Schwangerschaft und/oder beim Neugeborenen.	130
	Literatur.	132
13	**Hepatitis C**.	133
	Klaus Korn	
13.1	Grundlegende Informationen zu Hepatitis-C-Virus	134
13.2	Allgemeine Daten zur Labordiagnostik der Hepatitis-C-Virusinfektion.	135
13.2.1	Diagnostische Methoden (Stand der Technik) und Transport von Proben	135
13.2.2	Allgemeine Fragestellungen zur Labordiagnostik	137
13.2.3	Diagnostische Probleme.	139
13.3	Spezielle Fragestellungen zur Labordiagnostik der Hepatitis-C-Virusinfektion.	139
13.3.1	Labordiagnostik von Hepatitis-C-Virusinfektionen vor der Schwangerschaft	139
13.3.2	Labordiagnostik von Hepatitis-C-Virusinfektionen während der Schwangerschaft.	140
13.3.3	Labordiagnostik von Hepatitis-C-Virusinfektionen nach der Schwangerschaft und/oder beim Neugeborenen.	142
	Literatur.	143
14	**Herpes-simplex-Virusinfektionen**.	145
	Andreas Sauerbrei	
14.1	Grundlegende Informationen zu Herpes-simplex-Virus.	146
14.2	Allgemeine Daten zur Labordiagnostik der Herpes-simplex-Virusinfektion	148
14.2.1	Diagnostische Methoden (Stand der Technik) und Transport von Proben	148
14.2.2	Allgemeine Fragestellungen zur Labordiagnostik der Herpes-simplex-Virusinfektion	149
14.2.3	Diagnostische Probleme.	151
14.3	Spezielle Fragestellungen zur Labordiagnostik der Herpes-simplex-Virusinfektion	151
14.3.1	Labordiagnostik von Herpes-simplex-Virusinfektionen vor der Schwangerschaft.	151
14.3.2	Labordiagnostik von Herpes-simplex-Virusinfektionen während der Schwangerschaft	152
14.3.3	Labordiagnostik von Herpes-simplex-Virusinfektionen nach der Schwangerschaft und/oder beim Neugeborenen.	155
	Literatur.	156
15	**Lymphozytäre Choriomeningitis**.	159
	Susanne Modrow	
15.1	Grundlegende Informationen zum Virus der lymphozytären Choriomeningitis (LCMV).	160
15.2	Allgemeine Daten zur Labordiagnostik LCMV-Infektion	161
15.2.1	Diagnostische Methoden (Stand der Technik) und Transport von Proben	161
15.2.2	Allgemeine Fragestellungen zur Labordiagnostik	162
15.2.3	Diagnostische Probleme.	163
15.3	Spezielle Fragestellungen zur Labordiagnostik der LCMV-Virus-Infektion	163
15.3.1	Labordiagnostik von LCMV-Infektionen vor der Schwangerschaft	163
15.3.2	Labordiagnostik von LCMV-Infektionen während der Schwangerschaft.	164
15.3.3	Labordiagnostik von LCMV-Infektionen nach der Schwangerschaft und/oder beim Neugeborenen.	167
	Literatur.	168

16	**Parechovirusinfektionen**	171
	Daniela Huzly	
16.1	Grundlegende Informationen zu Parechoviren	172
16.2	Allgemeine Daten zur Labordiagnostik der Parechovirusinfektion	173
16.2.1	Diagnostische Methoden (Stand der Technik) und Transport von Proben	173
16.2.2	Allgemeine Fragestellungen zur Labordiagnostik	173
16.3	Spezielle Fragestellungen zur Labordiagnostik der Parechovirusinfektion	174
16.3.1	Labordiagnostik von Parechovirusinfektionen vor der Schwangerschaft	174
16.3.2	Labordiagnostik von Parechovirusinfektionen während der Schwangerschaft	174
16.3.3	Labordiagnostik von Parechovirusinfektionen nach der Schwangerschaft und/oder beim Neugeborenen	174
	Literatur	176

17	**Ringelröteln**	177
	Susanne Modrow	
17.1	Grundlegende Informationen zu Parvovirus B19	178
17.2	Allgemeine Daten zur Labordiagnostik der Parvovirus-B19-Infektion	179
17.2.1	Diagnostische Methoden (Stand der Technik) und Transport von Proben	179
17.2.2	Allgemeine Fragestellungen zur Labordiagnostik	179
17.2.3	Diagnostische Probleme	182
17.3	Spezielle Fragestellungen zur Labordiagnostik der Parvovirus-B19-Infektion	183
17.3.1	Labordiagnostik von Parvovirus-B19-Infektionen vor der Schwangerschaft	183
17.3.2	Labordiagnostik von Parvovirus-B19-Infektionen während der Schwangerschaft	184
17.3.3	Labordiagnostik von Parvoirus-B19-Infektionen nach der Schwangerschaft und/oder beim Neugeborenen	189
	Literatur	191

18	**Zytomegalie**	195
	Klaus Hamprecht	
18.1	Grundlegende Informationen zum Zytomegalievirus	196
18.2	Allgemeine Daten zur Labordiagnostik der Zytomegalievirusinfektion	198
18.2.1	Diagnostische Methoden (Stand der Technik) und Transport der Proben	198
18.2.2	Allgemeine Fragestellungen zur Labordiagnostik der Zytomegalievirusinfektion	200
18.2.3	Diagnostische Probleme	204
18.3	Spezielle Fragen zur Labordiagnostik der Zytomegalievirus-(CMV)-Infektion	204
18.3.1	Labordiagnostik von CMV-Infektionen vor der Schwangerschaft	204
18.3.2	Labordiagnostik von CMV-Infektionen während der Schwangerschaft	206
18.3.3	Labordiagnostik von Zytomegalievirusinfektionen nach der Schwangerschaft und/oder beim Neugeborenen	212
	Literatur	214

	Anhang	221

Mitarbeiterverzeichnis

Federführende Fachgesellschaften
Deutsche Vereinigung zur Bekämpfung der
Viruskrankheiten (DVV e.V.)
Gesellschaft für Virologie (GfV e.V.)

Beteiligte Fachgesellschaften
Deutsche Gesellschaft für Gynäkologie und
Geburtshilfe (DGGG e.V.)
Berufsverband der Frauenärzte (BvF e.V.)
Deutsche Gesellschaft für Pädiatrische
Infektiologie (DGPI e.V.)
Gesellschaft für Neonatologie und pädiatrische
Intensivmedizin (GNPI e.V.)
Berufsverband der Ärzte für Mikrobiologie und
Infektionsepidemiologie (BÄMI e.V.)

Leitung und Koordination

Modrow, Susanne, Prof. Dr. rer. nat.
Institut für Medizinische Mikrobiologie und
Hygiene
Konsilarlabor Parvoviren
Universität Regensburg
Franz-Josef-Strauß-Allee 11
93053 Regensburg
susanne.modrow@klinik.uni-regensburg.de

Huzly, Daniela, Dr. med.
Institut für Virologie
Department für Medizinische Mikrobiologie und
Hygiene
Universitätsklinikum Freiburg
Hermann-Herder-Straße 11
79104 Freiburg
daniela.huzly@uniklinik-freiburg.de

**Beteiligte Wissenschaftlerinnen und
Wissenschaftler (in alphabetischer
Reihenfolge)**

Enders, Martin, PD Dr. med.
Labor Enders und Partner MVZ GbR
Rosenbergstraße 85
70193 Stuttgart
menders@labor-enders.de

Gärtner, Barbara, Prof. Dr. med.
Institut für Medizinische Mikrobiologie und
Hygiene
Universitätsklinikum des Saarlandes
Kirrberger Straße
66424 Homburg/Saar
barbara.gaertner@uks.eu

Fleckenstein, Bernhard, Prof. Dr. med.
Institut für Klinische und Molekulare Virologie
Schloßgarten 4
91054 Erlangen
klaus.korn@viro.med.uni-erlangen.de

Gembruch, Ulrich, Prof. Dr. med.
Frauenklinik
Abteilung für Geburtshilfe und Pränatalmedizin
Universitätsklinikum Bonn
Sigmund-Freud-Str. 25
53127 Bonn
ulrich.gembruch@ukb.uni-bonn.de

Hamprecht, Klaus, Prof. Dr. med. Dr. rer. nat.
Institut für Medizinische Virologie und
Epidemiologie der Viruskrankheiten
Universitätsklinikum Tübingen
Elfriede-Aulhorn-Str. 6
72076 Tübingen
klaus.hamprecht@med.uni-tuebingen.de

Hoyme, Udo, Prof. Dr. med.
Klinik für Frauenheilkunde
St. Georg Klinikum Eisenach gGmbH
Mühlhäuser Str. 94–95
99817 Eisenach
udo.hoyme@stgeorgklinikum.de

Knuf, Markus, Prof. Dr. med.
Klinik für Kinder und Jugendliche
Horst-Schmidt-Klinikum
Ludwig-Erhard-Str. 100
65199 Wiesbaden
markus.knuf@hsk-wiesbaden.de

Korn, Klaus, Dr. med.
Institut für Klinische und Molekulare Virologie
Schloßgarten 4
91054 Erlangen
klaus.korn@viro.med.uni-erlangen.de

Mankertz, Annette, Prof. Dr. rer. nat.
Nationales Referenzzentrum für Masern, Mumps, Röteln
Robert Koch-Institut
Nordufer 20
13353 Berlin
mankertza@rki.de

Mertens, Thomas, Prof. Dr. med.
Institut für Virologie
Universitätsklinikum Ulm
Albert-Einstein-Allee 11
89081 Ulm
thomas.mertens@uniklinik-ulm.de

Mylonas, Ioannis, Prof. Dr. med.
Klinik und Poliklinik für Frauenheilkunde und Geburtshilfe
Ludwig-Maximilians-Universität
Maistraße 11
80337 München
Ioannis.Mylonas@med.uni-muenchen.de

Roll, Claudia, Prof. Dr. med.
Fachbereich für Neonatologie und pädiatrische Intensivmedizin, Perinatalzentrum
Vestische Kinder- und Jugendklinik (Universität Witten/Herdecke)
Dr.-Friedrich-Steiner-Str. 5
45711 Datteln
claudia.roll@uni-due.de

Sauerbrei, Andreas, Prof. Dr. med.
Institut für Virologie und Antivirale Therapie
Universitätsklinikum Jena
Hans-Knöll-Str. 2
07745 Jena
andreas.sauerbrei@med.uni-jena.de

Wirth, Stefan, Prof. Dr. med.
Zentrum für Kinder- und Jugendmedizin
Helios Klinikum Wuppertal
Heusnerstraße 40 40
42283 Wuppertal
stefan.wirth@helios-kliniken.de

Wojcinski, Michael, Dr. med.
Facharzt für Frauenheilkunde
Schulstr. 16
82490 Farchant
dr@wojcinski.de

Wutzler, Peter, Prof. Dr.
Institut für Virologie und Antivirale Therapie
Universitätsklinikum Jena
Hans-Knöll-Str. 2
07745 Jena
peter.wutzler@med.uni-jena.de

Zeichhardt, Heinzm, Prof. Dr. rer. nat.
Institut für Infektionsmedizin, Abteilung für Virologie
Charité – Universitätsmedizin Berlin
Campus Benjamin Franklin
Hindenburgdamm 27
12203 Berlin
heinz.zeichhardt@charite.de

Moderation

Bellmann, Daniela, Dr. med.
REMAKS (Rechtsmedizin am Klinikum Saarbrücken)
Winterberg 1
66119 Saarbrücken
d.bellmann@remaks.de

Sitter, Helmut, PD Dr. med.
Abteilung für chirurgische Forschung
Universität Marburg
Baldingerstraße
35033 Marburg
sitter@med.uni-marburg.de

Einleitung

Susanne Modrow

1.1 Zielsetzung und Zielgruppen – 2

1.2 Gliederung der Leitlinie und Auswahl der abzuhandelnden Virusinfektionen – 2

1.1 Zielsetzung und Zielgruppen

Virusinfektionen während der Schwangerschaft können Auswirkungen auf die Gesundheit des Feten wie auch der Schwangeren selbst haben und erfordern deswegen eine besondere Aufmerksamkeit. Die Mutterschaftsrichtlinien des Gemeinsamen Bundesausschusses der Krankenkassen (GBA) legen fest, dass Schwangere in ausreichendem Maße ärztlich untersucht und beraten werden sollen. In ihr sind auch einige wenige Vorgaben zur Diagnostik von Virusinfektionen (Rötelnvirus, humanes Immundefizienzvirus/HIV, Hepatitis-B-Virus) beziehungsweise des Immunschutzes vor diesen verankert.

Die hier vorliegende Leitlinie »Labordiagnostik schwangerschaftsrelevanter Virusinfektionen« behandelt alle Virusinfektionen, die sich durch aktuelle wissenschaftliche Daten als »schwangerschaftsrelevant« erwiesen haben. In dieser Hinsicht richten sich die Empfehlungen an in der Klinik tätige und niedergelassene Ärztinnen und Ärzte, die an der Betreuung und Behandlung von Schwangeren beteiligt sind. Hierzu zählen außer den in der Allgemeinmedizin, Gynäkologie, Geburtshilfe, Perinatologie und Neonatologie Tätigen auch die Ärztinnen und Ärzte der Fachrichtungen Arbeitsmedizin, Laboratoriumsmedizin sowie Mikrobiologie, Virologie und Infektionsepidemiologie.

Eine weitere Zielgruppe, an welche sich die vorliegende Leitlinie richtet, wird von den gesundheitspolitischen Entscheidungsträgern repräsentiert. In die Leitlinie mit einbezogen wurden deswegen auch diejenigen Infektionen, bei denen der Verdacht auf einen kausalen Zusammenhang mit Schwangerschaftskomplikationen nicht belegt ist, die aber aktuell in einigen Bundesländern im Rahmen von arbeitsmedizinischen Vorsorgeuntersuchungen labordiagnostisch erfasst werden. Unsere Empfehlungen basieren ausschließlich auf wissenschaftlichen Erkenntnissen und publizierten Daten. Auf gesetzliche und/oder behördliche Vorgaben, die in einzelnen Bundesländern existieren und für bestimmte ärztlich/tierärztlich/pflegerisch tätige Berufsgruppen oder für in Erziehungsberufen tätige Frauen vorgeschrieben sind, wird in den Empfehlungen nicht eingegangen. Es ist den Autorinnen und Autoren dieser Leitlinie ein Anliegen, dass die abgestimmten und ausgesprochenen Empfehlungen für notwendige labordiagnostische Testungen Eingang in eine bundesweite Handhabung der gesetzlichen/behördlichen Vorgaben finden und nicht empfohlene Untersuchungen eingeschränkt werden.

1.2 Gliederung der Leitlinie und Auswahl der abzuhandelnden Virusinfektionen

Die Leitlinie »Labordiagnostik schwangerschaftsrelevanter Virusinfektionen« entspricht nach Kriterien der Arbeitsgemeinschaft der wissenschaftlichen medizinischen Fachgesellschaften (AWMF) einer S2k-Leitlinie. Sie wurde von einer Arbeitsgruppe erstellt, welche durch die in Deutschland aktiven virologischen Fachgesellschaften (DVV e. V. – Deutsche Vereinigung zur Bekämpfung der Viruskrankheiten e. V. und GfV e. V. – Gesellschaft für Virologie.) eingesetzt wurde. Ergänzt wurde die Leitliniengruppe durch Mitglieder der Deutschen Gesellschaft für Gynäkologie und Geburtshilfe (DGGG e. V.), des Berufsverbandes der Frauenärzte (BvF e.V), des Berufsverbandes der Ärzte für Mikrobiologie und Infektionsepidemiologie (BÄMI e. V.), der Deutschen Gesellschaft für Pädiatrische Infektiologie (DGPI e. V.) und der Gesellschaft für Neonatologie und pädiatrische Intensivmedizin (GNPI e. V.). Die an der Erstellung der Leitlinie beteiligten Wissenschaftlerinnen und Wissenschaftler sowie ihre Adressen sind im Anhang angegeben.

1.2 · Gliederung der Leitlinie und Auswahl der abzuhandelnden Virusinfektionen

Es wurde im Konsens entschieden, die labordiagnostische Vorgehensweise für die Virusinfektionen zu besprechen,
1. bei denen es ausreichendes Wissen über ihre Auswirkungen auf die Gesundheit des Feten (Embryo-/Fetopathie, Abort) und/oder der Schwangeren (schwerer Verlauf der Infektion) gibt, die mit Daten (Veröffentlichungen, Cochrane-Reports etc.) belegbar sind,
2. bei denen die durch die Labordiagnostik erworbenen Kenntnisse eine Grundlage bilden, um durch entsprechende Maßnahmen (Hygiene, Therapie, Impfung) die Gesundheit des Feten/der Schwangeren zu beeinflussen,
3. die in Deutschland endemisch auftreten,
4. die aktuell in einigen Bundesländern im Rahmen von arbeitsmedizinischen Vorsorgeuntersuchungen labordiagnostisch erfasst werden.

Die Leitlinie ist wie folgt aufgebaut:
- Sektion I Grundlegende Empfehlungen, welche für alle abgehandelten Virusinfektionen zutreffen
- Sektion II Spezielle Daten und Empfehlungen: Impfpräventable Viruserkrankungen
- Sektion III Spezielle Daten und Empfehlungen: Nicht impfpräventabler Virusinfektionen

Jedes der Kapitel 5–18 wurde weiter untergliedert in einen Basisteil, der tabellarisch die Hintergrundinformationen zur jeweiligen Virusinfektion und -erkrankung sowie zum Stand der labordiagnostischen Methodik mit grundlegenden Empfehlungen zur Bestimmung des Infektionsstatus gibt. Darauf aufbauend enthält jedes Kapitel einen speziellen Teil, in dem sich Empfehlungen zur diagnostischen Vorgehensweise vor, während und nach der Schwangerschaft finden. Diese speziellen Abschnitte wurden im Frage-und-Antwort-Stil abgefasst.

Alle Konsensuspassagen sind im Text graphisch durch Umrahmung hervorgehoben. Zur Standardisierung der Empfehlungen wurden einheitliche Formulierungen verwendet. Es gelten hierbei folgende Abstufungen:
1. »soll/en« – starke Empfehlung/wird dringend empfohlen
2. »sollte/n« – Empfehlung/wird empfohlen
3. »kann/können« – schwache Empfehlung
4. wird nicht empfohlen.

Sektion I
Empfehlungen, die alle Virusinfektionen betreffen

Kapitel 2   Virusinfektionen als Risiko für die Schwangerschaft – 7
Susanne Modrow

Kapitel 3   Allgemeine Empfehlungen – 11
Susanne Modrow

Kapitel 4   Regeln für Transport und Lagerung des Probenmaterials – 17
Susanne Modrow

Virusinfektionen als Risiko für die Schwangerschaft

Susanne Modrow

2.1 Grundlegendes – 8

2.2 Abschätzung der Häufigkeit der besprochenen Virusinfektionen in Deutschland – 8

2.3 Abhängigkeit der Maßnahmen und der labordiagnostischen Untersuchung von den Schwangerschaftsphasen – 9

2.1 Grundlegendes

Die Diagnostik viraler Infektionen bei Schwangeren stellt für alle Beteiligten eine besondere Herausforderung dar, da die Ergebnisse sowohl die Gesundheit der Schwangeren wie auch diejenige des Feten betreffen. Abhängig von der Entwicklungsphase des Embryos/Feten können Virusinfektionen Fehlbildungen, schwerwiegende Entwicklungsstörungen und Erkrankungen verursachen. Grundsätzlich muss davon ausgegangen werden, dass unabhängig von der jeweiligen spezifischen Symptomatik jede akute Virusinfektion, verbunden mit immunologischen Abwehrprozessen (Fieber, etc.), negative Einflüsse auf die Gesundheit von Mutter und Kind haben kann. Es ist davon auszugehen, dass während der Frühschwangerschaft auch im Allgemeinen »harmlose« Erkältungs- und Magen-Darm-Erkrankungen zu Spontanaborten führen können. Da diese Folgen von Infektionsvorgängen zahlenmäßig nicht erfasst werden, existieren hierfür keine Daten, die Empfehlungen für labordiagnostische Maßnahmen zulassen. Deswegen kann auf diese Infektionsvorgänge in der vorliegenden Leitlinie nicht speziell eingegangen werden. Statt dessen konzentrieren wir uns auf diejenigen Virusinfektionen, bei denen auf eine entsprechend umfangreiche wissenschaftliche Datenlage und Erfahrungen zurückgegriffen werden kann (siehe auch ▶ Abschn. 1.2). Bei einer in 5 Jahren notwendig werdenden Überarbeitung dieser Leitlinie können Empfehlungen für einige weitere Virusinfektionen (beispielsweise Hepatitis E) aufgenommen werden, falls zu diesem Zeitpunkt neue Daten vorliegen, welche die Integration notwendig machen.

2.2 Abschätzung der Häufigkeit der besprochenen Virusinfektionen in Deutschland

In Deutschland besteht für einige der in der vorliegenden Leitlinie besprochenen Virusinfektionen eine Meldepflicht entsprechend den Vorgaben des Infektionsschutzgesetzes. Meldepflichtig sind alle impfpräventablen Viruserkrankungen (Masern, Mumps, Röteln, Hepatitis B, Influenza, Varizellen) sowie AIDS und Hepatitis C als nicht impfpräventable Infektionen. Auch wenn die Meldepflicht für akute impfpräventable Virusinfektionen erst kürzlich eingeführt wurde und heute noch keine belastbaren Daten zur ihrer Häufigkeit zur Verfügung stehen, ist davon auszugehen, dass – mit Ausnahme der epidemisch auftretenden Influenza – akute Infektionen mit impfpräventablen Erregern bei Schwangeren eine Rarität darstellen und sich auf Einzelfälle beschränken (siehe ▶ Kap. 5–10).

Bei Betrachtung der epidemiologischen Lage nicht impfpräventabler Virusinfektionen dürfte sich in Deutschland die CMV-Primärinfektion als Hauptproblem darstellen. Bei einer 42 %igen Durchseuchung der Schwangeren und einer 0,5–1 %igen Inzidenz ist davon auszugehen, dass jährlich etwa 2.000–4.000 Schwangere akut mit CMV infiziert werden. Insbesondere CMV-Primärinfektionen vor der 20. Schwangerschaftswoche können mit einer hohen Embryo-/Fetopathie- und Schädigungsrate verbunden sein (siehe ▶ Kap. 18). Da etwa 40 % der CMV-Primärinfektionen in der Schwangerschaft intrauterin übertragen werden und etwa 1 % der konnatal Infizierten mit schweren Symptomen geboren werden (Gehör-/Sehstörungen, mentale Retardierung), treten in Deutschland jährlich geschätzte 80–160 Fälle CMV-assoziierter Langzeitschäden auf. Diese Fragestellungen dürften folglich allen Gynäkologen und Gynäkologinnen vertraut sein. An zweiter Stelle stehen akute Infektionen mit Parvovirus B 19, dem Erreger der Ringelröteln (siehe ▶ Kap. 17). Bei Schwangeren können die Infektionen bis zur 20. Schwangerschaftswoche eine behandlungsbedürftige fetale Anämie mit der Ausbildung eines Hydrops fetalis verursachen, unbehandelt haben diese Infektionen eine erhöhte

Abort- und Totgeburtsrate zur Folge. Auch wenn in diesem Fall ein höherer Anteil von über 70 % der Schwangeren durch eine zurückliegende Infektion geschützt ist, ist in Deutschland mit etwa 1.000–2.000 akuten B-19-V-Infektionen und 100 Fällen schwerer fetaler Anämie pro Jahr zu rechnen. Deutlich schwieriger ist die Zahl von Entero- und Parechovirusinfektionen einzuschätzen, die bei perinataler Übertragung schwere Enzephalitiden oder Myokarditiden bei Neugeborenen verursachen können (siehe ► Kap. 12 und ► Kap. 16). Entsprechendes gilt für das Herpes-simplex-Virus, welches bei genitaler Primärinfektion und in geringerem Maße auch bei Reaktivierung im letzten Trimenon perinatal auf das Kind übertragen werden kann und schwere systemische Infektionen mit hoher Mortalität auslöst (► Kap. 14). Eine absolute Rarität dürften LCMV-Infektionen bei Schwangeren darstellen. Die zoonotische Übertragung kann aber mit schweren Schädigungen assoziiert sein, deswegen wurde auch die labordiagnostische Vorgehensweise bei dieser Virusinfektion in die Leitlinie integriert (► Kap. 15).

Etwas anders muss die Situation bei den persistierenden Virusinfektionen (Hepatitis B, C und AIDS) betrachtet werden. Die Zahlen der in Deutschland gemeldeten Erstdiagnosen von Hepatitis-B- und Hepatitis-C-Virusinfektionen liegen aktuell bei etwa 700 beziehungsweise 5.000 Fällen pro Jahr; im Fall von AIDS werden jährlich knapp 3.000 Erstdiagnosen gemeldet. Akute Hepatitis-B-, Hepatitis-C- und HI-Virusinfektionen bei Schwangeren müssen folglich als Rarität betrachtet werden. Aufgrund der nach der akuten Infektion anhaltenden Persistenz dieser Erreger im Organismus kommt hier dem Management der chronischen Infektionen eine wesentlich größere Bedeutung zu. Wenn auch die dem Robert-Koch-Institut jährlich gemeldeten Verdachtsfälle perinataler Übertragungen von Hepatitis-B-, Hepatitis-C- und HI-Viren im niedrigen einstelligen Bereich liegen, so ist die frühzeitige korrekte Erkennung des Infektionsstatus der Schwangeren nichtsdestoweniger wegen der daraus resultierenden lebenslangen Infektion des Kindes von großer Bedeutung (► Kap. 5, ► Kap. 11, ► Kap. 13).

2.3 Abhängigkeit der Maßnahmen und der labordiagnostischen Untersuchung von den Schwangerschaftsphasen

Die verschiedenen in dieser Leitlinie behandelten Virusinfektionen haben nicht in allen Phasen der Schwangerschaft beziehungsweise der fetalen/kindlichen Entwicklung eine gleich große Bedeutung für die Gesundheit von Mutter und Kind (► Tab. 3.1). ► Tab. 3.2 gibt einen Überblick, bei welchen Virusinfektionen Maßnahmen zur Erhebung des Immun-/Infektionsstatus mit Kontrolle der Impfdokumente oder zur labordiagnostischen Bestimmung der serologischen Marker vor beziehungsweise während der Schwangerschaft sinnvoll und/oder notwendig sind. Empfehlungen zur Vorgehensweise sind im Speziellen in Sektion II und III und dort in den verschiedenen virusspezifischen Kapiteln beschrieben.

Allgemeine Empfehlungen

Susanne Modrow

3.1 Empfehlungen zur Vermeidung von akuten Virusinfektionen – 12

3.2 Empfehlung zur Archivierung von Untersuchungsproben aus der Frühphase der Schwangerschaft – 14

3.1 Empfehlungen zur Vermeidung von akuten Virusinfektionen

Während der Schwangerschaft sind akute Infektionen deswegen besonders problematisch, weil sie sowohl die Gesundheit der Schwangeren wie auch diejenige des Feten beeinträchtigen. Wie bereits in ▶ Kap. 2 ausgeführt, muss man davon ausgehen, dass jede akute Infektion mit einer erhöhten Abortrate und somit einem erhöhten Risiko für die Gesundheit des Feten/Embryo verbunden sein kann (◘ Tab. 3.1 und ◘ Tab. 3.2).

Zusätzlich stellt die Schwangerschaft für die Immunabwehr eine besondere Situation dar: Einerseits sollen die immunologischen Abwehrreaktionen die Schwangere und den Feten vor Infektionen schützen, andererseits dürfen sie den mit väterlichen und somit »fremden« Merkmalen ausgestatteten kindlichen Organismus nicht angreifen. Dieser Balanceakt hat zur Folge, dass Immunreaktionen bei Schwangeren nicht immer der Norm entsprechen. Während der Schwangerschaft sind etliche immunologische Abwehrprozesse leicht unterdrückt. Die schwangerschaftsbedingte Immunsuppression bewirkt, dass akute Virusinfektionen bei Schwangeren gelegentlich mit sehr schweren Erkrankungen verbunden sein können. Gut dokumentierte Beispiele hierfür sind Influenza, Masern oder Windpocken (▶ Kap. 6, ▶ Kap. 7, ▶ Kap. 10), die bei Schwangeren mit deutlich schwereren Symptomen einhergehen können.

Die beste Maßnahme zur Vermeidung einer Infektion ist die Impfung, die in den meisten Fällen vor der Schwangerschaft erfolgen muss. Im Rahmen dieser Leitlinie wird in ▶ Kap. 5–10 im Detail auf die Bestimmung des Immunstatus von impfpräventablen Virusinfektionen mit speziellen Empfehlungen auch zur Impfung eingegangen. Im Folgenden werden daher grundlegende Maßnahmen empfohlen, welche geeignet sind, die Übertragung von Virusinfektionen auf Schwangere zu vermeiden.

Empfehlung A1

Beratung zur Einhaltung allgemeiner Hygienemaßnahmen in der Schwangerschaft
Jede Schwangere sollte so früh wie möglich hinsichtlich hygienischer Maßnahmen zur Vermeidung der Übertragung von Virusinfektionen beraten und informiert werden. Hierzu zählen
1. die Vermeidung von Speichel-/Schleimhautkontakten (Mund-zu-Mund-Fütterung von Kleinkindern, Küssen auf den Mund, Abwischen und Nase/Mund, Ablecken von Schnullern, Flächen, Lebensmitteln etc.), regelmäßige Reinigung von Gegenständen/Oberflächen, die Kontakt mit Speichel von Kleinkindern hatten,
2. die Vermeidung von Kontakten mit Urin, insbesondere zu Kindern im Alter von unter 3 Jahren, regelmäßige Reinigung von Gegenständen/Oberflächen, die Kontakt mit Urin von Kleinkindern hatten,
3. das Waschen der Hände mit Wasser und Seife, nach Kontakten mit Speichel, Urin oder Stuhl.

Begründung der Empfehlung
Die Übertragung von Virusinfektionen erfolgt häufig durch Kontakt mit Gegenständen, die mit Speichel, Urin und/oder weiteren Ausscheidungsprodukten (Stuhl) kontaminiert sind. Durch entsprechende Hygienemaßnahmen kann die Übertragung der Erreger verhindert werden.

3.1 · Empfehlungen zur Vermeidung von akuten Virusinfektionen

◘ **Tab. 3.1** Übersicht der in der Leitlinie behandelten Viruserkrankungen/-infektionen (*nicht kursiv:* impfpräventable Infektionen, *kursiv:* nicht impfpräventable Infektionen) und die Zeiträume der Schwangerschaft, in denen die jeweilige akute oder persistierende Virusinfektion mit Komplikationen sowohl für die Gesundheit der Schwangeren wie für die des Feten einhergehen kann (? unklar, + selten, ++ häufig, +++ sehr häufig). Detaillierte Ausführungen enthalten die jeweiligen Kap. in Sektion II und III.

Erkrankung/Virus	1. Trimenon	2. Trimenon	3. Trimenon	Peri/Postnatal
Hepatitis B/Hepatitis B-Virus			+	++
Influenza/Influenzavirus		++	+	+
Masern/Masernvirus	+			
Mumps/Mumpsvirus				
Röteln-/Rubellavirus	+++	+		
Windpocken/Varizella-Zoster-Virus	+		++	++
AIDS/Humanes Immundefizienzvirus			+	++
Enterovirusinfektionen				++
Parechovirusinfektionen				++
Hepatitis C/Hepatitis-C-Virus			?	?
Herpes labialis, genitalis/ Herpes simplex Virus Typ 1, 2			++	++
Lymphozytäre Choriomeningitis/Lymphozytäres Choriomeningitis-Virus	+	+		
Ringelröteln/Parvovirus B19	++	++		
Zytomegalie/ Zytomegalievirus	+++	++	+	+

Empfehlung A2

Impfungen des ärztlich/pflegerisch tätigen Personals mit beruflichen Kontakten zu Schwangeren

Personengruppen, die beruflich Kontakt zu Schwangeren und/oder Neugeborenen haben (Ärzte/Ärztinnen, Pfleger/Pflegerinnen, medizinische Fachangestellte, Hebammen, etc.), sollen Immunschutz gegen Masern, Mumps, Röteln, Hepatitis B, saisonale Influenza und Windpocken haben. Der Immunschutz soll im Rahmen der arbeitsmedizinischen Vorsorgeuntersuchungen durch dokumentierte Impfungen entsprechend der jeweils gültigen Empfehlungen der ständigen Impfkommission (STIKO; RKI, Berlin) oder gegebenenfalls durch die in den ► Kap. 5–10 beschriebene Vorgehensweise festgestellt werden. Personen, die keinen dokumentierten Immunschutz haben, soll die Impfung angeboten werden. Auf die Risiken bezüglich einer Infektionsübertragung auf Schwangere, die sich durch den fehlenden Immunschutz ergeben, soll hingewiesen werden.

Begründung der Empfehlung
Übertragungen der genannten Virusinfektionen auf Schwangere und/oder Neugeborene, ausgehend von medizinisch tätigem Personal, müssen unter allen Umständen vermieden werden.

Tab. 3.2 Übersicht der in der Leitlinie behandelten Viruserkrankungen/-infektionen (*nicht kursiv:* impfpräventable Infektionen, *kursiv:* nicht impfpräventable Infektionen) und die Zeiträume, in denen Maßnahmen zur Klärung des Immunstatus (zurückliegende Infektion/Infektionsstatus beziehungsweise Impfstatus) notwendig sind.

Erkrankung/Virus	Vor der Schwangerschaft	Während der Schwangerschaft
Hepatitis B/Hepatitis B-Virus	Impfstatus/Impfung	Impfstatus/Impfung
Virusgrippe/Influenzavirus		Impfstatus/Impfung
Masern/Masernvirus	Impfstatus/Impfung	Impfstatus/Infektionsstatus bei Symptomen
Mumps/Mumpsvirus	Impfstatus/Impfung	Impfstatus/Infektionsstatus bei Symptomen
Röteln/Rubellavirus	Impfstatus/Impfung	Impfstatus/Infektionsstatus bei Symptomen
Windpocken/Varizella-Zoster-Virus	Impfstatus/Infektionsstatus/Impfung	Impfstatus/Infektionsstatus bei Symptomen
AIDS/Humanes Immundefizienzvirus		*Infektionsstatus (Screening)*
Enterovirusinfektionen		*Infektionsstatus bei Symptomen*
Parechovirusinfektionen		*Infektionsstatus bei Symptomen*
Hepatitis C/Hepatitis C-Virus		*Infektionsstatus bei Symptomen oder Kontakt*
Herpes labialis, genitalis/ Herpes simplex-Virus Typ 1, 2		*Infektionsstatus bei Symptomen*
Lymphozytäre Choriomeningitis/ Lymphozytäres Choriomeningitis-Virus		*Infektionsstatus bei Symptomen*
Ringelröteln/Parvovirus B19		*Infektionsstatus bei Symptomen oder Kontakt*
Zytomegalie/Zytomegalievirus		*Infektionsstatus (Screening) Infektionsstatus bei Symptomen oder Kontakt*

3.2 Empfehlung zur Archivierung von Untersuchungsproben aus der Frühphase der Schwangerschaft

Die sichere Unterscheidung einer akuten (Primär)Infektion von einer länger zurückliegenden bzw. persistierenden Infektion ist oft nur möglich, wenn eine Serumprobe von einem früheren Zeitpunkt vorliegt und als Referenzprobe in Vergleichsmessungen eingesetzt werden kann. Sind die IgG-Antikörper gegen einen bestimmten Erreger nur in der späteren, im zeitlichen Abstand gewonnen Probe, nicht aber in der früher gewonnenen Referenzprobe nachweisbar, spricht man von einer Serokonversion. Die Serokonversion ist der eindeutige Beweis für eine akute Infektion, die in dem Zeitraum zwischen der Gewinnung der beiden Proben stattgefunden hat.

Empfehlung A3

Archivierung von Untersuchungsmaterial

Zur labordiagnostischen Unterscheidung zwischen akuten und chronisch-persistierenden Infektionen oder zwischen akuten und länger zurückliegenden Infektionen (Klärung des Immunstatus) mittels Nachweises der Serokonversion wird die erste Serumprobe, die in der Frühschwangerschaft gewonnen wird, bei −20 °C gelagert und für den Zeitraum von 24 Monaten im Labor archiviert.

Begründung der Empfehlung

Die archivierte Serumprobe dient als Referenzprobe zur labordiagnostischen Abklärung von akuten Infektionen während der Schwangerschaft. Durch die Bestimmung von IgG-/IgM-Antikörpern mit denselben Testsystemen kann eine Serokonversion nachgewiesen und somit eine akute von einer chronisch-persistierenden und/oder zurückliegenden Infektion mit anzunehmender Immunität unterschieden werden. Durch die Archivierung der Serumprobe über einen Zeitraum von 24 Monaten werden auch Erkrankungen, die durch Infektionen während der Schwangerschaft verursacht wurden, aber erst im Neonatal-/Kleinkindalter beobachtet werden, labordiagnostisch erfasst.

Regeln für Transport und Lagerung des Probenmaterials

Susanne Modrow

4.1 Transport und Lagerung der Proben für den Virusdirektnachweis – 18

4.2 Transport und Lagerung der Proben für den Nachweis von virusspezifischen Antikörpern – 18

Auf die Bedingungen für den Transport des jeweiligen Probenmaterials wird im Detail in den einzelnen Kapiteln in Sektion II und III (Spezielle Daten und Empfehlungen) dieser Leitlinie eingegangen. Im Grundsatz müssen alle Untersuchungsmaterialien, die potenziell humanpathogene Erreger enthalten, entsprechend den Vorgaben der internationalen Transportvorschriften versendet werden; das Primärgefäß mit der Probe muss in einem Umverpackungsröhrchen und mit adsorbierendem Material in einem dafür zugelassenen Transportbehältnis (UN 3373) verschickt werden.

4.1 Transport und Lagerung der Proben für den Virusdirektnachweis

Der Direktnachweis des Virus im Blut oder anderen Materialien erfolgt überwiegend mittels der Polymerase-Kettenreaktion (PCR). Für die PCR aus Blut sind EDTA-Blutproben als Ausgangsmaterial notwendig. Heparinisierte Blutproben sind nicht geeignet. Der Versand dieses Probenmaterials ist bei Raumtemperatur möglich. Das gilt auch für die Fälle, bei welchen bereits extrahierte und gereinigte Nukleinsäuren für den spezifischen Erregernachweis mittels PCR oder Sequenzierung transportiert werden. Alle diese Proben sollten im Labor bei −20 °C gelagert werden, wenn sie nicht innerhalb von 24 Stunden verarbeitet werden können.

In den Fällen, in welchen eine Virusisolierung und Anzucht der Erreger in der Zellkultur für den Direktnachweis in Frage kommt, sollte das Material bevorzugt unter Kühlung versandt und sofort nach dem Erhalt verarbeitet werden; für den Fall, dass eine Lagerung derartiger Proben vor der Verarbeitung notwendig wird, sollte diese bei 4 °C erfolgen. Auf diese Spezialfälle wird in den einzelnen Kapiteln eingegangen.

4.2 Transport und Lagerung der Proben für den Nachweis von virusspezifischen Antikörpern

Für den Nachweis von virusspezifischen Antikörpern (IgG, IgM) sind Serum- oder Vollblutproben notwendig. Auch diese Proben können bei Raumtemperatur versandt werden und sollten bei 4–8 °C gelagert werden, wenn der Versand zu einem späteren Zeitpunkt stattfindet.

Sektion II
Spezielle Daten und Empfehlungen: Impfpräventable Virusinfektionen

Kapitel 5	**Hepatitis B – 21**	
	Klaus Korn	
Kapitel 6	**Influenza – 37**	
	Daniela Huzly	
Kapitel 7	**Masern – 45**	
	Annette Mankertz	
Kapitel 8	**Mumps – 59**	
	Annette Mankertz	
Kapitel 9	**Röteln – 73**	
	Annette Mankertz	
Kapitel 10	**Windpocken (Varizellen) – 95**	
	Andreas Sauerbrei	

Hepatitis B

Klaus Korn

5.1 Grundlegende Informationen zu Hepatitis-B-Virus – 22

5.2 Allgemeine Daten zur Labordiagnostik der Hepatitis-B-Virusinfektion – 23
5.2.1 Diagnostische Methoden (Stand der Technik) und Transport der Proben – 23
5.2.2 Allgemeine Fragestellungen zur Labordiagnostik – 25
5.2.3 Diagnostische Probleme – 27

5.3 Spezielle Fragestellungen zur Labordiagnostik der Hepatitis-B-Virusinfektion – 28
5.3.1 Labordiagnostik von Hepatitis-B-Virusinfektionen vor der Schwangerschaft – 28
5.3.2 Labordiagnostik der Hepatitis-B-Virusinfektion während der Schwangerschaft – 29
5.3.3 Labordiagnostik der Hepatitis-B-Virusinfektion nach der Schwangerschaft und/oder beim Neugeborenen – 34

Literatur – 35

5.1 Grundlegende Informationen zu Hepatitis-B-Virus

Virusname	
– Bezeichnung/Abkürzung	Hepatitis-B-Virus/HBV
– Virusfamilie/Gattung	*Hepadnaviridae/Orthohepadnavirus*
Umweltstabilität	HBV-DNA (Surrogatmarker für infektiöses Virus) ist in eingetrocknetem Blut mehrere Wochen nachweisbar [11]
Desinfektionsmittelresistenz	begrenzt viruzide und viruzide Desinfektionsmittel sind wirksam [18]
Wirt	Mensch
Verbreitung	weltweit
Durchseuchung/Prävalenz	
– Deutschland [14]	
- abgelaufene Infektion	ca. 5 %
- chronische Infektion	ca. 0,3 %
– Rumänien/Türkei [9]	
- chronische Infektion	ca. 5 %
– West-/Subsahara – Afrika/Ostasien [12]	
- chronische Infektion	> 8 %
Durchimpfung/Deutschland [14, 16]	
– Vorschulkinder	78–96 %
– Erwachsene (18–79 Jahre)	22,9 %
– Frauen (18–29 Jahre)	> 60 %
Inkubationszeit	1–2 Monate, in Ausnahmefällen länger
Ausscheidung	Blut, Genitalsekrete, Speichel, (Urin)
Übertragung	
häufig	Geschlechtsverkehr
	kontaminierte Kanülen (i. v. Drogenmissbrauch)
	Nadelstichverletzung, Piercing, Tätowieren etc.
selten	»Haushaltskontakte«
	Kratzen/Beißen (Kleinkinder),
	gemeinsame Benutzung von Zahnbürsten, Rasierern etc.
sehr selten	Transfusion (Blutspender-Screening)
Erkrankungen	Hepatitis
1. akute Infektion	
– Symptome	akute Leberentzündung, Leberversagen
– asymptomatische Verläufe	60–70 %

2. persistierende Infektion	5–10 % der Jugendlichen/Erwachsenen nach akuter HBV-Infektion
– Symptome/Spätfolgen	chronische Hepatitis, Leberzirrhose, Leberzellkarzinom
Infektiosität/Kontagiosität	Akut/chronisch HBV-infizierte Personen [20]
– Blut	50 % HBV-DNA positiv (bis 10^{10} Kopien/ml)
– Speichel	15 % HBV-DNA positiv (bis 10^7 Kopien/ml)
– Urin	1 % HBV-DNA positiv (bis 10^5 Kopien/ml)
Vertikale Übertragung	
– pränatal	transplazentar, bei akut/chronisch infizierten Schwangeren [19]
	Übertragungsrate ca. 3–4 %
– perinatal	intrapartal, Exposition zu Blut und Sekreten akut/chronisch infizierter Mütter
	Übertragungsrate 10–90 % (abhängig von Höhe der Viruslast)
– postnatal	Schmierinfektion (Blut, Speichel)
	Übertragung durch Muttermilch nicht bewiesen
Embryopathie/Fetopathie	Nein
Neonatale Erkrankung	
– asymptomatische Verläufe	> 95 % bei perinatal infizierte Neugeborenen
– persistierende Infektion	> 90 %
– Symptome/Spätfolgen	Leberzirrhose: 3–8 % [2];
	Leberzellkarzinom: 10–17 % [7]
Antivirale Therapie	verfügbar (◘ Tab. 5.1)
Prophylaxe	verfügbar (◘ Tab. 5.1)
– Impfung	verfügbar, rekombinanter Totimpfstoff [17]
– passive Immunisierung	verfügbar

5.2 Allgemeine Daten zur Labordiagnostik der Hepatitis-B-Virusinfektion

5.2.1 Diagnostische Methoden (Stand der Technik) und Transport der Proben

Die Methoden zum direkten Nachweis von Hepatitis-B-Virus oder Hepatitis-B-Virusgenomen enthält ◘ Tab. 5.2

Für die Methoden zum Nachweis HBV-spezifischer Antikörper ◘ Tab. 5.3

Hepatitis-B-Virus gehört zu den gefahrgutrechtlichen Stoffen der Kategorie B, Risikogruppe 3**. Hepatitis-B-Virus-haltige Proben müssen nach UN 3373 versendet werden, d. h. das Primärgefäß mit der Patientenprobe muss in einem Umverpackungsröhrchen und mit adsorbierendem Material in einem gekennzeichneten Transportbehältnis (Kartonbox) verschickt werden. Der Versand ist bei Raumtemperatur möglich.

Tab. 5.1 Übersicht der Maßnahmen zu Therapie und Prophylaxe der fetalen, neonatalen und maternalen Erkrankung

Therapie/Prophylaxe	Verfügbar	Maßnahme/Intervention
Prävention der vertikalen Übertragung	Ja	Unmittelbare postnatale Impfung und Immunglobulingabe bei Kindern HBsAg-positiver Mütter Antivirale Therapie*
Therapie der maternalen Erkrankung	Ja	Antivirale Therapie[a] (Nukleosid-/Nukleotidanaloga) PEG-Interferon[b]
Prophylaxe der maternalen Erkrankung	Ja	Präkonzeptionelle Impfung (auch in der Schwangerschaft)

a Off-label;
b in der Schwangerschaft kontraindiziert

Tab. 5.2 Übersicht der Methoden zum direkten Nachweis von Hepatitis-B-Virus und/oder Hepatitis-B-Virusgenomen

Prinzip	Methode	Untersuchungsmaterial
HBV-DNA-Nachweis	Polymerase-Kettenreaktion (PCR)	Serum, Plasma
HBV-Genotypisierung	PCR und Sequenzierung oder Hybridisierungsverfahren Spezialdiagnostik	Serum, Plasma
HBs-Antigen (HBsAg)	Ligandentests (ELISA, ELFA, CLIA, CMIA etc.)	Serum, Plasma
HBe-Antigen (HBeAg)	Ligandentests (ELISA, ELFA, CLIA, CMIA etc.)	Serum, Plasma

Tab. 5.3 Übersicht der Methoden zum Nachweis HBV-spezifischer Antikörper

Methode	Parameter	Anmerkung
Ligandenassays (ELISA, ELFA, CLIA, CMIA etc.)	anti-HBc	Auf der Basis von rekombinanten HBc-Antigenen; meist im Format des Kompetitionstests mit Nachweis aller Antikörperklassen (IgG, IgM), nur bei wenigen Testherstellern erfolgt der ausschließliche Nachweis von anti-HBc-IgG. Serologischer Marker für alle Formen der HBV-Infektion, Unterscheidung zwischen Impftiter und zurückliegender Infektion
	anti-HBc-IgM	serologischer Marker der akuten Infektion
	anti-HBs	Kontrolle des Impftiters, serologischer Marker für »Ausheilung« bei abgelaufener Infektion
	anti-HBe	serologischer Marker für die Therapieindikation und Verlaufskontrolle bei chronischer Infektion

5.2.2 Allgemeine Fragestellungen zur Labordiagnostik

Zu allen Fragestellungen der Labordiagnostik von Hepatitis-B-Virusinfektionen siehe auch »Aktualisierung der S3-Leitlinie zur Prophylaxe, Diagnostik und Therapie der Hepatitis-B-Virusinfektion«[6] (AWMF Registernummer 021-011).

? Fragestellung 1: Wie erfolgt die Labordiagnose der akuten Hepatitis-B-Virusinfektion?

Empfehlung

Die Diagnose der akuten HBV-Infektion soll über serologische Nachweismethoden erfolgen
1. Nachweis von HBsAg, anti-HBc (erst Gesamtantikörper, falls positiv auch anti-HBc-IgM),
2. bei negativen Werten für HBsAg trotz positivem anti-HBc-Gesamtantikörper und anti-HBc-IgM muss zusätzlich eine Untersuchung auf HBV-DNA durchgeführt werden.

Begründung der Empfehlung
- Zu 1.: Die Testverfahren zum Nachweis von HBsAg haben eine hohe Sensitivität und Spezifität, sie sind als Suchtests für HBV-Infektionen gut geeignet. Bei akuter Hepatitis B liegt zusätzlich anti-HBc-IgM in hoher Konzentration vor. Um die seltenen Fälle, in denen das HBsAg trotz akuter Infektion negativ ist (siehe 2.) sowie unspezifische Testergebnisse zu erkennen, soll immer die Kombination der Parameter getestet werden [6].
- Zu 2.: Bei negativem HBsAg und gleichzeitig positivem Nachweis von anti-HBc-Gesamtantikörper und anti-HBc-IgM kann es sich um den seltenen Fall einer HBsAg-negativen akuten Hepatitis B handeln, bedingt durch niedrige HBsAg-Konzentrationen oder durch Escape-Varianten in den HBsAg-Epitopen. In diesen Fällen ist eine Absicherung der Diagnose durch einen (quantitativen) Nachweis von HBV-DNA zu empfehlen [6].

? Fragestellung 2: Wie erfolgt die Labordiagnose einer zurückliegenden Hepatitis-B-Virusinfektion?

Empfehlung

Die Labordiagnose einer zurückliegenden, immunologisch kontrollierten HBV-Infektion soll durch serologische Nachweismethoden erfolgen. Sie ist durch den Nachweis von anti-HBc und anti-HBs (Konzentration > 10 IE/l) bei gleichzeitig negativen Werten für HBsAg charakterisiert.

Begründung der Empfehlung
Im Allgemeinen kommt es innerhalb von einigen Monaten nach akuter HBV-Infektion zum Verschwinden von HBsAg und dem Auftreten von anti-HBs. Dies kann durch die Untersuchung der entsprechenden Parameter verifiziert werden.

Hinweis: *Diese Konstellation sollte nicht als »ausgeheilte Hepatitis B« bezeichnet werden, da das Virus in der Leber persistiert und unter immunsuppressiver Therapie reaktiviert werden kann.*

? Fragestellung 3: Wie erfolgt die Labordiagnose einer chronischen HBV-Infektion?

Empfehlung

Die Diagnose einer chronischen HBV-Infektion soll durch eine Kombination serologischer und molekularbiologischer Methoden im Sinne einer Stufendiagnostik erfolgen:
1. Initial sollen Untersuchungen zum Nachweis von HBsAg und anti-HBc erfolgen.
2. Bei positivem HBsAg oder bei positiven Werten für HBsAg und anti-HBc, soll eine weitere Abklärung mit Bestimmung von HBe-Antigen und anti-HBe sowie die quantitative Bestimmung der HBV-DNA mittels PCR durchgeführt werden.
3. Im Fall von positiven Werten für anti-HBc und negativem HBsAg wird der Nachweis von anti-HBs empfohlen. Liegt die Konzentration von anti-HBs im negativen Bereich (< 10 IE/l) und ist somit nur anti-HBc serologisch nachweisbar, sollte eine quantitative Bestimmung der HBV-DNA erfolgen.

Begründung der Empfehlung
- Zu 1.: Durch die Bestimmung von HBsAg und anti-HBc lassen sich zunächst die Patienten mit Verdacht auf chronische Hepatitis B identifizieren, bei denen dann weitere Untersuchungen erforderlich sind.
- Zu 2.: Sind die Werte für HBsAg und anti-HBc positiv, so spricht dies für den chronischen Verlauf der Infektion. Durch die weiteren virologischen Untersuchungen sowie die Bestimmung der Leberwerte und gegebenenfalls eine Leberbiopsie lassen sich verschiedene Stadien der chronischen HBV-Infektion unterscheiden [6].
- Zu 3.: Ist HBsAg negativ und anti-HBc positiv, kann durch Untersuchung auf anti-HBs und gegebenenfalls quantitativen Nachweis der HBV-DNA zwischen einer immunologisch kontrollierten Infektion und einer möglichen chronischen (»okkulten«) Hepatitis B differenziert werden.

? Fragestellung 4: Wie erfolgt die labordiagnostische Überprüfung der Immunität nach Hepatitis-B-Impfung?

Empfehlung

Der Impferfolg nach Hepatitis-B-Impfung wird durch Bestimmung von anti-HBs überprüft [17]. Erfolgreiche Impfung: Anti-HBs > 100 IU/l.

Begründung der Empfehlung
Der Totimpfstoff enthält ausschließlich rekombinant produziertes, gereinigtes HBsAg. Der Impferfolg kann durch die Bestimmung des anti-HBs überprüft werden. Durch die parallele Bestimmung von anti-HBc, das nur im Rahmen von Infektionsprozessen gebildet wird und nachweisbar ist, ist eine Unterscheidung von Geimpften und Infizierten möglich.

5.2 · Allgemeine Daten zur Labordiagnostik der Hepatitis-B-Virusinfektion

Tab. 5.4 Übersicht der möglichen Ergebniskonstellationen der Labordiagnostik und ihre Bewertung

HBV-DNA	HBsAg	Anti-HBs	Anti-HBc	Anti-HBc-IgM	Infektionsstatus
Positiv	Negativ/positiv	Negativ	Negativ	Negativ	Akute Infektion (sehr frühes Stadium)
Positiv	Positiv	Negativ	Positiv	Positiv	Akute Infektion
Negativ	Positiv	Negativ	Positiv	Positiv	Akute Infektion
Negativ/positiv	Negativ	Negativ	Positiv	Positiv	Akute Infektion (spätes Stadium)
Negativ/positiv	Negativ	Positiv	Positiv	Positiv	Postakute Infektion
Negativ	Negativ	Positiv	Positiv	Negativ	Abgelaufene, immunologisch kontrollierte Infektion)
Negativ/positiv	Positiv	Negativ	Positiv	Negativ	Chronische Infektion
Positiv	Negativ	Negativ	Positiv	Negativ	Chronische Infektion (»okkulte« Infektion)
Negativ	Negativ	Negativ	Positiv	Negativ	Abgelaufene Infektion
Negativ	Negativ	Positiv	Negativ	Negativ	Immunität nach HBV-Impfung

5.2.3 Diagnostische Probleme

1. Die Sensitivität und Spezifität moderner Nachweissysteme für HBsAg sind sehr hoch. Trotzdem kann der HBsAg-Nachweis bei Patienten in sehr frühen Infektionsphasen negativ ausfallen. In solchen Fällen ist die Infektion unter Umständen nur durch Nachweis der HBV-DNA mit hochempfindlichen Systemen zum Nukleinsäurenachweis zu diagnostizieren.
2. Negative Ergebnisse im HBsAg-Nachweis trotz (chronischer) HBV-Infektion können durch Escape-Varianten im Bereich der Epitope des Oberflächenproteins bedingt sein, an die die im Test eingesetzten Antikörper nicht binden.
3. Falsch positive Ergebnisse für HBsAg werden vor allem bei Dialysepatienten oder auch bei Gewebe- bzw. Organspendern beobachtet. Daher ist hier ebenso wie bei ungewöhnlichen Markerkonstellationen (z. B. HBsAg positiv/anti-HBc negativ) zur Bestätigung des HBsAg-Nachweises ein HBsAg-Neutralisationstest, gegebenenfalls auch der HBV-Nukleinsäurenachweis zu empfehlen.
4. Die Bewertung positiver Ergebnisse für anti-HBc-IgM ist schwierig. Ein definitiver Grenzwert, der beweisend für eine akute Infektion ist, lässt sich nicht angeben. Bei chronisch-persistierenden HBV-Infektionen ist anti-HBc-IgM intermittierend oder auch längerfristig in meist niedrigen und/oder fluktuierenden Konzentrationen nachweisbar, bei akuter Infektion sind die Werte hingegen hoch.

5. Erfahrungen aus der HBV-Testung von Blutspendern legen nahe, dass die Spezifität der Verfahren zum Nachweis von HBV-DNA höher ist als die der immunologischen Tests. Dennoch können auch hier falsch positive Testergebnisse vorkommen, insbesondere im Bereich sehr niedrig positiver Resultate.
6. Aufgrund der genetischen Variabilität von Hepatitis-B-Virus muss in Einzelfällen mit erheblicher Unterquantifizierung oder sogar komplettem Versagen von Verfahren zum Nachweis von HBV-DNA gerechnet werden, insbesondere bei selteneren Genotypen.

5.3 Spezielle Fragestellungen zur Labordiagnostik der Hepatitis-B-Virusinfektion

5.3.1 Labordiagnostik von Hepatitis-B-Virusinfektionen vor der Schwangerschaft

Fragestellung 1: Bei welchen Frauen soll der Infektionsstatus vor der Schwangerschaft geklärt werden?

Empfehlung

1. Bei allen Frauen mit erhöhtem HBV-Infektionsrisiko (erhöhte Transaminasen, Sexualpartner oder Familienangehörige mit akuter oder chronischer HBV-Infektion, Herkunft aus Hochprävalenzregionen, früherer oder aktueller i.v. Drogengebrauch, HIV- oder HCV-Infektion) soll vor der Schwangerschaft die labordiagnostische Überprüfung des Infektionsstatus mit Bestimmung von HBsAg und anti-HBc erfolgen.
2. Vor Maßnahmen der assistierten Reproduktion ist eine HBV-Diagnostik erforderlich.

Begründung der Empfehlung
- Zu 1.: Bei Frauen mit erhöhtem Risiko für eine HBV-Infektion wird grundsätzlich die Erhebung des HBV-Infektionsstatus empfohlen, um unerkannte Virusträgerinnen mit chronisch-persistierender Infektion zu identifizieren und gegebenenfalls eine antivirale Therapie einzuleiten. Außer Impfung und Immunglobulingabe beim Neugeborenen kann auch eine antivirale Therapie der Schwangeren mit Nukleosid-/Nukleotidanaloga zur Reduktion der vertikalen HBV-Transmissionshäufigkeit beitragen. Daher gewinnt die Untersuchung vor einer (geplanten) Schwangerschaft zusätzliche Bedeutung. Seronegativen Frauen mit erhöhtem Risiko sollte die Impfung empfohlen und angeboten werden.
- Zu 2.: Nach der Transplantationsgewebeverordnung/Anlage 4 (TPG-GewV) ist eine HBV-Testung vorgeschrieben, wenn Keimzellen kryokonserviert werden sollen.

5.3.2 Labordiagnostik der Hepatitis-B-Virusinfektion während der Schwangerschaft

? Fragestellung 1: In welchen Fällen soll eine Überprüfung des Infektions- bzw. Immunstatus durchgeführt werden?

Empfehlung

1. Der Nachweis von HBsAg als Marker für eine akute oder chronisch-persistierende Hepatitis-B-Virusinfektion soll allen Schwangeren entsprechend den Mutterschaftsrichtlinien empfohlen und angeboten werden. Bei positivem Ergebnis sind labordiagnostische Abklärungen notwendig, da trotz der hohen Spezifität der Verfahren zum Nachweis von HBsAg in Kollektiven mit niedriger Prävalenz der chronischen Hepatitis B mit einem erheblichen Anteil falsch positiver Testergebnisse zu rechnen ist. Die Untersuchung auf HBsAg kann entfallen, wenn durch dokumentierte Schutzimpfung gegen Hepatitis B oder Nachweis von anti-HBs von Immunität auszugehen ist.
2. Bei Verdacht auf akute oder chronische Hepatitis soll eine HBV-Diagnose durchgeführt werden.

Begründung der Empfehlung
- Zu 1.: Bei HBsAg-positiven Schwangeren kann man die vertikale HBV-Transmission meist durch Impfung und Immunglobulingabe der Neugeborenen sowie – bei hochvirämischen HBsAg-positiven Schwangeren – auch durch antivirale Therapie in der Schwangerschaft verhindern. Das bedarf der vorhergehenden Labordiagnostik zur Identifizierung HBV-infizierter Schwangerer.
- Zu 2.: Die HBV-Diagnostik ist Teil der differenzialdiagnostischen Abklärung akuter/chronischer Hepatitiden.

? Fragestellung 2: Zu welchem Zeitpunkt der Schwangerschaft soll die Diagnostik durchgeführt werden?

Empfehlung

Generell wird die Untersuchung zum Nachweis von HBsAg ab der 32. Schwangerschaftswoche empfohlen. Bei Schwangeren mit erhöhtem Risiko für eine HBV-Infektion (siehe ▶ Abschn. 5.3.1, Fragestellung 1) kann der Nachweis von HBsAg bereits in der Frühschwangerschaft sinnvoll sein, um bei chronischer Infektion mit hoher Viruslast eine antivirale Therapie zur Transmissionsprophylaxe einzuleiten.

Begründung der Empfehlung
Die HBsAg-Testung ab der 32. Schwangerschaftswoche erfasst auch akute HBV-Infektionen, die erst im Laufe der Schwangerschaft erworben wurden. Da bislang nur die Aktiv-/Passiv-Impfung beim Neugeborenen als Maßnahme zur Verhinderung der vertikalen Infektion

empfohlen war, bestand für die Testung in der Frühschwangerschaft keine Notwendigkeit. Aufgrund der Möglichkeit der antiviralen Therapie in der Schwangerschaft als Maßnahme zur Transmissionsprophylaxe kann bei Schwangeren mit erhöhtem Risiko für eine Hepatitis-B-Virusinfektion eine zusätzliche frühere Testung erwogen werden.

❓ Fragestellung 3: Wie wird eine Hepatitis-B-Virusinfektion diagnostiziert?

Empfehlung

Die Erfassung akuter und chronischer Hepatitis-B-Virusinfektionen soll durch Nachweis von HBsAg erfolgen. Bei positivem Ergebnis soll durch weitere labordiagnostische Abklärungen der Infektionsstatus und das Risiko einer vertikalen Transmission abgeklärt werden. Sollen abgelaufene Infektionen erfasst werden, muss zusätzlich die Bestimmung von anti-HBc erfolgen (▶ Abschn. 5.2).

Begründung der Empfehlung
Das Risiko einer vertikalen Übertragung des Hepatitis-B-Virus besteht nur bei Schwangeren mit akuter oder chronisch-persistierender Infektion. Die hohe Sensitivität der Nachweisverfahren für HBsAg gewährleistet die zuverlässige Erfassung dieses Infektionsstatus, daher sind Untersuchungen zum Nachweis von anti-HBc zur Identifizierung der Schwangeren mit abgelaufener Infektion nicht erforderlich.

❓ Fragestellung 4: Welche Konsequenzen ergeben sich aus einem positiven HBsAg-Befund?

Empfehlung

1. Bei allen Schwangeren mit Nachweis von HBsAg sollte eine quantitative Bestimmung der HBV-DNA in Blut erfolgen.
2. Das Neugeborene soll innerhalb von 12 h nach der Geburt aktiv/passiv immunisiert werden.

Begründung der Empfehlung
— Zu 1.: Bei hochvirämischen Schwangeren (HBV-DNA > 10^7 IU/ml) kann eine antivirale Therapie mit Nukleosid- oder Nukleotidanaloga im letzten Trimenon die Risiko einer vertikalen HBV-Übertragung auf das Kind signifikant senken [6, 8].
— Zu 2.: Die Wirksamkeit der kombinierten Aktiv-/Passiv-Immunisierung zur Verhinderung der vertikalen HBV-Transmission ist vielfach nachgewiesen [6].

5.3 · Spezielle Fragestellungen zur Labordiagnostik der Hepatitis-B-Virusinfektion

Fragestellung 5: Welche Konsequenzen hat ein fehlender HBV-Immunitätsnachweis?

Empfehlung

Schwangeren ohne dokumentierte Impfung und/oder mit fehlendem Nachweis von anti-HBs, die ein erhöhtes HBV-Expositionsrisiko haben (z. B. dialysepflichtige Niereninsuffizienz, HIV- oder HCV-Infektion, bei erhöhtem privaten oder beruflichem Expositionsrisiko), soll entsprechend der aktuellen STIKO-Empfehlung eine Impfung auch in der Schwangerschaft empfohlen und angeboten werden [17].

Begründung der Empfehlung
Der Hepatitis-B-Impfstoff enthält keine vermehrungsfähigen Viren und kann daher in der Schwangerschaft ohne Gefährdung des Feten angewendet werden.

Fragestellung 6: Welche Konsequenzen ergeben sich bei einer Schwangerschaft einer Hepatitis-B-Non-Responderin?

Empfehlung

1. Schwangeren, die auf eine Hepatitis-B-Grundimmunisierung nicht angesprochen haben, können bei erhöhtem privaten oder beruflichem Expositionsrisiko weitere Hepatitis-B-Impfungen entsprechend der aktuellen STIKO-Empfehlung [17] angeboten werden.
2. Zusätzliche Beschäftigungseinschränkungen bei Tätigkeit im Gesundheitswesen sind nicht erforderlich.

Begründung der Empfehlung
- Zu 1.: Der Hepatitis-B-Impfstoff enthält keine vermehrungsfähigen Viren; er kann in der Schwangerschaft ohne Gefährdung des Feten angewendet werden.
- Zu 2.: Das Verbot von Tätigkeiten mit direktem Kontakt zu infektiösem Material (z. B. Blutentnahmen) nach § 5 Abs. 1 Nr. 2 der Mutterschutzverordnung ist aufgrund der möglichen Exposition gegenüber nicht impfpräventablen Erregern (HCV, HIV) begründet. Ein Hepatitis-B-Non-Responder-Status ändert nichts an dieser Gefährdungsbeurteilung.

Fragestellung 7: Welche Konsequenzen ergeben sich aus der Diagnose einer akuten Hepatitis-B-Virusinfektion in der Schwangerschaft?

Empfehlung

1. Es soll in Abständen von 8–12 Wochen eine HBsAg-Bestimmung zur Kontrolle vorgenommen werden.
2. Ist der HBsAg-Nachweis im dritten Trimenon (GA > 24 + 0) positiv, wird eine HBV-DNA-Bestimmung mittels PCR empfohlen.
3. Bei sehr schwerem Verlauf oder fulminanter Hepatitis sollte eine antivirale Therapie in Betracht gezogen werden.

Begründung der Empfehlung
- Zu 1.: Durch die wiederholte HBsAg-Bestimmung soll überprüft werden, ob sich eine chronisch-persistierende Infektion mit dem Risiko einer perinatalen vertikalen Übertragung etabliert. Bei positivem HBsAg im dritten Trimenon ist eine Passiv-/Aktiv-Immunisierung des Neugeborenen notwendig.
- Zu 2.: Bei hoher Viruslast in der Spätschwangerschaft kann eine antivirale Therapie erwogen werden (siehe Fragestellung 4).
- Zu 3.: Personen mit akuter, fulminanter Hepatitis B wird generell eine antivirale Therapie empfohlen [6]. Einzelfallberichte belegen die Wirksamkeit auch bei Schwangeren mit fulminanter Hepatitis B [15].

Fragestellung 8: Soll nach der Labordiagnose einer akuten oder chronischen Hepatitis-B-Virusinfektion eine Fruchtwasserprobe (Amniozentese) gewonnen werden, um die Infektion des Fetus abzuklären?

Empfehlung

Eine Amniozentese wird bei einer HBV-Infektion nicht empfohlen.

Begründung der Empfehlung
Die Untersuchung hat für die Betreuung einer HBV-infizierten Schwangeren keinen zusätzlichen Nutzen, beinhaltet aber das (theoretische) Risiko, dass es durch die Untersuchung zu einer Infektion des Feten kommt.

Fragestellung 9: Kann bei Schwangeren mit chronischer Hepatitis-B-Virusinfektion eine Fruchtwasserentnahme (Amniozentese) aus anderweitigen Gründen durchgeführt werden?

Empfehlung

Unter strenger Indikationsstellung kann eine Amniozentese bei HBV-positiven Schwangeren durchgeführt werden. Bei hochvirämischen Schwangeren kann ein Restrisiko für eine vertikale HBV-Übertragung nicht völlig ausgeschlossen werden.

Begründung der Empfehlung
Nach den bisher vorliegenden Daten ergibt sich durch eine Amniozentese bei HBsAg-positiven Schwangeren kein erhöhtes Risiko für eine vertikale HBV-Transmission [1, 10, 19]. Aufgrund der niedrigen Fallzahlen ist die Aussagekraft der Daten jedoch begrenzt.

5.3 · Spezielle Fragestellungen zur Labordiagnostik der Hepatitis-B-Virusinfektion

Fragestellung 10: Soll bei Schwangeren mit positivem HBsAg und hoher Viruslast eine elektive Sectio caesarea zur Transmissionsprophylaxe durchgeführt werden?

Empfehlung

Eine elektive Sectio caesarea kann bei hochvirämischen Schwangeren, die keine antivirale Therapie in der Schwangerschaft erhalten haben, in Betracht gezogen werden.

Begründung der Empfehlung
Eine Studie mit über 1.400 HBsAg-positiven Mutter-Kind-Paaren zeigte eine signifikant niedrigere HBV-Transmissionsrate nach elektiver Sectio caesarea (1,4 % gegenüber 3,4 % nach vaginaler Entbindung), auch wenn die Neugeborenen aktiv/passiv mit Hepatitis-B-Impfstoff und Immunglobulin immunisiert wurden [13]. Vertikale HBV-Übertragungen traten in diesem Kollektiv nur bei hochvirämischen Schwangeren (Viruslast > 1×10^6 Genomkopien/ml) auf. In dieser Subgruppe betrug die Übertragungsrate bei elektiver Sectio caesarea 2,9 %, bei vaginaler Entbindung 7,2 %; Schwangere mit antiviraler Therapie waren in die Studie nicht einbezogen. Da eine antivirale Therapie bei hochvirämischen Schwangeren zu einer vergleichbaren Reduktion der Rate vertikaler Übertragungen führt [8], ist ein zusätzlicher Nutzen der elektiven Sectio caesarea nur bei hochvirämischen Schwangeren ohne antivirale Therapie zu erwarten.

Fragestellung 11: Wie ist bei Schwangeren mit unbekanntem Hepatitis-B-Infektionsstatus zum Zeitpunkt der Geburt vorzugehen?

Empfehlung

Der Nachweis von HBsAg sollte umgehend erfolgen. Liegt das Ergebnis nicht innerhalb von 12 h nach der Geburt vor, soll unabhängig vom Geburtsgewicht die erste Dosis des Hepatitis-B-Impfstoffs appliziert werden. Zeigt sich der HBsAg-Nachweis in der Folge positiv, kann man die Hepatitis-B-Immunglobulingabe umgehend, jedoch innerhalb der ersten 7 Lebenstage nachholen [17].

Begründung der Empfehlung
Die aktive Immunisierung allein führt schon zu einer deutlichen Reduktion der perinatalen HBV-Übertragung. Bei HBeAg-negativen Müttern war kein signifikanter Unterschied in der Transmissionsrate im Vergleich zur kombinierten Aktiv-Passiv-Immunisierung (0,29 % versus 0,14 %) nachweisbar [3]. Schwangere mit unbekanntem Hepatitis-B-Infektionsstatus dürften zwar eine höhere Prävalenz an chronischen Infektionen aufweisen, die aber vermutlich deutlich unter 10 % liegt. Daher ist die abgestufte Empfehlung (ohne Kenntnis des HBsAg-Wertes: nur aktive Immunisierung; Immunglobulingabe nur bei nachgewiesen positivem HBsAg) als verhältnismäßig anzusehen.

5.3.3 Labordiagnostik der Hepatitis-B-Virusinfektion nach der Schwangerschaft und/oder beim Neugeborenen

Fragestellung 1: Welche diagnostischen Maßnahmen sind bei Neugeborenen und Säuglingen HBsAg-positiver Mütter notwendig?

Empfehlung

1. Beim Neugeborenen sind keine diagnostischen Maßnahmen notwendig.
2. Im Alter von 6–7 Monaten sollte der Nachweis von HBsAg und anti-HBs beim Kind erfolgen, um den Impferfolg zu überprüfen und ein Impfversagen auszuschließen.

Begründung der Empfehlung
- Zu 1.: Für die Indikationsstellung zur Passiv-Aktiv-Immunisierung (Simultanprophylaxe) ist eine virologische Untersuchung beim Neugeborenen nicht erforderlich. Alleiniges Kriterium hierfür ist der positive Nachweis von HBsAg bei der Mutter. Ein negativer HBsAg-Test beim Neugeborenen schließt eine vertikale HBV-Transmission nicht aus.
- Zu 2.: Trotz aktiver und passiver Immunisierung kann es insbesondere bei Müttern mit hoher Viruslast (> 10^7 IU HBV-DNA/ml) zu einer Infektion des Kindes kommen. In diesen Fällen ist eine antivirale Therapie zu erwägen.

Fragestellung 2: Welche Möglichkeiten zur Verhinderung der vertikalen Übertragung bestehen beim Neugeborenen?

Empfehlung

Das Neugeborene einer HBsAg-positiven Mutter soll innerhalb von 12 h nach der Geburt simultan HBV-Immunglobulin und die erste Dosis des Hepatitis-B-Impfstoffs erhalten.

Begründung der Empfehlung
Die kombinierte HBV-Impfung und Immunglobulingabe kann die vertikale HBV-Übertragung bei Neugeborenen von Schwangeren mit niedriger Virämie (< 10^5 IU HBV-DNA/ml) nahezu immer verhindern. Auch bei hoher Virämie der Mutter wird die Transmissionsrate signifikant reduziert, es kann jedoch trotz adäquat durchgeführter Impfung zur Transmission kommen [6, 13].

Fragestellung 3: Darf eine HBsAg-positive Mutter ihr Kind stillen?

Empfehlung

Eine HBsAg-positive Mutter darf stillen, außer bei HBV/HIV-Koinfektion.

Begründung der Empfehlung
Wenn beim Neugeborenen innerhalb von 12 h nach der Geburt eine Aktiv-Passiv-Immunisierung durchgeführt werden kann, ist durch das Stillen keine Erhöhung des HBV-Übertragungsrisikos zu erwarten [4, 6].

Literatur

1. Alexander JM, Ramus R, Jackson G, Sercely B, Wendel GD Jr (1999) Risk of hepatitis B, transmission after amniocentesis in chronic hepatitis B carriers. Infect Dis. Obstet Gynecol 7(6):283–286
2. Bortolotti F, Guido M, Bartolacci S, Cadrobbi P, Crivellaro C et al (2006) Chronic hepatitis B in children after e antigen seroclearance: final report of a 29-year longitudinal study. Hepatology 43(3):556–562
3. Chen HL, Lin LH, Hu FC, Lee JT, Lin WT et al (2012) Effects of maternal screening and universal immunization to prevent mother-to-infant transmission of HBV. Gastroenterology 142(4):773–781
4. Chen X, Chen J, Wen J, Xu C, Zhang S (2013) Breastfeeding is not a risk factor for mother-to-child transmission of hepatitis B virus. PLoS One 8(1):e55303
5. Chu JJ, Wörmann T, Popp J, Pätzelt G, Akmatov MK et al (2013) Changing epidemiology of Hepatitis B and migration–a comparison of six Northern and North-Western European countries. Eur J Public Health. 23(4):642–647
6. Cornberg M, Protzer U, Petersen J, Wedemeyer H, Berg T et al (2011) AWMF. Aktualisierung der S3-Leitlinie zur Prophylaxe, Diagnostik und Therapie der Hepatitis B-Virusinfektion. Z Gastroenterol 49(7):871–930
7. Fattovich G, Bortolotti F, Donato F (2008) Natural history of chronic hepatitis B: special emphasis on disease progression and prognostic factors. J Hepatol 48(2):335–52
8. Han GR, Cao MK, Zhao W, Jiang HX, Wang CM et al (2011) A prospective and open-label study for the efficacy and safety of telbivudine in pregnancy for the prevention of perinatal transmission of hepatitis B virus infection. J Hepatol 55(6):1215–1221
9. Hahné SJ, Veldhuijzen IK, Wiessing L, Lim TA, Salminen M, Laar M (2013) Infection with hepatitis B and C virus in Europe: a systematic review of prevalence and cost-effectiveness of screening. BMC Infect Dis 13(1):181
10. Ko TM, Tseng LH, Chang MH, Chen DS, Hsieh FJ et al (1994) Amniocentesis in mothers who are hepatitis B virus carriers does not expose the infant to an increased risk of hepatitis B virus infection. Arch Gynecol Obstet 255(1):25–30
11. Lira R, Maldonado-Rodriguez A, Rojas-Montes O, Ruiz-Tachiquin M, Torres-Ibarra R et al (2009) Use of dried blood samples for monitoring hepatitis B virus infection. Virol J 6:153
12. Ott JJ, Stevens GA, Groeger J, Wiersma ST (2012) Global epidemiology of hepatitis B virus infection: new estimates of age-specific HBsAg seroprevalence and endemicity. Vaccine 30(12):2212–2219
13. Pan CQ, Zou HB, Chen Y, Zhang X, Zhang H et al (2013) Cesarean Section Reduces Perinatal Transmission of Hepatitis B Virus Infection From Hepatitis B Surface Antigen-Positive Women to Their Infants. Clin Gastroenterol Hepatol pii: S1542-3565(13)00586-7
14. Poethko-Müller C, Zimmermann R, Hamouda O, Faber M, Stark K et al (2013) Die Seroepidemiologie der Hepatitis A, B und C in Deutschland. Ergebnisse der Studie zur Gesundheit Erwachsener in Deutschland (DEGS1)[Epidemiology of hepatitis A, B, and C among adults in Germany: results of the German Health Interview and Examination Survey for Adults (DEGS1)]. Bundesgesundheitsblatt Gesundheitsforschung Gesundheitsschutz 56(5–6):707–715
15. Potthoff A, Rifai K, Wedemeyer H, Deterding K, Manns M, Strassburg C (2009) Successful treatment of fulminant hepatitis B during pregnancy. Z Gastroenterol 47(7):667–670
16. Robert Koch-Institut (2013) Impfquoten bei der Schuleingangsuntersuchung in Deutschland 2011. Epidemiologisches Bulletin 16: 129–133
17. Robert Koch-Institut (2013) Empfehlungen der Ständigen Impfkommission (STIKO) am Robert-Koch-Institut. Epidemiologisches Bulletin 34: 314–343
18. Sauerbrei A, Schacke M, Glück B, Bust U, Rabenau HF, Wutzler P (2012) Does limited virucidal activity of biocides include duck hepatitis B virucidal action? BMC Infect Dis 12: 276
19. Towers CV, Asrat T, Rumney P (2001) The presence of hepatitis B surface antigen and deoxyribonucleic acid in amniotic fluid and cord blood. Am J Obstet Gynecol 184(7):1514–8; discussion 1518–1520
20. van der Eijk AA, Niesters HG, Götz HM, Janssen HL, Schalm SW et al (2004) Paired measurements of quantitative hepatitis B virus DNA in saliva and serum of chronic hepatitis B patients: implications for saliva as infectious agent. J Clin Virol 29(2):92–94

Influenza

Daniela Huzly

6.1 Grundlegende Informationen zu Influenzaviren – 38

6.2 Allgemeine Daten zur Labordiagnostik der Influenzavirusinfektion – 39
6.2.1 Diagnostische Methoden (Stand der Technik) und Transport von Proben – 39
6.2.2 Allgemeine Fragestellungen zur Labordiagnostik – 40
6.2.3 Diagnostische Probleme – 41

6.3 Spezielle Fragestellungen zur Labordiagnostik der Influenzavirusinfektion – 41
6.3.1 Labordiagnostik von Influenzavirusinfektionen vor der Schwangerschaft – 41
6.3.2 Labordiagnostik von Influenzavirusinfektionen während der Schwangerschaft – 41
6.3.3 Labordiagnostik von Influenzavirusinfektionen nach der Schwangerschaft und/oder beim Neugeborenen – 43

Literatur – 44

6.1 Grundlegende Informationen zu Influenzaviren

Virusname	
– Bezeichnung/Alternative	Influenzavirus A, B, C/Grippevirus
– Virusfamilie/Gattung	*Orthomyxoviridae/Influenzavirus A, B, C*
Umweltstabilität	gering, je nach Oberfläche 4–24 h
Desinfektionsmittelresistenz	begrenzt viruzide Desinfektionsmittel sind wirksam
Wirt	Mensch, Schweine, Wildvögel, Zuchtgeflügel
Verbreitung	weltweit, epidemische Ausbreitung vor allem im Winter
Durchseuchung (Deutschland)	unklar bei neuen pandemischen Subtypen
Inkubationszeit	1–4 Tage
Übertragung/Ausscheidung	Speichel-, Tröpfchen-, Kontaktinfektion, Schmierinfektion über kontaminierte Flächen
Erkrankungen	Influenza, Virusgrippe
– Symptome	hohes Fieber (> 40 °C), Kopf- und Gliederschmerzen, respiratorische Symptome (trockener Husten)
– Komplikationen	Pneumonie (viral oder durch bakterielle Superinfektion), Myokarditis, Myositis, Otitis media, Enzephalitis (vor allem bei Kleinkindern), Tod (vor allem bei chronisch Kranken und Schwangeren)
– asymptomatische Verläufe	selten
Infektiosität/Kontagiosität	höchste Virusausscheidung einige Stunden vor und in den ersten 4 Tagen nach Erkrankungsbeginn
Vertikale Übertragung	
– pränatal	nein
– perinatal	nein
– neo-/postnatal	Tröpfcheninfektion durch akut infizierte Schwangere zum Zeitpunkt der Entbindung oder Kontaktpersonen
Embryopathie/Fetopathie	nein
– neonatale Symptome	Influenza, hohes Risiko für Komplikationen bei akuter Infektion in der Neugeborenenperiode
Therapeutische Maßnahme	symptomatische Therapie
Antivirale Therapie	verfügbar
Prophylaxe	
– Impfung	Totimpfstoff
– passive Immunisierung	nicht verfügbar

Die Maßnahmen zu Prävention und Therapie der neonatalen und maternalen Influenza enthalt ◘ Tab. 6.1.

Tab. 6.1 Übersicht der Maßnahmen zu Prävention und Therapie der neonatalen und maternalen Influenza

Therapie/Prophylaxe	Möglichkeit	Maßnahme/Intervention
Therapie der neonatalen Erkrankung	Ja	Antivirale Therapie* [6]
Prophylaxe der neonatalen Erkrankung	Ja	Antivirale Prophylaxe*[6] Impfung der Mutter schützt wahrscheinlich auch das Neugeborene vor schweren Verläufen [3]
Therapie der maternalen Erkrankung	Ja	Antivirale Therapie
Prophylaxe der maternalen Erkrankung	Ja	Präkonzeptionelle Impfung Generell: Impfung ab 2. Trimenon Schwangere mit erhöhtem Risiko: Impfung ab 1. Trimenon (STIKO-Empfehlung) Antivirale Prophylaxe

* im off-label-use möglich

Tab. 6.2 Übersicht der Methoden zum direkten Nachweis von Influenzaviren bzw. Genomsegmenten von Influenzaviren

Prinzip	Methode	Untersuchungsmaterial
Virus-RNA-Nacchweis	Polymerasekettenreaktion (RT-PCR)	Nasen-/Rachenabstrich in Virustransportmedium mit Spezialtupfer, Nasopharyngeal-Sekret, bronchoalveoläre Lavage
Virusantigen-Nachweis, geringe Sensitivität	1. Antigenschnelltest (Immunchromatographie) 2. Immunfluoreszenztest mit monoklonalem Antikörper 3. Antigen-ELISA	Nasen-/Rachenabstrich in Virustransportmedium mit Spezialtupfer
Virusisolierung	Anzüchtung in der Zellkultur, Nachweis mittels monoklonaler Antikörper Spezialdiagnostik	Nasen-/Rachenabstrich in Virustransportmedium mit Spezialtupfer, Nasopharyngeal-sekret, bronchoalveoläre Lavage
Virustypisierung, Subtypisierung	Einsatz von monoklonalen Antikörpern nach Virusisolierung, Sequenzierung Spezialdiagnostik	Virusisolat aus Probenmaterial

6.2 Allgemeine Daten zur Labordiagnostik der Influenzavirusinfektion

6.2.1 Diagnostische Methoden (Stand der Technik) und Transport von Proben

Die Methoden zum direkten Nachweis von Influenzaviren bzw. Genomsegmenten von Influenzaviren sind in ◘ Tab. 6.2 dargestellt.

Die zum Nachweis von Influenzavirus-spezifischen Antikörpern verwendeten Methoden zeigt ◘ Tab. 6.3.

◻ **Tab. 6.3** Übersicht der Methoden zum Nachweis von Influenzavirus-spezifischen Antikörpern

Methode	Anmerkungen
Ligandenassays (z. B.ELISA)	Bestimmung von Influenzavirus-spezifischen Antikörpern, Differenzierung der Ig-Klassen in Serum- und Plasmaproben. Nicht geeignet für Akutdiagnostik, Antikörperanstieg erst nach 10–14 Tagen und nicht in allen Fällen messbar. Keine kontrollierten Validierungsstudien vorhanden, um eine sichere Cut-off-Bestimmung vorzunehmen.
Indirekter Fluoreszenzantikörpertest (IFAT)	Differenzierung der Ig-Klassen in Serum- und Plasmaproben, Auswertung subjektiv
Neutralisationstest (NT)	Nachweis von virustyp- und virussubtyp-spezifischen Antikörpern in Serumproben, retrospektive Aussage zu zurückliegenden Infektionen möglich, Impfantikörper messbar. Spezialdiagnostik.

Influenzaviren gehören zu den gefahrgutrechtlichen Stoffen der Kategorie B, Risikogruppe 2. Virushaltige Proben müssen nach UN 3373 versendet werden, d. h. das Primärgefäß mit der Patientenprobe muss in einem Umverpackungsröhrchen und mit adsorbierendem Material in einem gekennzeichneten Transportbehältnis (Kartonbox) verschickt werden. Der Versand ist bei Raumtemperatur möglich.

6.2.2 Allgemeine Fragestellungen zur Labordiagnostik

❓ Fragestellung 1: Wie erfolgt die Labordiagnose der akuten oder kürzlich erfolgten Influenzavirusinfektion

Empfehlung

1. Die Labordiagnose der akuten Influenzavirusinfektion soll durch den Nachweis von Virusgenomsegmenten mittels RT-PCR aus Rachen- oder Nasenabstrich oder respiratorischem Sekret erfolgen. Antigen-Schnellteste können die klinische Diagnose bei positivem Ergebnis erhärten, schließen aber bei negativem Ergebnis eine akute Infektion nicht aus.
2. Der Nachweis virusspezifischer Antikörper mittels serologischer Methoden wird für die Labordiagnose der akuten Influenzavirusinfektion nicht empfohlen.

Begründung der Empfehlung
- Zu 1.: Die Testverfahren zum Virusgenomnachweis sind als Methode der Wahl (Basisdiagnostik) in den meisten Laboratorien verfügbar, sie sind den Antigen-Schnelltesten in Sensitivität und Spezifität überlegen. Die Sensitivität der Schnellteste variiert abhängig vom Virusstamm/-subtyp und Abnahmebedingungen, sie liegt teilweise unter 20 % [1].
- Zu 2.: Serologische Nachweisverfahren sind für die Diagnostik der akuten Infektion nicht geeignet, da der Antikörperanstieg erst verzögert, das heißt nach etwa 10–14 Tagen stattfindet.

6.2.3 Diagnostische Probleme

1. IgG-Antikörper gegen Influenzaviren sind erst etwa 10–14 Tage nach der Infektion oder Impfung nachweisbar. Zwar können aufwändige Neutralisationsteste zurückliegende Infektionen oder Impfungen anzeigen, in anderen Testsystemen zum Antikörper-Nachweis ist dies jedoch nicht zuverlässig möglich.
2. ELISA und andere Verfahren zum Nachweis von Influenzavirus-spezifischen Antikörpern sind nicht ausreichend validiert [5]. Influenzavirus-spezifische IgA-Antikörper können einen Hinweis auf eine frische Infektion geben; sie sind jedoch auch bei Kontrollkollektiven ohne Symptomatik nachweisbar. Eine Antikörper-Reaktivität im Ligandentest (z. B. ELISA) kann nur den früheren Kontakt mit dem Antigen anzeigen, zeigt aber nicht zwangsläufig eine Immunität an.
3. Generell nimmt die Wahrscheinlichkeit eines positiven Ergebnisses für den Nachweis der Influenzavirus-RNA bereits nach den ersten Erkrankungstagen ab. Das Gelingen des RNA-Nachweises ist von der Probengewinnung, der Qualität und dem Transport des Probenmaterials abhängig.

6.3 Spezielle Fragestellungen zur Labordiagnostik der Influenzavirusinfektion

6.3.1 Labordiagnostik von Influenzavirusinfektionen vor der Schwangerschaft

Hierzu gibt es keine relevanten Fragestellungen.

6.3.2 Labordiagnostik von Influenzavirusinfektionen während der Schwangerschaft

Fragestellung 1: Ist die Bestimmung Influenzavirus-spezifischer Antikörper vor einer Impfung sinnvoll (um zu klären, ob eine Impfung notwendig ist)?

Empfehlung

Die Bestimmung Influenza-spezifischer Antikörper vor der Impfung wird nicht empfohlen.

Begründung der Empfehlung
Da die Immunität gegen Influenzaviren partiell und vorübergehend ist und die kommerziellen Teste keine subtypenspezifischen Antikörper messen, ist es nicht sinnvoll, Influenzavirus-spezifische IgG-Antikörper zu bestimmen.

❓ Fragestellung 2: Ist es sinnvoll, das Vorliegen Influenzavirus-spezifischer Antikörper nach einer Impfung in der Schwangerschaft zu überprüfen?

Empfehlung

Die Messung Influenza-spezifischer Antikörper nach einer Impfung wird nicht empfohlen.

Begründung der Empfehlung
Die Bestimmung der Influenzavirus-spezifischen Antikörper gibt keinen eindeutigen Hinweis auf Immunschutz. Die Schwangere muss darüber aufgeklärt werden, dass die Impfung eine Infektion nicht in allen Fällen verhindern kann.

❓ Fragestellung 3: Welche diagnostischen Maßnahmen sind bei Verdacht auf Exposition der Schwangeren mit Influenzavirus und/oder an Grippe erkrankten Personen durchzuführen?

Empfehlung

Die akute Infektion der Kontaktperson sollte durch entsprechende diagnostische Verfahren gesichert sein (siehe ▶ Abschn. 6.2). Bei der Exposition nicht gegen Influenza geimpfter Schwangerer mit Grippepatienten kann eine antivirale Prophylaxe erwogen werden [2].

Begründung der Empfehlung
Vor allem während des 2. und 3. Trimenons haben Schwangere ein erhöhtes Risiko, bei Influenzavirusinfektionen schwere Komplikationen zu entwickeln.

❓ Fragestellung 4: Soll bei Verdacht auf eine akute Influenzavirusinfektion der Schwangeren diese labordiagnostisch gesichert werden?

Empfehlung

1. Treten in der Umgebung gehäuft Influenzavirusinfektionen auf (epidemische Ausbruchsituation), kann bei Auftreten der typischen Symptomatik auf eine Labordiagnostik verzichtet werden. Entsprechendes gilt bei gesichertem Kontakt der Schwangeren zu Grippepatienten.
2. In Zeiten niedriger Influenza-Inzidenz wird eine labordiagnostische Sicherung empfohlen. Sollte das Laborergebnis nicht innerhalb von 24 h zur Verfügung stehen, kann bei begründetem Verdacht auf akute Influenza eine antivirale Therapie begonnen werden.

Begründung der Empfehlung
- Zu 1.: Bei epidemischem Auftreten der Influenza kann bei entsprechender Symptomatik von einer akuten Virusgrippe ausgegangen werden, die labordiagnostische Sicherung ist in diesem Fall nicht notwendig.
- Zu 2.: Bei niedriger Influenza-Aktivität ist der positive Vorhersagewert der ausschließlich klinischen Diagnosestellung schlecht, da ähnliche Symptome durch zahlreiche andere Infektionen hervorgerufen werden können [2, 5]. Die antivirale Therapie hat eine gesicherte Effektivität nur dann, wenn sie innerhalb von 24–48 h nach dem Auftreten der ersten Symptome (Fieber, Kopfschmerzen etc.) begonnen wird [4].

6.3 · Spezielle Fragestellungen zur Labordiagnostik der Influenzavirusinfektion

? Fragestellung 5: Wie wird die Influenzavirusinfektion bei der Schwangeren labordiagnostisch gesichert?

Empfehlung

Die akute Influenzavirusinfektion wird durch den Nachweis viraler Genomsegmente (RT-PCR) im Nasen-Rachen-Abstrich und/oder im respiratorischen Sekret gesichert.

Begründung der Empfehlung
▶ Abschn. 6.2

? Fragestellung 6: Welche Bedeutung hat ein negatives Ergebnis im Influenza-Schnelltest?

Empfehlung

Ein negativer Influenza-Schnelltest schließt eine akute Influenzavirusinfektion nicht aus und darf nicht die alleinige Entscheidungsgrundlage für das Nicht-Ansetzen oder Absetzen einer antiviralen Therapie sein.

Begründung der Empfehlung
▶ Abschn. 6.2 [2]

6.3.3 Labordiagnostik von Influenzavirusinfektionen nach der Schwangerschaft und/oder beim Neugeborenen

? Fragestellung 1: Ist die labordiagnostische Sicherung bei Verdacht auf Influenzavirusinfektion bei der Wöchnerin oder in deren Umfeld erforderlich?

Empfehlung

Bei Verdacht auf eine Influenzavirusinfektion bei der Wöchnerin oder in deren Umfeld wird eine Labordiagnostik zur Bestätigung empfohlen.

Begründung der Empfehlung
Da Kleinkinder im Alter von unter 6 Monaten besonders häufig schwere Komplikationen durch Influenzavirusinfektionen erleiden, wird eine Expositionsprophylaxe empfohlen. Eine Diagnosesicherung bei Kontaktpersonen des Neugeborenen wird empfohlen, um unnötige Medikationen zu vermeiden [2].

❓ Fragestellung 2: Welche Konsequenz hat das Auftreten einer Influenzavirusinfektion bei einem Neugeborenen im stationären Bereich?

Empfehlung

Der Beauftragte für Krankenhaushygiene soll im Falle eines Influenzavirus-Nachweises auf der Station informiert werden. Es sollen Maßnahmen ergriffen werden, die eine Übertragung der Infektion auf Neugeborene verhindern.

Begründung der Empfehlung
Für Neugeborene und Frühgeborene stellen Influenzavirusinfektionen ein hohes Morbiditäts- und Moralitätsrisiko dar.

Literatur

1. Chartrand C, Leeflang MM, Minion J, Brewer T, Pai M (2012) Accuracy of rapid influenza diagnostic tests: a meta-analysis. Ann Intern Med 156(7):500–511
2. Fiore AE, Fry A, Shay D, Gubareva L, Bresee JS, Uyeki TM (2011) Antiviral agents for the treatment and chemoprophylaxis of influenza – recommendations of the Advisory Committee on Immunization Practices (ACIP). MMWR Recomm Rep 60(1):1–24
3. Mak TK, Mangtani P, Leese J, Watson JM, Pfeifer D (2008) Influenza vaccination in pregnancy: current evidence and selected national policies. Lancet Infect Dis 8(1):44–52
4. Mosby LG, Rasmussen SA, Jamieson DJ (2011) 2009 pandemic influenza A (H1N1) in pregnancy: a systematic review of the literature. Am J Obstet Gynecol 205(1):10–18
5. Petric M, Comanor L, Petti CA (2006) Role of the laboratory in diagnosis of influenza during seasonal epidemics and potential pandemics. J Infect Dis 194 (Suppl 2):S98–110
6. Standing JF, Nika A, Tsagris V et al (2012) Oseltamivir pharmacokinetics and clinical experience in neonates and infants during an outbreak of H1N1 influenza A virus infection in a neonatal intensive care unit. Antimicrob Agents Chemother 56(7):3833–3840

Masern

Annette Mankertz

7.1 Grundlegende Informationen zum Masernvirus – 46

7.2 Allgemeine Daten zur Labordiagnostik der Masernvirusinfektion – 47
7.2.1 Diagnostische Methoden (Stand der Technik) und Transport von Proben – 47
7.2.2 Allgemeine Fragestellungen zur Labordiagnostik – 48
7.2.3 Diagnostische Probleme – 50

7.3 Spezielle Fragestellungen zur Labordiagnostik der Masernvirusinfektion – 50
7.3.1 Labordiagnostik von Masernvirusinfektionen vor der Schwangerschaft – 50
7.3.2 Labordiagnostik von Masernvirusinfektionen während der Schwangerschaft – 52
7.3.3 Labordiagnostik von Masernvirusinfektionen nach der Schwangerschaft und/oder beim Neugeborenen – 56

Literatur – 57

7.1 Grundlegende Informationen zum Masernvirus

Virusname	
– Bezeichnung/Abkürzung	Masernvirus/MV
– Virusfamilie/Gattung	*Paramyxoviridae/Morbillivirus*
Umweltstabilität	wenig stabil, temperatur- und säurelabil
– Halbwertszeit/Raumtemperatur	2 h [8]
Desinfektionsmittelresistenz	begrenzt viruzide und viruzide Desinfektionsmittel sind wirksam [37]
Wirt	Mensch
Verbreitung	weltweit
Durchseuchung	
– Impfquoten/Schuleingang 2011 [36]	
- 1. Dosis	96,6 %
- 2. Dosis	92,1 %
– Seroprävalenz, Kinder/Jugendliche [32] [33]	
- 1–2 Jahre	60 %
- 3–17 Jahre	> 90 %
Inkubationszeit	8–12 Tage
Übertragung/Ausscheidung	Speichel/Nasensekret
	Tröpfchen-/Kontaktinfektion
Erkrankungen	Masern
– Symptome	Fieber > 38,5 °C, Schnupfen, Husten, Konjunktivitis, makulopapulöses Exanthem, Koplik'sche Flecken
– Komplikationen	Otitis media, Pneumonie, Enzephalitis, SSPE
	bei Schwangeren erhöhte Komplikationsrate (Pneumonie, Hepatitis, Enzephalitis [5, 29])
– asymptomatische Verläufe	nicht existent, Manifestationsindex nahe 100 %
Infektiosität/Kontagiosität	5 Tage vor bis 4 Tage nach Exanthembeginn
Vertikale Übertragung	
– pränatal	sehr selten [12]
– perinatal	sehr selten [2, 48]
	möglich bei akuter Infektion bei Entbindung
– neo-/postnatal	Speichel und Nasensekrete: Tröpfchen-/Kontaktinfektion

7.2 · Allgemeine Daten zur Labordiagnostik der Masernvirusinfektion

Embryopathie/Fetopathie	nein
– fetale Symptome	Prospektive Studien: keine signifikant erhöhte Abortrate [29, 39], Einzelfallbeschreibungen zu Aborten/Frühgeburten nach akuten Masern [1–3, 5, 11, 15, 17, 22, 29, 30]
– neonatale Symptome	Keine oder seltene Hinweise (Einzelfall) konnataler Defekte nach akuten Masern [4, 7, 24, 30, 41]
	Einzelfallbericht zu SSPE nach pränataler Übertragung [7]
Therapeutische Maßnahme	symptomatische Therapie
Antivirale Therapie	nicht verfügbar
Prophylaxe	
– Impfung	verfügbar
	Lebendimpfung nach STIKO-Empfehlung in der Schwangerschaft kontraindiziert [35]
– passive Immunisierung	Spezifisches Immunglobulinpräparat nicht verfügbar. Studien zum Einsatz von Standard-Immunglobulinpräparaten bei Schwangeren zeigen fraglichen Nutzen (60 % Schutz in 1945 [26]; 8 % Schutz in 2001 [18])
	Empfehlung der STIKO: für Schwangere zu erwägen

Tab. 7.1 Übersicht der Maßnahmen zur Therapie und Prophylaxe der Masern

Therapie/Prophylaxe	Möglichkeit	Maßnahme/Intervention
Antivirale Therapie der maternalen Infektion/Erkrankung	Nein	
Prophylaxe der maternalen Infektion	Ja	Zweimalige Impfung mit dem Masern-Mumps-Röteln Impfstoff vor der Schwangerschaft
Antivirale Therapie der postnatalen Infektion/Erkrankung	Nein	
Prophylaxe der postnatalen Infektion	Ja	Zweimalige Impfung mit dem Masern-Mumps-Röteln Impfstoff vor der Schwangerschaft Schutz des Kindes über Leihimmunität für drei bis sechs Monate

Maßnahmen zur Therapie und Prophylaxe der Masern zeigt **Tab. 7.1**.

7.2 Allgemeine Daten zur Labordiagnostik der Masernvirusinfektion

7.2.1 Diagnostische Methoden (Stand der Technik) und Transport von Proben

Die Methoden zum direkten Nachweis des Masernvirus bzw. von Masernvirus-Genomen enthält **Tab. 7.2**.

Methoden zum Nachweis von Masernvirus-spezifischen Antiköpern zeigt **Tab. 7.3**.

Tab. 7.2 Übersicht der Methoden zum direkten Nachweis des Masernvirus bzw. von Masernvirus-Genomen

Prinzip	Methode	Untersuchungsmaterial
Nachweis von Masernvirus-Genom (RNA)	Polymerasekettenreaktion (RT-PCR)	Rachenabstrich (als feuchter Tupfer in Virustransportmedium), Zahntaschenflüssigkeit, Urin Liquor (bei ZNS Komplikationen)
Anzucht des Masernvirus	Anzucht in der Zellkultur, Nachweis über zytopathogenen Effekt und Immunfärbung oder anschließender RT-PCR Spezialdiagnostik	Rachenabstrich (als feuchter Tupfer in Virustransportmedium), Zahntaschenflüssigkeit, Urin

Tab. 7.3 Übersicht der Methoden zum Nachweis von Masernvirus-spezifischen Antiköpern

Methode	Anmerkungen
Ligandenassays (z. B. ELISA, EIA, CLIA, CMIA etc.)	Meist auf Basis von Virusantigen (Wildvirus- und/oder Impfvirus) aus infizierten Zellkulturen Bestimmung und Differenzierung von Antikörpern (Masern-IgG, Masern-IgM) in Serum; Plasma und Liquor
Immunfluoreszenztest	Auf Basis von infizierten Zellkulturen (Wildvirus- und/oder Impfvirus) Bestimmung und Differenzierung von Antikörpern (Masern-IgG, Masern-IgM) im Serum und Liquor nicht automatisierbar, aufwändig, subjektiv in der Auswertung
Neutralisationstest	Nachweis von neutralisierenden Antikörpern Spezialdiagnostik

Untersuchungsmaterial, das möglicherweise Masernvirus enthält, muss entsprechend den internationalen Transportvorschriften versendet werden. Das Primärgefäß mit der Probe muss in einem Umverpackungsröhrchen und mit adsorbierendem Material in einem gekennzeichneten Transportbehältnis (UN 3373) verschickt werden. Der Versand kann bei Raumtemperatur ungekühlt erfolgen. Entsprechende Abstrich- und Versandmaterialien können auf der Webseite des Nationalen Referenzzentrums Masern, Mumps, Röteln (NRZ MMR) angefordert werden.

7.2.2 Allgemeine Fragestellungen zur Labordiagnostik

Fragestellung 1: Wie erfolgt die Labordiagnose der akuten oder kürzlich erfolgten Masernvirusinfektion?

Empfehlung

Die Labordiagnostik der akuten Masernvirusinfektion soll durch Kombination molekularbiologischer und serologischer Methoden erfolgen (Tab. 7.4):
1. Durch den Nachweis von Masernvirus-Genomen mittels RT-PCR aus Abstrichmaterial (Rachenabstrich, Zahntaschenflüssigkeit) oder aus Urin gewonnen in den ersten 7 Tagen nach Exanthembeginn;

7.2 · Allgemeine Daten zur Labordiagnostik der Masernvirusinfektion

Tab. 7.4 Übersicht der möglichen Ergebniskonstellationen der Labordiagnostik und ihre Bewertung

Masern-Serologie		Virusgenomnachweis (RT-PCR)	Infektionsstatus
Masern-IgG	Masern-IgM		
Negativ	Negativ	Negativ	Suszeptibel
Negativ	Negativ	Positiv	Akute Infektion
Negativ	Positiv	Positiv	Akute Infektion
Negativ	Positiv	Negativ	Akute Infektion, evtl. auch unspezifischer Befund
Positiv	Positiv	Positiv	Akute Infektion
Positiv	Positiv	Negativ	Kürzlich erfolgte Infektion, evtl. auch unspezifischer IgM-Befund
Positiv	Negativ	Positiv	Reinfektion nach Impfung
Positiv	Negativ	Negativ	Zurückliegende Infektion/Impfung

2. durch den Nachweis einer Masern-IgG-Serokonversion; hierzu müssen 2 Blut-/Serumproben im zeitlichen Abstand von mindestens 7 Tagen gewonnen und idealerweise bei Verwendung desselben Testsystems parallel auf ihren Gehalt an Masern-IgG getestet werden; die initiale Probe muss Masern-IgG negativ sein;
3. durch den Nachweis von Masern-IgM im Serum; Masern-IgM ist jedoch bei etwa 30 % der akuten Masern erst 72 h nach Symptombeginn nachweisbar;
4. durch einen signifikanten Anstieg des Masern-IgG; hierzu müssen 2 Blut/Serumproben im zeitlichen Abstand von 2–4 Wochen gewonnen und unter Einsatz desselben Testsystems auf Masern-IgG untersucht werden. Zeigt die Zweitprobe einen signifikanten Anstieg des Masern-IgG, kann von einer Maserninfektion ausgegangen werden.

Begründung der Empfehlung
- Zu 1.: Der Nachweis von Masernvirus-RNA zeigt eine akute Infektion an. Der Nachweis ist bei Entnahme innerhalb von 7 Tagen nach Exanthembeginn zuverlässig [28].
- Zu 2.: Eine Masern-IgG Serokonversion beweist eine akute Infektion.
- Zu 3.: Der Nachweis von Masern-IgM zeigt eine akute Infektion an. Bei negativem Ergebnis ist der zeitliche Abstand zum Exanthembeginn zu beachten und gegebenenfalls eine Wiederholungsuntersuchung zu veranlassen [14].
- Zu 4.: Ein signifikanter Antikörperanstieg zeigt eine akute Infektion an.

Fragestellung 2: Wie erfolgt die Labordiagnose der zurückliegenden Masernvirusinfektion/die Bestimmung der Immunität?

Empfehlung

1. Die Immunität nach einer Masern- oder MMR-Impfung wird über eine Impfausweiskontrolle festgestellt.
2. Die Diagnose einer zurückliegenden Masernvirusinfektion erfolgt durch den Nachweis von Masern-IgG.

Begründung der Empfehlung
- Zu 1.: Bei dokumentierter zweifacher Masern- oder MMR-Impfung ist von Schutz auszugehen, Antikörperkontrollen werden nicht empfohlen.
- Zu 2.: Der Nachweis von Masern-IgG zeigt bei gleichzeitig negativen Werten für Masern-IgM eine zurückliegende Infektion an. Da die Testsysteme zum Nachweis von Masern-IgG mit dem Neutralisationstest korrelieren, kann bei grenzwertigen oder positiven Werten für Masern-IgG von Schutz ausgegangen werden [10].

7.2.3 Diagnostische Probleme

1. Masern-IgM wird nach akuter Infektion für einen Zeitraum von ca. 4 Wochen gebildet. Bei 30 % der Erkrankten wird das Masern-IgM erst nach dem 3. Tag nach Exanthembeginn nachweisbar.
2. Masern-IgM zeigt gelegentlich eine Kreuzreaktion mit anderen Viren (beispielsweise Parainfluenzavirus) [38] oder kann aufgrund polyklonaler Stimulierung bei akuter Epstein-Barr-Virusinfektion positiv ausfallen [19]. Der Masern-IgM-Test kann deswegen in Einzelfällen ein falsch positives Ergebnis zeigen.

7.3 Spezielle Fragestellungen zur Labordiagnostik der Masernvirusinfektion

7.3.1 Labordiagnostik von Masernvirusinfektionen vor der Schwangerschaft

Fragestellung 1: In welchen Fällen ist eine labordiagnostische Überprüfung des Immunstatus notwendig?

Empfehlung

Die Überprüfung des Immunstatus soll möglichst vor der Schwangerschaft durch die Kontrolle des Impfausweises erfolgen. Die Bestimmung von Masern-IgG vor der Schwangerschaft ist nur in Ausnahmefällen notwendig und wird nicht generell empfohlen. Der Impfschutz gilt als vollständig, wenn zwei Masern- oder MMR-Impfungen dokumentiert sind. Ein fehlender oder unvollständiger Impfschutz soll entsprechend der gültigen Impfempfehlung der STIKO komplettiert werden. Nicht-dokumentierte Impfungen sind als fehlende Impfungen zu werten.

Begründung der Empfehlung
Frauen im gebärfähigen Alter sollen gegen Masern geschützt sein. Schutz wird durch die dokumentierte zweimalige Masern- oder MMR-Impfung nachgewiesen. Die Serokonversion nach einer Dosis liegt bei 96 %. Die Impfeffektivität nach 2 Dosen liegt bei >99 % [47], die Antikörper sind bei 95 % der zweimal Geimpften 10–20 Jahre nach Impfung noch nachweisbar [25]. Eine allgemeine Testung von zweimal Masern- oder MMR-geimpften Frauen auf das Vorhandensein von Masern-IgG ist daher nicht notwendig und wird nicht empfohlen [46]. Die Zuverlässigkeit von erinnerten Impfungen und Erkrankungen ist niedrig [9]. Frauen mit fehlenden Dokumenten zu einer Impfung oder zu einer früheren Erkrankung sollen deshalb geimpft werden.

7.3 · Spezielle Fragestellungen zur Labordiagnostik der Masernvirusinfektion

? Fragestellung 2: Welche Konsequenz hat der Nachweis von Masern-IgG?

Empfehlung

1. Bei Nachweis von Masern-IgG kann von Schutz aufgrund einer zurückliegenden Infektion oder Impfung ausgegangen werden.
2. Bei einem Nachweis von Masern-IgG ist eine zweite Masern-Impfung nicht notwendig. Eine zweite MMR-Impfung kann aber erforderlich sein, um den Impfschutz gegen Mumps und Röteln zu vervollständigen, sie kann auch bei bestehender Teilimmunität unbedenklich verabreicht werden.

Begründung der Empfehlung
− Zu 1. und 2.: Bei einem Nachweis von Masern-IgG kann von Immunität ausgegangen werden. Der Nachweis von Masern-IgG, gemessen in Ligandentesten, korreliert gut mit dem Nachweis von neutralisierenden Antikörpern und Schutz gegen Masern [10, 34].

? Fragestellung 3: Welche Konsequenzen ergeben sich aus einem grenzwertigen oder negativen Masern-IgG-Befund?

Empfehlung

Ist bei negativem oder grenzwertigem Masern-IgG-Befund keine oder nur eine einmalige Masern- oder MMR-Impfung dokumentiert, soll der Impfschutz entsprechend den aktuellen Empfehlungen der STIKO komplettiert werden. Eine Antikörperkontrolle nach zweifacher Impfung ist nicht erforderlich.

Begründung der Empfehlung
Nach 2 Masern- oder MMR-Impfungen kann von einer lebenslangen, belastbaren Immunität ausgegangen werden, selbst wenn das Masern-IgG unterhalb der Nachweisgrenze liegt. Dieser Schutz wird über neutralisierende Antikörper und die zelluläre Immunität vermittelt [23, 44, 45].

? Fragestellung 4: Kann bei ungeschützten Frauen mit Kinderwunsch die Masern- oder MMR-Impfung auf einen Zeitpunkt nach der Schwangerschaft verschoben werden?

Empfehlung

Die Vervollständigung des Impfschutzes soll nicht aufgeschoben werden.

Begründung der Empfehlung
Die akute Masernvirusinfektion in der Schwangerschaft bedingt ein erhöhtes Risiko für Komplikationen wie Pneumonie und Frühgeburtlichkeit. Es gibt Hinweise, dass die Abortrate bei einer Infektion in der Frühschwangerschaft erhöht ist [1, 2, 5, 11, 15, 17, 21, 22, 29, 30]. Deswegen soll der MMR-Impfschutz vor Eintritt einer Schwangerschaft vervollständigt werden.

Fragestellung 5: Wie lange soll die Schwangerschaft aufgeschoben werden, nachdem eine MMR-Impfung durchgeführt wurde?

Empfehlung

1. Ein zeitlicher Abstand von 4 Wochen zwischen der MMR-Impfung und einer Konzeption erscheint ausreichend.
2. Eine akzidentelle MMR-Impfung in der Frühschwangerschaft oder eine Konzeption nach kürzlich verabreichter MMR-Impfung ist nicht mit einem erhöhten Risiko für eine Embryopathie assoziiert.

Begründung der Empfehlung

— Zu 1. und 2.: Grundsätzlich sind Impfungen mit attenuierten Lebendvakzinen in der Schwangerschaft kontraindiziert, da es sich um vermehrungsfähige Viren handelt und ein theoretisches Risiko für eine Embryopathie besteht. Bislang ist kein einziger Fall einer Impfvirus-bedingten Embryo- bzw. Fetopathie nach akzidenteller MMR-Impfung (kurz vor Konzeption oder in Frühschwangerschaft) beschrieben. Eine Studie in Brasilien untersuchte > 5.500 Mütter, die in Unkenntnis einer bestehenden Schwangerschaft versehentlich geimpft wurden oder bei denen zwischen Impfung und Konzeption weniger als 3 Monate lagen. Es ergaben sich in keinem Fall Anzeichen für fetale Erkrankungen oder angeborene Fehlbildungen [39]. Ähnliche Beobachtungen liegen auch aus anderen Ländern vor [16, 20, 31, 42, 43].

7.3.2 Labordiagnostik von Masernvirusinfektionen während der Schwangerschaft

Fragestellung 1: In welchen Fällen und zu welchem Zeitpunkt soll der Immunstatus bei einer Schwangeren überprüft werden?

Empfehlung

1. Falls nicht bereits vor der Schwangerschaft erfolgt, soll der Immunstatus anhand einer Impfausweiskontrolle überprüft werden. Fehlende Masern-Impfungen sollen als MMR-Impfungen nach der Schwangerschaft, idealerweise im Wochenbett, nachgeholt werden.
2. Eine Antikörperkontrolle wird nicht empfohlen.
3. Der Immunstatus einer Schwangeren soll bei Kontakt mit Masernerkrankten überprüft werden.

Begründung der Empfehlung
Siehe Fragestellungen 1–3, ▶ Abschn. 7.3.1

7.3 · Spezielle Fragestellungen zur Labordiagnostik der Masernvirusinfektion

❓ Fragestellung 2: Welche Konsequenzen ergeben sich aus dem Masern-IgG Befund unter Berücksichtigung des Impfstatus?

Empfehlung

1. Beim Nachweis von Masern-IgG sind keine weiteren Maßnahmen erforderlich, es kann von Schutz ausgegangen werden.
2. Sind 2 Masern- oder MMR-Impfungen dokumentiert, sind keine weiteren Maßnahmen erforderlich. Es kann auch bei grenzwertigem oder negativem Masern-IgG-Befund von Schutz ausgegangen werden.
3. Ungeimpfte Schwangere bzw. Schwangere mit unklarem Immunstatus, bei denen der Masern-IgG-Befund grenzwertig ausfällt oder nicht nachgewiesen werden kann, sollen den Kontakt zu Masernerkankten und -verdachtsfällen meiden. Bei den Familienmitgliedern (Partner, Kinder) soll der Impfschutz entsprechend der aktuell gültigen Impfempfehlung der STIKO [35] mit dem MMR-Impfstoff komplettiert werden.
4. Fehlende MMR-Impfungen sollen nach der Schwangerschaft entsprechend den STIKO-Empfehlungen vorzugsweise im Wochenbett ergänzt werden.

Begründung der Empfehlung
- Zu 1.: Bei Nachweis einer Serokonversion nach der Impfung oder Erkrankung kann von Schutz ausgegangen werden.
- Zu 2.: Siehe Fragestellung 3, ▶ Abschn. 7.3.1.
- Zu 3.: Ein negativer Masern-IgG-Befund bei Ungeimpften deutet auf einen fehlenden Immunschutz gegen Masern hin. In diesem Fall ist die Expositionsprophylaxe die einzige Möglichkeit zur Verhinderung einer Maserninfektion. Hierzu zählen das Vermeiden des Kontakts zu Infizierten und die Impfung von Kontaktpersonen/Familienmitgliedern. MMR-Geimpfte scheiden zwar Impfviren aus, eine Übertragung auf Immunkompetente ist jedoch sehr selten und verursacht bei Mutter und Fetus keine Erkrankung [38].

❓ Fragestellung 3: Was ist zu tun bei einer Virusexposition der Schwangeren (bei Kontakt mit an Masern Erkrankten)?

Empfehlung

1. Falls noch nicht geschehen, soll der Impfschutz anhand des Impfausweises überprüft werden. Sind 2 Masern- oder MMR-Impfungen dokumentiert, sind keine weiteren Maßnahmen erforderlich.
2. Bei fehlender MMR-Impfung oder Impfdokumentation soll eine Masern-IgG-Bestimmung vorgenommen werden. Beim Nachweis von Masern-IgG sind keine weiteren Maßnahmen erforderlich.
3. Sind keine Antikörper gegen das Masernvirus nachweisbar, soll die Schwangere über die Symptome einer Masernerkrankung informiert werden. Die MMR-Impfung ist in der Schwangerschaft kontraindiziert.
4. Bei den Kontaktpersonen der Schwangeren soll eine Impfanamnese erhoben werden, und bei Bedarf der Impfschutz komplettiert werden [35].

Begründung der Empfehlung
- Zu 1.: Bei 2 dokumentierten Masern- oder MMR-Impfungen kann von Immunität ausgegangen werden.
- Zu 2.: Der Nachweis von Masern-IgG lässt auf eine zurückliegende Wildvirusinfektion oder Impfung schließen. Von Schutz kann ausgegangen werden.
- Zu 3.: Bei negativem Masern-IgG-Befund und fehlender Impfdokumentation ist von Suszeptibilität gegenüber dem Masernvirus auszugehen. Bei Schwangeren ist die Impfung mit dem Lebendimpfstoff kontraindiziert.
- Zu 4.: Durch die Impfung von Kontaktpersonen kann die Schwangere vor einer weiteren Exposition geschützt werden. Die Impfviren verursachen bei Immunkompetenten keine Erkrankung, es besteht keine Einschränkung für die Impfung von Kontaktpersonen/Kindern im Haushalt der Schwangeren [46].

Fragestellung 4: Wie soll eine akute Masernvirusinfektion in der Schwangerschaft labordiagnostisch nachgewiesen werden?

Empfehlung

Bei klinischem Verdacht auf Masern in der Schwangerschaft soll eine Labordiagnostik zur Abklärung der akuten Infektion gemäß ▶ Abschn. 7.2 erfolgen.

Begründung der Empfehlung
Die Masernvirusinfektion kann mit anderen Infektionskrankheiten verwechselt werden, die mit Fieber und Exanthem einhergehen. Der Verdacht auf eine Masernerkrankung soll deshalb differenzialdiagnostisch abgeklärt werden.

Fragestellung 5: Welche Konsequenz ergibt sich aus dem labordiagnostischen Nachweis einer Masernvirusinfektion (Masern-IgM positiv und/oder Masern-PCR positiv)?

Empfehlung

1. Die Schwangere soll über die Möglichkeit von Komplikationen (beispielsweise Masernpneumonie) aufgeklärt und darauf hingewiesen werden, dass sie sich bei Verschlechterung des Allgemeinzustandes umgehend an ihren Arzt oder eine gynäkologische Klinik wenden soll.
2. Sie soll den Kontakt zu Ungeschützten (insbesondere Säuglingen, Kleinkindern und Schwangeren) meiden.
3. Masernerkrankungen sind meldepflichtig.

Begründung der Empfehlung
- Zu 1.: Die Masernvirusinfektion in der Schwangerschaft hat eine erhöhte Komplikationsrate. Insbesondere Masernpneumonien werden häufiger beobachtet [3, 5, 11, 15, 17, 41].
- Zu 2.: Nach einer Maserninfektion im Säuglings- und Kleinkindalter besteht ein erhöhtes Risiko für die Betroffenen, später an einer subakut sklerosierenden Panenzephalitis (SSPE) zu erkranken [13].
- Zu 3.: Dies beruht auf den gesetzlichen Grundlagen des IfSG.

7.3 · Spezielle Fragestellungen zur Labordiagnostik der Masernvirusinfektion

❓ Fragestellung 6: Welche Konsequenzen zieht eine versehentlich durchgeführte MMR-Impfung während der Schwangerschaft nach sich?

Empfehlung

Eine akzidentelle MMR-Impfung in der Schwangerschaft ist keine Indikation für einen Schwangerschaftsabbruch; es sind weder für die Schwangere noch für den Fetus negative Folgen zu erwarten. Eine weitergehende Diagnostik in der Schwangerschaft oder postnatal ist nicht erforderlich.

Begründung der Empfehlung
Wie jede Lebendimpfung ist die MMR-Impfung in der Schwangerschaft kontraindiziert, jedoch führen versehentlich durchgeführte MMR-Impfungen bei Schwangeren nicht zu Fehlbildungen oder anderen Komplikationen für Fetus oder Mutter. Daher ergibt sich keine Abbruchindikation [32, 39, 42, 43], siehe auch Fragestellung 5, ▶ Abschn. 7.3.1.

❓ Fragestellung 7: Sollen in der gynäkologischen Praxis/Klinik besondere Maßnahmen ergriffen werden, wenn bei einer Schwangeren eine akute Maserninfektion nachgewiesen wurde?

Empfehlung

1. Mitarbeiter im Gesundheitsdienst bzw. in gynäkologischen Einrichtungen sollen gegen Masern geschützt sein. Eine Impfausweiskontrolle der Mitarbeiter soll bei der Einstellung stattfinden. Bei Mitarbeitern mit unklaren Angaben oder fehlenden MMR-Impfungen soll der Impfschutz entsprechend den aktuellen STIKO-Empfehlungen komplettiert werden, falls keine Schwangerschaft besteht.
2. Personen mit akuter Maserninfektion oder dem Verdacht auf akute Infektion sollen keinen Kontakt zu Schwangeren haben.
3. Bei Schwangeren mit Kontakt zur infizierten Person (z. B. Wartezimmer) soll eine Impfausweiskontrolle zur Bestimmung des Immunstatus vorgenommen werden.
4. Oberflächen, die möglicherweise mit Masernvirus kontaminiert wurden, sollen mit viruziden oder begrenzt viruziden Desinfektionsmitteln behandelt werden.
5. Der Verdacht bzw. der Nachweis einer Masernerkrankung soll namentlich an das zuständige Gesundheitsamt gemeldet werden.

Begründung der Empfehlung
— Zu 1. Die zweifache MMR-Impfung ist der beste Schutz vor einer Infektion. Eine MMR-Impfung im Abstand von bis zu 72 h nach der Exposition minimiert das Risiko einer Masernerkrankung bei Personen ohne dokumentierte MMR-Impfung oder Immunschutz. [6, 27].
— Zu 2. Es besteht eine gesetzliche Grundlage nach dem IfSG.
— Zu 3. Siehe Fragestellung 4, ▶ Abschn. 7.3.2.
— Zu 4. Die Desinfektion verunreinigter Flächen soll weitere Übertragungen verhindern.
— Zu 5. Es besteht eine gesetzliche Grundlage nach dem IfSG.

7.3.3 Labordiagnostik von Masernvirusinfektionen nach der Schwangerschaft und/oder beim Neugeborenen

Fragestellung 1: Wann soll die MMR-Impfung der Mutter nach der Entbindung erfolgen? Können stillende Mütter geimpft werden?

Empfehlung

Eine fehlende MMR-Impfung der Mutter soll möglichst bald nachgeholt werden, auch stillende Mütter sollen geimpft werden.

Begründung der Empfehlung
Der MMR-Impfschutz soll zeitnah nach der Geburt, möglichst noch im Wochenbett komplettiert werden; das Stillen stellt keine Kontraindikation dar [27].

Fragestellung 2: Was ist bei einer peri-/postnatalen Masernerkrankung der Mutter zu tun?

Empfehlung

Treten bei der Mutter zum Zeitpunkt der Entbindung Masern auf, sollte zwischen der Chance einer Infektionsvermeidung durch sofortige räumliche Trennung von Mutter und Kind für den Zeitraum der Kontagiosität (5 Tage vor Auftreten des Exanthems bis 4 Tage danach) und der Störung der Mutter-Kind-Bindung abgewogen werden.

Begründung der Empfehlung
Erkrankt die Mutter perinatal oder postnatal an Masern, ist das Kind ohne Nestschutz und hat daher ein hohes Risiko, sich bei der Mutter durch Tröpfchen- und/oder Kontaktinfektion anzustecken. Neugeborene haben ein besonders hohes Risiko, als Spätfolge von akuten Masern an SSPE zu erkranken [12, 13]. Die rechtzeitige räumliche Trennung von Mutter und Kind für den Zeitraum der Kontagiosität und eine Immunglobulingabe kann das Risiko der Übertragung reduzieren, sollte aber gegen die Störung der Mutter-Kind-Bindung und die Risiken einer passiven Impfung abgewogen werden.

Fragestellung 3: Wie wird eine Masernvirusinfektion beim Neugeborenen diagnostiziert?

Empfehlung

Die postnatale Maserninfektion bei Neugeborenen soll durch einen Nukleinsäurenachweis per RT-PCR diagnostiziert werden. Als Material eignet sich Rachenabstrich oder Urin (▶ Abschn. 7.2).

Begründung der Empfehlung
Da der Antikörpernachweis bei Neugeborenen nicht zuverlässig ist, soll bei Verdacht auf neonatale Masern immer eine RT-PCR durchgeführt werden. Die Diagnosestellung ist wichtig, da eine Übertragung der Infektion auf andere Säuglinge bzw. Schwangere vermieden werden soll [12, 13].

Literatur

1. Aaby P, Bukh J, Lisse IM, Seim E, de Silva MC (1988) Increased perinatal mortality among children of mothers exposed to measles during pregnancy. Lancet 1:516–519
2. Aaby P, Seim E, Knudsen K, Bukh J, Lisse IM, da Silva MC (1990) Increased postperinatal child mortality among children of mothers exposed to measles during pregnancy. Am J Epidemiol 132(2):531–539
3. Ali ME, Albar HM (1997) Measles in pregnancy: maternal morbidity and perinatal outcome. International journal of gynaecology and obstetrics: the official organ of the International Federation of Gynaecology and Obstetrics. Int J Gynaecol Obstet 59(2):109–113
4. Anselem O, Tsatsaris V, Lopez E, Krivine A, Le Ray C et al (2011) [Measles and pregnancy]. Presse Med. 40(11): 1001–1007
5. Atmar RL, Englund JA, Hammill H (1992) Complications of measles during pregnancy. Clinical infectious diseases : an official publication of the Infectious Diseases Society of America 14:217–226
6. Barrabeig I, Rovira A, Munoz P, Batalla J, Rius C et al (2011) MMR vaccine effectiveness in an outbreak that involved day-care and primary schools. Vaccine 29:8024–8031
7. Betta Ragazzi SL, De Andrade Vaz-de-Lima LR, Rota P, Bellini WJ, Gilio AM et al (2005) Congenital and neonatal measles during an epidemic in Sao Paulo, Brazil in 1997. Pediatr Infect Dis J 24(4):377–378
8. Black FL (1959) Growth and stability of measles virus. Virology 7(2):184–192
9. Bolton P, Holt E, Ross A, Hughart N, Guyer B (1998) Estimating vaccination coverage using parental recall, vaccination cards, and medical records. Public Health Rep 113(6):521–526
10. Chen RT, Markowitz LE, Albrecht P, Stewart JA, Mofenson LM et al (1990) Measles antibody: reevaluation of protective titers. J Infect Dis 162(5):1036–1042
11. Chiba ME, Saito M, Suzuki N, Honda Y, Yaegashi N (2003) Measles infection in pregnancy. J Infect 47(1):40–44
12. Cruzado D, Masserey-Spicher V, Roux L, Delavelle J, Picard F, Haenggeli CA (2002) Early onset and rapidly progressive subacute sclerosing panencephalitis after congenital measles infection. Eur J Pediatr 161(8):438–441
13. Dasopoulou, M, Covanis A (2004) Subacute sclerosing panencephalitis after intrauterine infection. Acta Paediatr 93(9):1251–1253
14. De Serres G, Markowski F, Toth E, Landry M, Auger D et al (2013) Largest measles epidemic in North America in a decade – Quebec, Canada, 2011: contribution of susceptibility, serendipity, and superspreading events. J Infect Dis 207(6):990–998
15. Eberhart-Phillips JE, Frederick PD, Baron RC, Mascola L (1993) Measles in pregnancy: a descriptive study of 58 cases. Obstet Gynecol 82(5):797–801
16. Enders G (1984) [Accidental rubella vaccination in pregnancy]. Dtsch Med Wochenschr 109(47):1806–1809
17. Enders M, Biber M, Exler S (2007) [Measles, mumps and rubella virus infection in pregnancy. Possible adverse effects on pregnant women, pregnancy outcome and the fetus]. Bundesgesundheitsblatt, Gesundheitsforschung, Gesundheitsschutz 50(11):1393–1398
18. Endo A, Izumi H, Miyashita M, Taniguchi K, Okubo O, Harada K (2001) Current efficacy of postexposure prophylaxis against measles with immunoglobulin. J Pediatr 138(6):926–928
19. Haukenes G, Viggen B, Boye R, Kalvenes MB, Flo R, Kalland KH (1994) Viral antibodies in infectious mononucleosis. FEMS Immunol Med Microbiol 8(3):219–224
20. Hofmann J, Kortung M, Pustowoit B, Faber R, Piskazeck U, Liebert UG (2000) Persistent fetal rubella vaccine virus infection following inadvertent vaccination during early pregnancy. J Med Virol 61(1):155–158
21. Jespersen CS, Littauer J, Sagild U (1966) [Measles in pregnancy as a cause of stillbirth and malformations. A retrospective study in Greenland]. Ugeskr Laeger 128(37):1076–1080
22. Jespersen CS, Littauer J, Sagild U (1977) Measles as a cause of fetal defects. A retrospective study of tem measles epidemics in Greenland. Acta Paediatr Scand 66(3):367–372
23. Kakoulidou M, Ingelman-Sundberg H, Johansson E, Cagigi A, Farouk SE et al (2013) Kinetics of antibody and memory B cell responses after MMR immunization in children and young adults. Vaccine 31:711–717
24. Korones SB (1988) Uncommon virus infections of the mother, fetus, and newborn: influenza, mumps and measles. Clin Perinatol 15(2):259–272
25. LeBaron CW, Beeler J, Sullivan BJ, Forghani B, Bi D et al (2007) Persistence of measles antibodies after 2 doses of measles vaccine in a postelimination environment. Arch Pediatr Adolesc Med 161(3):294–301
26. Manikkavasagan G, Ramsay M (2009) The rationale for the use of measles post-exposure prophylaxis in pregnant women: a review. J Obstet Gynaecol 29(7):572–575

27. McLean H, Fiebelkorn AP, Temte JL, Wallace GS (2013) Prevention of Measles, Rubella, Congenital Rubella Syndrome, and Mumps, 2013. Summary Recommendations of the Advisory Committee on Immunization Practices (ACIP). MMWR Recomm Rep 62(RR-04):1–34
28. Michel Y, Saloum K, Tournier C, Quinet B, Lassel L et al (2013) Rapid molecular diagnosis of measles virus infection in an epidemic setting. J Med Virol 85:723–730
29. Ohyama M, Fukui T, Tanaka Y, Kato K, Hoshino R et al (2001) Measles virus infection in the placenta of monozygotic twins. Mod Pathol 14(12):1300–1303
30. Ornoy A, Tenenbaum A (2006) Pregnancy outcome following infections by coxsackie, echo, measles, mumps, hepatitis, polio and encephalitis viruses. Reprod Toxicol 21:446–457
31. Pardon F, Vilarino M, Barbero P, Garcia G, Outon E et al (2011) Rubella vaccination of unknowingly pregnant women during 2006 mass campaign in Argentina. J Infect Dis 204 Suppl 2:S745–747
32. Poethko-Muller C, Mankertz A (2011) Sero-epidemiology of measles-specific IgG antibodies and predictive factors for low or missing titres in a German population-based cross-sectional study in children and adolescents (KiGGS). Vaccine 29:7949–7959
33. Poethko-Muller C, Mankertz A (2012) Seroprevalence of measles, mumps and rubella-specific IgG antibodies in German children and adolescents and predictors for seronegativity. PloS one 7(8):e42867
34. Rabenau HF, Marianov B, Wicker S, Allwinn R (2007) Comparison of the neutralizing and ELISA antibody titres to measles virus in human sera and in gamma globulin preparations. Med Microbiol Immunol 196(3):151–155
35. Robert Koch-Institut (2013) Empfehlungen der Ständigen Impfkommission (STIKO) am Robert Koch-Institut/ Stand: Juli 2013. Epidemiologisches Bulletin 34/2013
36. Robert Koch-Institut (2013) Impfquoten bei der Schuleingangsuntersuchung in Deutschland 2011. Epidemiologisches Bulletin 16/2013
37. Robert Koch-Institut (2007) Liste der vom Robert Koch-Institut geprüften und anerkannten Desinfektionsmittel und -verfahren. Bundesgesundheitsblatt 50:1335–1356
38. Robert Koch-Institut (2010) Masern, RKI-Ratgeber für Ärzte
39. Sato HK, Sanajotta AT, Moraes JC, Andrade JQ, Duarte G et al (2011) Study Group for Effects of Rubella Vaccination During 2011. Rubella vaccination of unknowingly pregnant women: the Sao Paulo experience, 2001. J Infect Dis 204 Suppl 2:S737–744
40. Sheppeard V, Forssman B, Ferson MJ, Moreira C, Campbell-Lloyd S et al (2009) Vaccine failures and vaccine effectiveness in children during measles outbreaks in New South Wales, March – May 2006. Commun Dis Intell Q Rep. 33(1):21–26
41. Siegel M, Fuerst HT, Peress NS (1966) Comparative fetal mortality in maternal virus diseases. A prospective study on rubella, measles, mumps, chicken pox and hepatitis. N Engl J Med 274(14):768–771
42. Soares RC, Siqueira MM, Toscano CM, Maia Mde L, Flannery B et al (2011) Follow-up study of unknowingly pregnant women vaccinated against rubella in Brazil 2001–2002. J infect Dis 204 Suppl 2:S729–736
43. White SJ, Boldt KL, Holditch SJ, Poland GA, Jacobson RM (2012) Measles, mumps, and rubella. Clin Obstet Gynecol 55(2):550–559
44. WHO 2009 Immunological basis for immunization: Measles (Update 2009)
45. WHO 2010 Immunological basis for immunization: Mumps
46. WHO 2009 Measles vaccines: WHO position paper. Weekly epidemiological record No. 35:349–360
47. Yeung LF, Lurie P, Dayan G, Eduardo E, Britz PH et al (2005) A limited measles outbreak in a highly vaccinated US boarding school. Pediatr 116:1287–1291
48. Yoshida M, Matsuda H, Furuya K (2011) Two cases of measles in pregnant women immediately preceding delivery (case reports). Clin Exp Obstet Gynecol 38(2):177–179

Mumps

Annette Mankertz

8.1	**Grundlegende Informationen zu Mumpsvirus – 60**	
8.2	**Allgemeine Daten zur Labordiagnostik der Mumpsvirusinfektion – 61**	
8.2.1	Diagnostische Methoden (Stand der Technik) und Transport von Proben – 61	
8.2.2	Allgemeine Fragestellungen zur Labordiagnostik – 62	
8.2.3	Diagnostische Probleme – 64	
8.3	**Spezielle Fragestellungen zur Labordiagnostik der Mumpsvirusinfektion – 64**	
8.3.1	Labordiagnostik von Mumpsvirusinfektionen vor der Schwangerschaft – 64	
8.3.2	Labordiagnostik von Mumpsvirusinfektionen während der Schwangerschaft – 66	
8.3.3	Labordiagnostik von Mumpsvirusinfektionen nach der Schwangerschaft und/oder beim Neugeborenen – 69	
	Literatur – 70	

8.1 Grundlegende Informationen zu Mumpsvirus

Virusname	
– Bezeichnung/Abkürzung	Mumpsvirus/MuV
– Virusfamilie/Gattung	*Paramyxoviridae/Rubulavirus*
Umweltstabilität	wenig stabil, temperaturlabil [7, 55]
– Überlebensfähigkeit (<10 °C/pH 7,0)	bis zu einigen Tagen (Daten von tierpathogenen Paramyxoviren)
Desinfektionsmittelresistenz	begrenzt viruzide und viruzide Desinfektionsmittel sind wirksam [41]
Wirt	Mensch
Verbreitung	weltweit
Durchseuchung (Deutschland)	
– Impfquoten/Schuleingang 2011 [40]	
- 1. Dosis	96,1 %
- 2. Dosis	91,2 %
– Seroprävalenz (Kinder/Jugendliche [37])	
- 1–2 Jahre	74 %
- 3–17 Jahre	>85 %
Inkubationszeit	16–18 Tage
Übertragung/Ausscheidung	Speichel und Nasensekrete
	Tröpfchen-/Kontaktinfektion
Erkrankungen	Mumps [19]
– Symptome	ein- oder beidseitige Parotitis, Fieber
– Komplikationen	Innenohrertaubung [15], Pankreatitis, Meningitis
	Männer/Knaben: Orchitis, Sterilität möglich
	Frauen/Mädchen: Oophoritis, Mastitis
– asymptomatische Verläufe	häufig, bis zu 30 % der Infektionen
Infektiosität/Kontagiosität	3–7 Tage vor bis 9 Tage nach Erkrankungsbeginn [19]
Vertikale Übertragung	
– pränatal	transplanzentar, Einzelfallberichte [4, 20, 28, 30, 50, 51]
– perinatal	möglich bei akuter Infektion während der Entbindung, Fallberichte [21, 26, 29, 38]
– neo-/postnatal	Tröpfchen-/Kontaktinfektion (Speichel [53])
Embryopathie/Fetopathie	nein
– fetale Symptome	keine belastbaren Daten
– neonatale Symptome	keine Berichte über konnatale Defekte nach Mumps der Schwangeren [35, 46, 47]

Therapeutische Maßnahme	symptomatische Therapie
Antivirale Therapie	nicht verfügbar
Prophylaxe	
– Impfung	verfügbar
	Lebendimpfung, empfohlen [39], in der Schwangerschaft kontraindiziert
– passive Immunisierung	nicht verfügbar

Tab. 8.1 Übersicht der Maßnahmen zur Therapie und Prophylaxe der Mumpserkrankung

Therapie/Prophylaxe	Möglichkeit	Maßnahme/Intervention
Antivirale Therapie der maternalen Infektion/Erkrankung	Nein	
Prophylaxe der maternalen Infektion	Ja	Zweimalige Impfung mit dem Masern-Mumps-Röteln Impfstoff vor der Schwangerschaft

Tab. 8.2 Übersicht zu den Methoden des direkten Nachweises des Mumpsvirus bzw. von Mumpsvirus-RNA

Prinzip	Methode	Untersuchungsmaterial
Nachweis von Mumpsvirus-Genom (RNA)	Polymerasekettenreaktion (RT-PCR)	Rachenabstrich (als feuchter Tupfer in Virustransportmedium), Zahntaschenflüssigkeit, Urin, Speicheldrüsensekret, Liquor (bei ZNS Komplikationen)
Anzucht des Mumpsvirus	Anzucht in der Zellkultur, Nachweis über zytopathogenen Effekt und Immunfärbung oder anschließender PCR Spezialdiagnostik	Rachenabstrich (als feuchter Tupfer in Virustransportmedium), Zahntaschenflüssigkeit, Urin

Mögliche Maßnahmen zur Therapie und Prophylaxe der Mumpserkrankung zeigt ◘ Tab. 8.1.

8.2 Allgemeine Daten zur Labordiagnostik der Mumpsvirusinfektion

8.2.1 Diagnostische Methoden (Stand der Technik) und Transport von Proben

Methoden des direkten Nachweises des Mumpsvirus bzw. von Mumpsvirus-RNA enthält ◘ Tab. 8.2.

Die Methoden zum Nachweis von Mumpsvirus-spezifischen Antikörpern enthält ◘ Tab. 8.3.

Untersuchungsmaterial, das möglicherweise Mumpsvirus enthält, muss entsprechend den internationalen Transportvorschriften versendet werden. Das Primärgefäß mit der Probe muss in einem Umverpackungsröhrchen und mit adsorbierendem Material in einem

Tab. 8.3 Übersicht der Methoden von Nachweis von Mumpsvirus-spezifischen Antikörpern

Methode	Anmerkungen
Ligandenassays (ELISA, EIA, CLIA, CMIA etc.)	Meist auf Basis von Virusantigen (Wildvirus- und/oder Impfvirus) aus infizierten Zellkulturen Bestimmung und Differenzierung von Antikörpern (Mumps-IgG, Mumps-IgM) im Serum und Liquor
Immunfluoreszenztest	Auf Basis von infizierten Zellkulturen (Wildvirus und/oder Impfvirus) Bestimmung und Differenzierung von Antikörpern (Mumps-IgG, Mumps-IgM) im Serum und Liquor nicht automatisierbar, aufwändig, subjektiv in der Auswertung, Angabe in Titern
(Plaque)Neutralisationstest (PNT)	Nachweis von neutralisierenden Antikörpern Spezialdiagnostik

gekennzeichneten Transportbehältnis (UN 3373) verschickt werden. Der Versand erfolgt bei Raumtemperatur. Entsprechende Abstrich- und Versandmaterialien können auf der Webseite des Nationalen Referenzzentrums Masern, Mumps, Röteln (NRZ MMR) angefordert werden.

8.2.2 Allgemeine Fragestellungen zur Labordiagnostik

? Fragestellung 1: Wie erfolgt die Labordiagnose der akuten oder kürzlich erfolgten Mumpsvirusinfektion

Empfehlung

Die Labordiagnose der akuten Mumpsvirusinfektion soll durch molekularbiologische oder serologische Methoden bzw. deren Kombination erfolgen:
1. durch den Nachweis von Mumpsvirus-Genomen mittels RT-PCR aus Abstrichmaterial (Rachenabstrich, Speicheldrüsensekret, Zahntaschenflüssigkeit) oder aus Urin gewonnen in den ersten 7 Tagen nach Symptombeginn [5, 25, 27];
2. durch den Nachweis einer Mumps-IgG-Serokonversion; hierzu müssen 2 Blut/Serumproben im zeitlichen Abstand von mindestens 7 Tagen gewonnen und unter Einsatz desselben Testsystems auf Mumps-IgG untersucht werden; die initiale Probe muss Mumps-IgG negativ sein;
3. durch den Nachweis von Mumps-IgM aus Serum, wobei diese Antikörper bei Geimpften häufig nicht erneut reagieren und gelegentlich unspezifische Reaktivitäten auftreten;
4. durch einen signifikanten Anstieg des Mumps-IgG; hierzu müssen 2 Blut-/Serumproben im zeitlichen Abstand von 2–4 Wochen gewonnen und unter Einsatz desselben Testsystems auf Mumps-IgG untersucht werden; zeigt die Zweitprobe einen signifikanten Anstieg der Antikörperkonzentration, ist von einer Mumpsvirusinfektion oder -reinfektion auszugehen.

8.2 · Allgemeine Daten zur Labordiagnostik der Mumpsvirusinfektion

Tab. 8.4 Übersicht und Bewertung der labordiagnostischen Ergebniskonstellationen

Mumpsvirus-Serologie		Nachweis von Mumpsvirus-Genomen	Infektionsstatus
Mumps-IgG	Mumps-IgM		
Negativ	Negativ	Negativ	Suszeptibel
Negativ	Negativ	Positiv	Akute Infektion
Negativ	Positiv	Positiv	Akute Infektion
Negativ	Positiv	Negativ	Akute Infektion, evtl. auch unspezifischer Befund
Positiv	Positiv	Positiv	Akute Infektion
Positiv	Positiv	Negativ	Kürzlich erfolgte Infektion, evtl. auch unspezifischer Befund
Positiv	Negativ	Positiv	Reinfektion oder Impfdurchbruch
Positiv	Negativ	Negativ	Zurückliegende Infektion oder Impfung

Begründung der Empfehlung
- Zu 1.: Der Nachweis von Mumpsvirus-RNA zeigt eine akute Infektion an [1].
- Zu 2.: Eine Mumps-IgG-Serokonversion beweist eine akute Infektion [14].
- Zu 3.: Der Nachweis von Mumps-IgM zeigt eine akute Infektion an. Bei einer Zweitinfektion z. B. nach einer Impfung bleibt ein erneuter Mumps-IgM-Anstieg häufig aus, der Nachweis soll bei Verdacht auf eine Reinfektion unbedingt mittels RT-PCR geführt werden [43].
- Zu 4.: Der signifikante Antikörperanstieg zeigt eine akute Infektion oder Reinfektion an [22].

Die labordiagnostischen Ergebniskonstellationen werden in ◘ Tab. 8.4 bewertet.

Fragestellung 2: Wie erfolgt die Labordiagnose der zurückliegenden Mumpsvirusinfektion bzw. die Bestimmung der Immunität?

Empfehlung

1. Die Immunität soll über eine Impfausweiskontrolle festgestellt werden.
2. Die Messung von Mumps-IgG wird nicht empfohlen. Eine protektive Antikörperkonzentration ist nicht definiert [10].

Begründung der Empfehlung
- Zu 1.: Sind 2 Mumps- oder MMR-Impfungen dokumentiert, kann Schutz vor einer Infektion angenommen werden. Es kommt aber häufiger als bei Masern- oder Rötelninfektionen zu Erkrankungen bei zweifach Geimpften.
- Zu 2.: Der Nachweis von Mumps-IgG zeigt eine zurückliegende Impfung oder Infektion an, korreliert aber nicht sicher mit Immunschutz bzw. dem Vorhandensein von neutralisierenden Antikörpern [34, 57].

8.2.3 Diagnostische Probleme

1. Reinfektionen, z.B. solche mit dem derzeit in Deutschland zirkulierenden Mumpsvirus-Genotyp G können bei Geimpften oder bei Personen mit zurückliegender Wildvirusinfektion auftreten [34]. Nur ca. 20 % dieser Patienten reagieren mit erneuter Bildung von Mumps-IgM [43, 57]. Bei Ungeimpften wird Mumps-IgM ab etwa dem 4. Tag nach dem Symptombeginn nachweisbar. Ein negativer Wert für Mumps-IgM schließt daher eine Mumpsreinfektion nicht aus, bei klinischem Verdacht soll immer der Virusgenomnachweis (PCR) aus einem Rachenabstrich und/oder Urin durchgeführt werden [43, 44].
2. Mumps-IgM können aufgrund von Kreuzreaktivitäten mit anderen Viren (z. B. mit Parainfluenzavirus) oder bei polyklonaler B-Zell-Stimulierung bei anderen Infektionsprozessen (z. B. Epstein-Barr-Virus) falsch positiv ausfallen [42].
3. Kommerzielle Nachweissysteme von Mumps-IgG/IgM zeigen im Testvergleich eine schlechte Korrelation [2, 9, 57].
4. Mumps-IgG-Werte, die mittels Ligandentesten erhalten werden, haben gleichfalls eine schlechte Korrelation mit den Ergebnissen aus Neutralisationstesten [2, 9, 57]. Ein protektiver Grenzwert ist darüber hinaus nicht definiert, sodass keine absoluten Aussagen über Schutz anhand des positiven IgG-Tests getroffen werden können.

8.3 Spezielle Fragestellungen zur Labordiagnostik der Mumpsvirusinfektion

8.3.1 Labordiagnostik von Mumpsvirusinfektionen vor der Schwangerschaft

Fragestellung 1: In welchen Fällen soll der Immunstatus überprüft werden?

Empfehlung

Die Bestimmung von Mumps-IgG wird vor der Schwangerschaft nicht empfohlen, die Bestimmung des Immunstatus erfolgt durch die Kontrolle des Impfausweises. Der Impfschutz gilt als vollständig, wenn 2 MMR-Impfungen dokumentiert sind. Nicht dokumentierte Impfungen sind als fehlende Impfungen zu werten. Ein fehlender oder unvollständiger Impfschutz soll komplettiert werden.

Begründung der Empfehlung
Frauen im gebärfähigen Alter sollen gegen Mumps geschützt sein. Der Schutz ist bei einer dokumentierten zweimaligen Mumps- oder MMR-Impfung anzunehmen. Die Serokonversionsrate nach einer Dosis liegt bei 64 % (95 % CI: 40–78 %), nach zwei MMR-Impfungen bei 88 % (95 % CI: 62–96 %) [23]. Mumps-IgG ist bei 74–95 % der Geimpften 10–20 Jahre nach der Impfung noch nachweisbar [11]. Ein positiver Wert für Mumps-IgG lässt nicht generell auf Schutz schließen, ebenso wie ein negativer Befund nach zweimaliger Impfung nicht in allen Fällen eine fehlende Immunität beweist [57]. Aufgrund des geringen Gefährdungspotentials für die Gesundheit von Mutter und Kind bei einer Mumpsinfektion in der Schwangerschaft, der hohen Durchimpfung in Deutschland und der fehlenden Aussagekraft von Mumps-IgG bezüglich des Schutzes vor Infektion ist eine generelle Antikörperbestimmung nicht sinnvoll. Die Zuverlässigkeit von erinnerten Impfungen und Erkrankungen ist niedrig [6]. Patientinnen mit fehlenden Dokumenten zur Impfung oder zu einer früheren Erkrankung sollen deshalb geimpft werden.

8.3 · Spezielle Fragestellungen zur Labordiagnostik der Mumpsvirusinfektion

Fragestellung 2: Welche Konsequenz hat der Mumps-IgG-Nachweis?

Empfehlung

1. Der Nachweis von Mumps-IgG zeigt eine frühere Impfung oder Erkrankung an. Eine sichere Aussage über die Immunität kann anhand des Testergebnisses nicht getroffen werden.
2. Unabhängig vom Messwert kann bei 2 dokumentierten Impfungen von einem besseren Schutz vor der Erkrankung ausgegangen werden, als bei einmal Geimpften.

Begründung der Empfehlung:
- Zu 1.: Ergebnisse von Mumps-IgG-Testen korrelieren schlecht sowohl untereinander als auch mit Ergebnissen aus Neutralisationstesten. Eine sichere Aussage anhand des IgG-Messwertes bezüglich des Schutzes vor einer Mumpsvirusinfektion kann nicht gemacht werden [2, 9, 57].
- Zu 2.: Personen mit 2 dokumentierten Impfungen gelten als bestmöglich geschützt. Die Protektionsraten sind nach 2 Impfungen höher (88 %) als nach einer einmaligen Impfung (79 %) [12, 13, 52, 54, 57].

Fragestellung 3: Welche Konsequenzen ergeben sich aus einem grenzwertigen oder negativen Mumps-IgG-Befund?

Empfehlung

1. Sind 2 Impfungen dokumentiert, sind keine weiteren Maßnahmen erforderlich.
2. Ist bei negativem oder grenzwertigem Mumps-IgG-Befund keine oder nur eine einmalige Impfung dokumentiert, soll der Impfschutz mit 1 bzw. 2 MMR-Impfungen komplettiert werden. Eine Antikörperkontrolle nach der Impfung wird nicht empfohlen.

Begründung der Empfehlung
- Zu 1. und 2.: Die Impfeffektivität nach 2 Impfungen ist höher als nach einer [3, 13, 52, 54, 57].

Fragestellung 4: Kann bei ungeschützten Frauen mit Kinderwunsch die Mumps-/(MMR) Impfung auf einen Zeitpunkt nach der Schwangerschaft verschoben werden?

Empfehlung

Die Vervollständigung des Impfschutzes soll nicht aufgeschoben werden.

Begründung der Empfehlung
Die Vervollständigung des MMR-Impfschutzes ist aufgrund des generell anzustrebenden Infektionsschutzes in der Schwangerschaft und insbesondere im Hinblick auf den Schutz vor Masern und Röteln von großer Bedeutung und soll nicht aufgeschoben werden.

Fragestellung 5: Wie lange soll die Schwangerschaft aufgeschoben werden, nachdem eine MMR-Impfung durchgeführt wurde?

Empfehlung

1. Ein zeitlicher Abstand von 4 Wochen zwischen MMR-Impfung und Konzeption erscheint ausreichend.
2. Eine akzidentelle MMR-Impfung in der Frühschwangerschaft oder eine Konzeption nach kürzlich verabreichter MMR-Impfung ist nicht mit einem erhöhten Risiko assoziiert.

Begründung der Empfehlung
— Zu 1. und 2.: Impfungen mit attenuierten Lebendvakzinen sind in der Schwangerschaft kontraindiziert, da es sich um vermehrungsfähige Viren handelt und ein theoretisches Risiko für eine Embryopathie besteht. Bislang ist kein einziger Fall einer impfvirusbedingten Embryo- bzw. Fetopathie nach akzidenteller Impfung (kurz vor der Konzeption oder in der Frühschwangerschaft) beschrieben. Eine Studie in Brasilien untersuchte mehr als 5.500 Mütter, die in Unkenntnis einer bestehenden Schwangerschaft versehentlich geimpft wurden oder bei denen zwischen aktiver Impfung und Konzeption weniger als drei Monate lagen. Es ergaben sich in keinem Fall Anzeichen für fetale Erkrankungen oder angeborene Fehlbildungen [45]. Ähnliche Beobachtungen liegen auch aus anderen Ländern vor [16, 24, 36, 49, 56].

8.3.2 Labordiagnostik von Mumpsvirusinfektionen während der Schwangerschaft

Fragestellung 1: In welchen Fällen und zu welchem Zeitpunkt soll der Immunstatus bei einer Schwangeren überprüft werden?

Empfehlung

1. Falls nicht schon vor der Schwangerschaft erfolgt, soll der Immunstatus anhand einer Impfausweiskontrolle überprüft werden. Fehlende Mumpsimpfungen sollen als MMR-Impfungen nach der Schwangerschaft, idealerweise im Wochenbett, nachgeholt werden.
2. Eine Antikörperkontrolle wird nicht empfohlen.
3. Beim Verdacht auf eine Exposition soll der Immunstatus überprüft werden.

Begründung der Empfehlung
Siehe Fragestellungen 1 und 2, ▶ Abschn. 8.3.1

8.3 · Spezielle Fragestellungen zur Labordiagnostik der Mumpsvirusinfektion

? Fragestellung 2: Welche Konsequenz ergibt sich aus einem positiven bzw. negativen Mumps-IgG?

Empfehlung

1. Der Nachweis von Mumps-IgG zeigt eine frühere Impfung oder Erkrankung an. Eine sichere Aussage über die Immunität kann anhand des Testergebnisses nicht getroffen werden.
2. Ein negativer/grenzwertiger Mumps-IgG-Befund bei Ungeimpften weist auf einen fehlenden oder unvollständigen Schutz gegen Mumps hin. Der Impfschutz soll mit dem MMR-Impfstoff nach der Entbindung komplettiert werden. Titerkontrollen werden nicht empfohlen.
3. Nicht Mumps- oder MMR-geimpfte Schwangere sollen den Kontakt zu Mumpserkrankten und Verdachtsfällen meiden.

Begründung der Empfehlung
- Zu 1.–3.: Schwangere mit 2 dokumentierten MMR-Impfungen sind besser vor einer erneuten Mumpserkrankung geschützt als einmal Geimpfte oder Ungeschützte. Dies gilt unabhängig vom Ergebnis einer Mumps-IgG Bestimmung, [33, 34]. Mumps-IgG-Teste korrelieren schlecht untereinander als auch mit Neutralisationstesten. Eine sichere Aussage bezüglich des Schutzes vor einer Mumpsvirusinfektion kann deshalb nicht auf der Grundlage eines Antikörperwertes gemacht werden [57]. Fehlende Impfungen sind nach der Entbindung vorzunehmen oder zu vervollständigen. Siehe auch Fragestellung 2, ▶ Abschn. 8.3.1.
- Zu 3.: Nicht geimpfte bzw. früher an Mumps erkrankte Schwangere sind für eine Mumpsvirusinfektion suszeptibel. Aufgrund des generell anzustrebenden Schutzes vor Infektionen in der Schwangerschaft ist es ratsam, Mumpsvirusinfektionen während der Schwangerschaft zu vermeiden.

? Fragestellung 3: Was ist zu tun bei Exposition der Schwangeren (Kontakt mit nachweislich an Mumps Erkrankten)?

Empfehlung

1. Falls noch nicht geschehen, ist der Impfschutz anhand des Impfausweises zu überprüfen. Sind zwei Mumps- oder MMR-Impfungen dokumentiert, sind keine weiteren Maßnahmen erforderlich.
2. Ist der Impfschutz nicht komplett, soll die Schwangere über die möglichen Symptome einer Mumpserkrankung informiert werden. Eine MMR-Impfung ist in der Schwangerschaft kontraindiziert, eine passive Immunisierung ist nicht verfügbar.

Begründung der Empfehlung:
- Zu 1.: Bei zweifach dokumentierter Impfung kann von Schutz ausgegangen werden, Reinfektionen sind aber beschrieben [33, 34].
- Zu 2.: Ein spezifisches Mumps-Immunglobulinpräparat ist nicht verfügbar.

❓ Fragestellung 4: Wie soll eine vermutete Mumpsvirusinfektion in der Schwangerschaft diagnostiziert werden?

Empfehlung

Bei klinischem Bild einer Mumpserkrankung soll die labordiagnostische Abklärung der akuten Infektion mit Bestimmung des Mumps-IgM-/-IgG- und dem PCR-Nachweis der Virusgenome zur Differenzialdiagnose erfolgen. Siehe Ausführungen in ▶ Abschn. 8.2

Begründung der Empfehlung
Mumps ist eine meldepflichtige Erkrankung und kann nach klinischer Diagnose mit anderen Parotitiserregern verwechselt werden. Die labordiagnostische Bestätigung einer akuten Mumpsvirusinfektion wird deswegen empfohlen.

❓ Fragestellung 5: Welche Konsequenzen hat eine versehentlich durchgeführte MMR-Impfung während der Schwangerschaft?

Empfehlung

Eine akzidentelle Mumps- oder MMR-Impfung in der Schwangerschaft hat keine negativen Folgen für die Schwangere und den Feten. Eine weitergehende Diagnostik oder andere Maßnahmen sind nicht erforderlich.

Begründung der Empfehlung
Grundsätzlich ist jede Lebendimpfung und somit auch die MMR-Impfung in der Schwangerschaft kontraindiziert. Versehentliche Impfungen in der Schwangerschaft führen jedoch nicht zu Fehlbildungen oder Komplikationen für Fetus oder Mutter, daher ergibt sich keine Indikation für eine Intervention [13] (siehe auch Fragestellung 4, ▶ Abschn. 8.3.1).

❓ Fragestellung 6: Sollen in der gynäkologischen Praxis/Klinik besondere Maßnahmen ergriffen werden, wenn bei einem Mitarbeiter oder einer Patientin eine akute Mumpsvirusinfektion nachgewiesen wurde?

Empfehlung

1. An Mumps erkrankte Mitarbeiter sollen keinen Kontakt zu Schwangeren haben.
2. Bei Schwangeren, die z. B. im Wartezimmer Kontakt zu einer mit Mumpsvirus infizierten Person hatten, soll eine Impfausweiskontrolle zur Bestimmung des Immunstatus vorgenommen werden. Ist von einer Suszeptibilität auszugehen, soll die Schwangere über die Symptome und die Risiken einer Mumpserkrankung informiert werden.
3. Maßnahmen zur Postexpositionsprophylaxe wie eine MMR-Impfung innerhalb von 72 h bei Nicht-Schwangeren oder Immunglobulingabe bei Schwangeren werden nicht empfohlen.
4. Oberflächen, die möglicherweise mit Mumpsvirus kontaminiert wurden, sollen mit viruziden oder begrenzt viruziden Desinfektionsmitteln behandelt werden.

Begründung der Empfehlung
— Zu 1.: Dies beruht auf der gesetzlichen Grundlage des IfSG.
— Zu 2.: Siehe Fragestellung 3, ▶ Abschn. 8.3.2

8.3 · Spezielle Fragestellungen zur Labordiagnostik der Mumpsvirusinfektion

- Zu 3.: Die Wirksamkeit von Maßnahmen zur Postexpositionsprophylaxe nach Mumpskontakt (Impfung innerhalb von 72 h bei Nicht-Schwangeren, Immunglobulingabe bei Schwangeren) ist nicht belegt und wird nicht empfohlen [31, 32].
- Zu 4. Die Desinfektion verunreinigter Flächen soll weitere Übertragungen verhindern.

8.3.3 Labordiagnostik von Mumpsvirusinfektionen nach der Schwangerschaft und/oder beim Neugeborenen

Fragestellung 1: Wann soll die MMR-Impfung nach der Entbindung erfolgen? Sollen stillende Mütter geimpft werden?

Empfehlung

Die Impfung soll möglichst im Wochenbett erfolgen.

Begründung der Empfehlung
Eine fehlende MMR-Impfung soll möglichst zeitnah nach der Entbindung nachgeholt oder komplettiert werden. Die WHO empfiehlt die MMR-Impfung im Wochenbett, das Stillen stellt dabei keine Kontraindikation dar [32].

Fragestellung 2: Sollen Mutter und Kind bei einer perinatalen Mumpserkrankung getrennt werden?

Empfehlung

Die Trennung von Mutter und Kind kann in Betracht gezogen werden, wenn die Ansteckung nicht bereits erfolgt ist.

Begründung der Empfehlung
Eine perinatale Mumpsvirusinfektion ist eine Seltenheit. Nach der Geburt kann der enge Kontakt zur Ansteckung des Kindes führen, sobald die Mutter infektiös wird (ca. 7 Tage vor Symptombeginn). Das Kind einer seronegativen Mutter hat keinen Nestschutz gegen Mumps. Aufgrund von einzelnen Fallberichten über schwere Verläufe bei Neugeborenen [4, 21, 26, 29, 38] ist die Trennung von Mutter und Kind nach der Geburt zu erwägen.

Fragestellung 3: Wie soll eine Mumpsvirusinfektion beim Neugeborenen diagnostiziert werden?

Empfehlung

Eine postnatale Mumpsvirusinfektion soll durch Nachweis der viralen Nukleinsäure aus dem Rachenabstrich oder Urin diagnostiziert werden (RT-PCR).

Begründung der Empfehlung
Postnatale Mumpsvirusinfektionen in den ersten Lebenstagen sind eine Rarität. Da der Antikörpernachweis in dieser Phase nicht zuverlässig ist, soll eine RT-PCR durchgeführt werden [25].

Literatur

1. Ammour Y, Faizuloev E, Borisova T, Nikonova A, Dmitriev G et al (2013) Quantification of measles, mumps and rubella viruses using real-time quantitative TaqMan-based RT-PCR assay. J Virol Methods 187(1):57–64
2. Backhouse JL, Gidding HF, McIntyre PB, Gilbert GL (2006) Evaluation of two enzyme immunoassays for detection of immunoglobulin G antibodies to mumps virus. Clin Vaccine Immunol CVI 13:764–767
3. Barskey AE, Schulte C, Rosen JB, Handschur EF, Rausch-Phung E et al (2012) Mumps outbreak in Orthodox Jewish communities in the United States. N Engl J Med 367:1704–1713
4. Baumann B, Danon L, Weitz R, Blumensohn R, Schonfeld T, Nitzan M (1982) Unilateral hydrocephalus due to obstruction of the foramen of Monro: another complication of intrauterine mumps infection? Eur J Pediatr 139:158–159
5. Boddicker JD, Rota PA, Kreman T, Wangeman A, Lowe L et al (2007) Real-time reverse transcription-PCR assay for detection of mumps virus RNA in clinical specimens. J Clin Microbiol 45:2902–2908
6. Bolton P, Holt E, Ross A, Hughart N, Guyer B (1998) Estimating vaccination coverage using parental recall, vaccination cards, and medical records. Public Health Rep 113(6):521–526
7. Cantell K (1960) Stability of mumps virus at 35 degrees C. Ann Med Exp Biol Fenn 38:309–316
8. Castilla J, Fernandez Alonso M, Garcia Cenoz M, Martinez Artola V, Inigo Pestana M et al (2009) [Resurgence of mumps in the vaccine era. Factors involved in an outbreak in Navarre, Spain, 2006–2007]. Med Clin (Barc)133(20):777–782
9. Christenson B, Bottiger M (1990) Methods for screening the naturally acquired and vaccine-induced immunity to the measles virus. Biologicals 18(3):207–211
10. Cortese MM, Barskey AE, Tegtmeier GE, Zhang C, Ngo L et al (2011) Mumps antibody levels among students before a mumps outbreak: in search of a correlate of immunity. J Infect Dis 204:1413–1422
11. Davidkin I, Valle M, Julkunen I (1995) Persistence of anti-mumps virus antibodies after a two-dose MMR vaccination. A nine-year follow-up. Vaccine 13:1617–1622
12. Demicheli V, Jefferson T, Rivetti A, Price D (2005) Vaccines for measles, mumps and rubella in children. Cochrane Database Syst Rev:CD004407
13. Demicheli V, Rivetti A, Debalini M G, Di Pietrantonj C (2012) Vaccines for measles, mumps and rubella in children. Cochrane Database Syst Rev 2:CD004407
14. Dhiman N, Jespersen DJ, Rollins LO, Harring JA, Beito EM, Binnicker MJ (2010) Detection of IgG-class antibodies to measles, mumps, rubella, and varicella-zoster virus using a multiplex bead immunoassay. Diagn Microbiol Infect Dis 67:346–349
15. Duszczyk E, Krynicka-Czech B, Talarek E, Popielska J (2006) [Mumps – an underestimated disease]. Przegl Epidemiol 60(1):99–104
16. Enders G (1984) [Accidental rubella vaccination in pregnancy]. Dtsch Med Wochenschr 109:1806–1809
17. Enders M, Biber M, Exler S (2007) [Measles, mumps and rubella virus infection in pregnancy. Possible adverse effects on pregnant women, pregnancy outcome and the fetus]. Bundesgesundheitsblatt, Gesundheitsforschung, Gesundheitsschutz 50:1393–1398
18. Enders M, Rist B, Enders G (2005) [Frequency of spontaneous abortion and premature birth after acute mumps infection in pregnancy]. Gynäkol Geburtshilfliche Rundsch 45:39–43
19. Galazka AM, Robertson SE, Kraigher A (1999) Mumps and mumps vaccine: a global review. Bull World Health Organ 77:3–14
20. Garcia AG, Pereira JM, Vidigal N, Lobato YY, Pegado CS, Branco JP (1980) Intrauterine infection with mumps virus. Obstet Gynecol 56(6):756–759
21. Groenendaal F, Rothbarth PH, van den Anker JN, Spritzer R (1990) Congenital mumps pneumonia: a rare cause of neonatal respiratory distress. Acta Paediatr Scand 79:1252–1254
22. Gut JP, Lablache C, Behr S, Kirn A (1995) Symptomatic mumps virus reinfections. J Med Virol 45:17–23
23. Harling R, White JM, Ramsay ME, Macsween KF, van den Bosch C (2005) The effectiveness of the mumps component of the MMR vaccine: a case control study. Vaccine 23:4070–4074
24. Hofmann J, Kortung M, Pustowoit B, Faber R, Piskazeck U, Liebert UG (2000) Persistent fetal rubella vaccine virus infection following inadvertent vaccination during early pregnancy. J Med Virol 61:155–158
25. Hummel KB, Lowe L, Bellini WJ, Rota PA (2006) Development of quantitative gene-specific real-time RT-PCR assays for the detection of measles virus in clinical specimens. J Virol Methods 132:166–173
26. Jones JF, Ray CG, Fulginiti VA (1980) Perinatal mumps infection. J Pediatr 96:912–914
27. Krause CH, Eastick K, Ogilvie MM (2006) Real-time PCR for mumps diagnosis on clinical specimens–comparison with results of conventional methods of virus detection and nested PCR. J Clin Virol 37:184–189
28. Kurtz JB, Tomlinson AH, Pearson J (1982) Mumps virus isolated from a fetus. Br Med J 284:471
29. Lacour M, Maherzi M, Vienny H, Suter S (1993) Thrombocytopenia in a case of neonatal mumps infection: evidence for further clinical presentations. Eur J Pediatr 152:739–741

30. Levine HD (1979) Virus myocarditis: a critique of the literature from clinical, electrocardiographic, and pathologic standpoints. Am J Med Sci 277:132–143
31. Lutwick LI (1996) Postexposure prophylaxis. Infect Dis Clin North Am 10(4):899–915
32. McLean H, Fiebelkorn AP, Temte JL, Wallace GS (2013) Prevention of Measles, Rubella, Congenital Rubella Syndrome, and Mumps, 2013. Summary Recommendations of the Advisory Committee on Immunization Practices (ACIP). MMWR 14:1–34
33. Nelson GE, Aguon A, Valencia E, Oliva R, Guerrero ML et al (2013) Epidemiology of a mumps outbreak in a highly vaccinated island population and use of a third dose of measles-mumps-rubella vaccine for outbreak control–Guam 2009 to 2010. Pediatr Infect Dis J 32:374–380
34. Nojd J, Tecle T, Samuelsson A, Orvell C (2001) Mumps virus neutralizing antibodies do not protect against reinfection with a heterologous mumps virus genotype. Vaccine 19:1727–1731
35. Ornoy A, Tenenbaum A (2006) Pregnancy outcome following infections by coxsackie, echo, measles, mumps, hepatitis, polio and encephalitis viruses. Reprod Toxicol 21(4):446–457
36. Pardon F, Vilarino M, Barbero P, Garcia G, Outon E et al (2011) Rubella vaccination of unknowingly pregnant women during 2006 mass campaign in Argentina. J Infect Dis 204 Suppl 2:S745–747
37. Poethko-Muller C, Mankertz A (2012) Seroprevalence of measles-, mumps- and rubella-specific IgG antibodies in German children and adolescents and predictors for seronegativity. PloS one 7:e42867
38. Reman O, Freymuth F, Laloum D, Bonte J F (1986) Neonatal respiratory distress due to mumps. Arch Dis Child 61(1):80–81
39. Robert Koch-Institut (2012) Empfehlungen der Ständigen Impfkommission (STIKO) am Robert Koch-Institut / Stand: Juli 2012. Epidemiologisches Bulletin 2012
40. Robert Koch-Institut (2013) Impfquoten bei der Schuleingangsuntersuchung in Deutschland 2011. Epidemiologisches Bulletin 2013
41. Robert Koch-Institut (2007) Liste der vom Robert Koch-Institut geprüften und anerkannten Desinfektionsmittel und -verfahren. Bundesgesundheitsblatt 50:1335–1356
42. Robert Koch-Institut (2013) Mumps (Parotitis epidemica), RKI-Ratgeber für Ärzte
43. Rota JS, Rosen JB, Doll MK, McNall RJ, McGrew M et al (2013) Comparison of the sensitivity of laboratory diagnostic methods from a well-characterized outbreak of mumps in new york city in 2009. Clin Vaccine Immunol : CVI 20:391–396
44. Sanz JC, Mosquera Mdel M, Echevarria JE, Fernandez M, Herranz N et al (2006) Sensitivity and specificity of immunoglobulin G titer for the diagnosis of mumps virus in infected patients depending on vaccination status. APMIS 114:788–794
45. Sato HK, Sanajotta AT, Moraes JC, Andrade JQ, Duarte G et al, Study Group for Effects of Rubella Vaccination During Pregnancy (2011) Rubella vaccination of unknowingly pregnant women: the Sao Paulo experience, 2001. J Infect Dis 204 Suppl 2:S737–744
46. Siegel M (1973) Congenital malformations following chickenpox, measles, mumps, and hepatitis. Results of a cohort study. JAMA 226:1521–1524
47. Siegel M, Fuerst HT (1966) Low birth weight and maternal virus diseases. A prospective study of rubella, measles, mumps, chickenpox, and hepatitis. JAMA 197:680–684
48. Siegel M, Fuerst HT, Peress NS (1966) Comparative fetal mortality in maternal virus diseases. A prospective study on rubella, measles, mumps, chicken pox and hepatitis. N Engl J Med 274:768–771
49. Soares RC, Siqueira MM, Toscano CM, Maia Mde L, Flannery B et al (2011) Follow-up study of unknowingly pregnant women vaccinated against rubella in Brazil, 2001–2002. J Infect Dis 204 Suppl 2:S729–736
50. Sterner G, Grandien M (1990) Mumps in pregnancy at term. Scand J Infect Dis Suppl 71:36–38
51. Takahashi Y, Teranishi A, Yamada Y, Yoshida Y, Hashimoto K et al (1998) A case of congenital mumps infection complicated with persistent pulmonary hypertension. Am J Perinatol 15:409–412
52. Vandermeulen C, Mathieu R, Geert L R, Pierre VD, Karel H (2007) Long-term persistence of antibodies after one or two doses of MMR-vaccine. Vaccine 25:6672–6676
53. Viola L, Chiaretti A, Castorina M, Tortorolo L, Piastra M et al (1998) Acute hydrocephalus as a consequence of mumps meningoencephalitis. Pediatr Emerg Care 14:212–214
54. Weibel RE, Buynak EB, Stokes J Jr, Hilleman MR (1970) Persistence of immunity four years following Jeryl Lynn strain live mumps virus vaccine. Pediatrics 45:821–826
55. Weil ML, Beard D et al (1948) Purification, pH stability and culture of the mumps virus. J Immunol 60:561–582
56. White SJ, Boldt KL, Holditch SJ, Poland GA, Jacobson RM (2012) Measles, mumps, and rubella. Clin Obstet Gynecol 55:550–559
57. WHO (2010) Immunological basis for immunization: Mumps
58. WHO (2007) Mumps virus vaccines: WHO position paper. Weekly epidemiological record 82:49–60

Röteln

Annette Mankertz

9.1	Grundlegende Informationen zu Rötelnvirus – 74	
9.2	Allgemeine Daten zur Labordiagnostik der Rötelnvirusinfektion – 75	
9.2.1	Diagnostische Methoden (Stand der Technik) und Transport von Proben – 75	
9.2.2	Allgemeine Fragestellungen zur Labordiagnostik – 77	
9.2.3	Diagnostische Probleme – 81	
9.3	Spezielle Fragestellungen zur Labordiagnostik der Rötelnvirusinfektion – 81	
9.3.1	Labordiagnostik von Rötelnvirusinfektionen vor der Schwangerschaft – 81	
9.3.2	Labordiagnostik von Rötelnvirusinfektionen während der Schwangerschaft – 83	
9.3.3	Labordiagnostik von Rötelnvirusinfektionen nach der Schwangerschaft und/oder beim Neugeborenen – 89	
	Literatur – 91	

9.1 Grundlegende Informationen zu Rötelnvirus

Virusname	
– Bezeichnung/Abkürzung	Rötelnvirus/Rubellavirus
– Virusfamilie/Gattung	*Togaviridae/Rubivirus*
Umweltstabilität	wenig stabil, temperaturlabil [19, 36]
Desinfektionsmittelresistenz	begrenzt viruzide und viruzide Desinfektionsmittel sind wirksam [43]
Wirt	Mensch
Verbreitung	Weltweit
Durchseuchung (Deutschland)	
– Impfquoten/Schuleingang 2011 [42]	
- 1. Dosis	96,3 %
- 2. Dosis	91,8 %
– Seroprävalenz/Kinder/Jugendliche [37]	
- 1–2 Jahre	78 %
- 3–17 Jahre	> 90 %
– Schwangere [17]	
- 15–44 Jahre	>95 %
Inkubationszeit	14–21 Tage
Übertragung/Ausscheidung	Speichel/Nasensekrete
	Tröpfchen-/Kontaktinfektion
Erkrankungen	Röteln [4]
– Symptome	makulopapulöses Exanthem, leichtes Fieber
	Kopfschmerzen, Katarrh der oberen Atemwege, Konjunktivitis, Arthritis/Arthralgie, okzipitale/retroaurikuläre Lymphadenopathie
– asymptomatische Verläufe	sehr häufig, bis zu 50 % der Infektionen
Infektiosität/Kontagiosität	ca. 1 Woche vor bis 1 Woche nach Erkrankungsbeginn
Vertikale Übertragung	
– pränatal/perinatal	transplanzentar
- bei akuten Röteln	SSW 1–11: 90 %
	SSW 12–17: 55 %
	SSW 18–42: 30–90 %
	mit fortschreitender Schwangerschaft ansteigende Übertragungsrate, die zu neonatalen Röteln, aber nicht zum konnatalen Rötelnsyndrom führt [3]
– neonatal	transplazentar oder Tröpfcheninfektion
– postnatal	Tröpfcheninfektion

Embryopathie/Fetopathie		
– fetale Symptome	konnatales Rötelnsyndrom (CRS): Abort, Totgeburt [3, 4, 13, 14] Gregg Syndrom: Fehlbildungen Herz: persistierender Ductus Botalli, Aortenstenose Auge: Katarakt, Glaukom, Retinopathie Ohr: Innenohrdefekte	
– Fehlbildungsrate	SSW 1-12: 70–90 %	
	SSW 13-20: unter 18 %	
	ab SSW 21: unter 2 %	
– neonatale Symptome	erweitertes Rötelnsyndrom (Letalität 30 %): Mikrozephalus, geistige Retardierung geringes Geburtsgewicht, Minderwuchs Enzephalitis, Hepatosplenomegalie Pneumonie, Thrombozytopenie, Purpura	
– Spätmanifestation	spätes Rötelnsyndrom (ab 4./6. Lebensmonat, Letalität 70 %): chronisches Exanthem, Wachstumsstillstand, interstitielle Pneumonie, Persistenz von Röteln-IgM, Röteln-IgG und Röteln-IgA, Hypogammaglobulinämie	
– Spätfolgen	Hörschäden, Krampfleiden, Diabetes, progressive Panenzephalitis	
Therapeutische Maßnahme	symptomatische Therapie	
Antivirale Therapie	nicht verfügbar	
Prophylaxe		
– Impfung	verfügbar	
	Lebendimpfung gemäß den Impfempfehlungen der STIKO [41] in der Schwangerschaft kontraindiziert	
– passive Immunisierung	spezifisches Immunglobulin nicht verfügbar	
	Nutzen nicht belegt [21]	

Verfügbare Maßnahmen zur Therapie und Prophylaxe der konnatalen und der postnatalen Rötelnerkrankung/-infektion sind in ◘ Tab. 9.1 aufgeführt.

9.2 Allgemeine Daten zur Labordiagnostik der Rötelnvirusinfektion

9.2.1 Diagnostische Methoden (Stand der Technik) und Transport von Proben

Die Methoden des direkten Nachweises des Rötelnvirus bzw. von Rötelnvirus-RNA zeigt ◘ Tab. 9.2.

Die Methoden des Nachweises von Rötelnvirus-spezifischen Antikörpern zeigt ◘ Tab. 9.3.

Untersuchungsmaterial, das möglicherweise Rötelnvirus enthält, muss entsprechend den internationalen Transportvorschriften versendet werden. Das Primärgefäß mit der Probe

Tab. 9.1 Übersicht der verfügbaren Maßnahmen zur Therapie und Prophylaxe der konnatalen und der postnatalen Rötelnerkrankung/-infektion

Therapie/Prophylaxe	Möglichkeit	Maßnahme/Intervention
Prophylaxe der fetalen/ konnatalen Erkrankung	Ja	Zweimalige Impfung mit dem Masern-Mumps-Röteln-Impfstoff vor der Schwangerschaft entsprechend der STIKO-Impfempfehlungen
Prophylaxe der postnatalen Erkrankung	Ja	Zweimalige Impfung mit dem Masern-Mumps-Röteln-Impfstoff vor der Schwangerschaft entsprechend der STIKO-Impfempfehlungen Schutz des Kindes über Leihimmunität für 3–6 Monate
Antivirale Therapie der fetalen/ neonatalen Erkrankung	Nein	
Prophylaxe der maternalen Infektion	Ja	Zweimalige Impfung mit dem Masern-Mumps-Röteln-Impfstoff vor der Schwangerschaft entsprechend den STIKO-Impfempfehlungen
Therapie der maternalen Infektion	Nein	

Tab. 9.2 Übersicht zu den Methoden des direkten Nachweises des Rötelnvirus bzw. von Rötelnvirus-RNA

Prinzip	Methode	Untersuchungsmaterial
Nachweis von Rötelnvirusgenom (RNA)	Polymerasekettenreaktion (RT-PCR)	Fetale Infektion: Fruchtwasser, Chorionzottenbiopsie, EDTA-Blut, Nabelschnur-EDTA-Blut postnatale Infektion: Rachenabstrich (als feuchter Tupfer in Virustransportmedium), Zahntaschenflüssigkeit, Urin bei ZNS Komplikationen: Liquor
Anzucht des Rötelnvirus	Anzucht in der Zellkultur, Nachweis über zytopathogenen Effekt und Immunfärbung oder anschließende PCR Spezialdiagnostik	Abstrich von Rachen, Nasenschleimhaut, Konjunktiva (als feuchter Tupfer in Virustransportmedium), Zahntaschenflüssigkeit, Urin

muss in einem Umverpackungsröhrchen mit adsorbierendem Material in einem zugelassenem Transportbehältnis (UN 3373) verschickt werden. Rachenabstrich soll als feuchter Tupfer in Virustransportmedium versendet werden. Entsprechende Abstrich- und Versandmaterialien können bei Bedarf auf der Webseite des Nationalen Referenzzentrums Masern, Mumps, Röteln (NRZ MMR) angefordert werden. Der Versand kann bei Raumtemperatur erfolgen. Bei Verdacht auf Rötelninfektion in der Frühschwangerschaft oder konnatalem Rötelnsyndrom ist auf Einhalten der Kühlkette zu achten: Das Material für die RT-PCR zum Nachweis von Rötelnvirusgenomen muss gekühlt transportiert, im Labor sofort getestet oder bei -70 °C asserviert werden.

9.2 · Allgemeine Daten zur Labordiagnostik der Rötelnvirusinfektion

Tab. 9.3 Übersicht zu den Methoden des Nachweises von Rötelnvirus-spezifischen Antikörpern

Methode	Anmerkungen
Ligandenassays (z.B. ELISA, EIA, CLIA, CMIA etc.)	Meist auf Basis von Virusantigen (Wildvirus- und/oder Impfvirus) aus infizierten Zellkulturen Bestimmung und Differenzierung von Antikörpern (Röteln-IgG, Röteln-IgM) im Serum
Hämagglutinationshemmtest (HHT)	Nachweis von Antikörpern, keine Differenzierung zwischen Röteln-IgG und Röteln-IgM aufwändig, nicht automatisierbar
Western Blot (nativ / nicht-denaturierend)	Nachweis von Antikörpern gegen die Virusproteine E1, E2, C, bei Nachweis von anti-E2-IgG-Antikörpern: Infektion mehr als 3 Monate zurückliegend. Spezialdiagnostik
IgG Aviditätsbestimmung im Ligandenassay	Hohe Avidität des Röteln-IgG: Infektion mehr als 3 Monate zurückliegend. Spezialdiagnostik
Neutralisationstest	Nachweis von neutralisierenden Antikörpern in der Zellkultur zur Überprüfung der Immunität Spezialdiagnostik

9.2.2 Allgemeine Fragestellungen zur Labordiagnostik

Fragestellung 1: Wie erfolgt die Labordiagnose der akuten Rötelnvirusinfektion?

Empfehlung

Die Labordiagnose der akuten oder kürzlich abgelaufenen Rötelnvirusinfektion soll durch serologische oder molekularbiologische Methoden bzw. deren Kombination erfolgen

1. Genomnachweis mittels RT-PCR: Nachweis von Rötelnvirus-RNA mittels RT-PCR aus Abstrichmaterial (Rachen-/Nasenabstrich, Zahntaschenflüssigkeit) oder aus Urin gewonnen in den ersten 3 Tagen nach Symptombeginn [1, 34, 54, 62];
2. Nachweis einer Röteln-IgG-Serokonversion: hierzu müssen 2 Blut/Serumproben im zeitlichen Abstand von mindestens 7 Tagen gewonnen und unter Einsatz desselben Testsystems auf Röteln-IgG untersucht werden; die initiale Probe muss Röteln-IgG negativ sein;
3. Nachweis von Röteln-IgM im Serum: da Persistenz von Röteln-IgM beobachtet wird und Teste gelegentlich unspezifisch reagieren können, ist dieser Parameter beim Verdacht auf eine Rötelnvirusinfektion in der Frühschwangerschaft nicht beweisend (► Abschn. 9.2.3). Ein positives Röteln-IgM muss in diesem Fall durch RT-PCR, Aviditätsbestimmung von Röteln-IgG bzw. Anti-E2-IgG-Nachweis im nativen Western-Blot vor Thematisierung des Schwangerschaftskonfliktes bestätigt werden [6, 38, 55, 58];
4. signifikanter Anstieg des Röteln-IgG: hierzu müssen 2 Blut-/Serumproben im zeitlichen Abstand von 2–4 Wochen gewonnen und unter Einsatz desselben Testsystems auf Röteln-IgG untersucht werden; zeigt die Zweitprobe einen signifikanten Anstieg des Röteln-IgG, ist von einer Rötelninfektion oder Reinfektion auszugehen.

Begründung der Empfehlung
- Zu 1.: Der Nachweis von Röteln-RNA zeigt eine akute Infektion oder Reinfektion an.
- Zu 2.: Die Röteln-IgG-Serokonversion beweist eine akute Infektion.
- Zu 3.: Der Nachweis von Röteln-IgM kann eine akute Infektion anzeigen. Bei ca. 50 % der Fälle wird das Röteln-IgM erst 3 Tage nach Symptombeginn nachweisbar.
- Zu 4.: Der signifikante Anstieg von Röteln-IgG zeigt eine akute Infektion oder Reinfektion an.

? Fragestellung 2: Wie erfolgt die Labordiagnose einer zurückliegenden Rötelnvirusinfektion bzw. die Feststellung der Immunität?

Empfehlung

1. Die Überprüfung der Rötelnimmunität nach der Impfung soll durch eine Impfausweiskontrolle erfolgen. Sind 2 Röteln- oder MMR-Impfungen dokumentiert, kann von Schutz ausgegangen werden. Die Bestimmung von Röteln-IgG ist nicht erforderlich und wird nicht empfohlen.
2. Die Diagnose einer zurückliegenden Rötelnvirusinfektion erfolgt durch den Nachweis von Röteln-IgG.

Begründung der Empfehlung
- Zu 1.: Bei dokumentierter zweimaliger Röteln- oder MMR-Impfung kann Schutz vor einer akuten Infektion angenommen werden, die Kontrolle des Röteln-IgG ist nicht notwendig. Dies begründet sich durch die nachgewiesene hohe Serokonversionsrate nach Impfung mit langer Persistenz Rötelnvirus-spezifischer IgG-Antikörper sowie durch die epidemiologisch gesicherte hohe Effektivität des Impfstoffes [62].
- Zu 2.: Der Nachweis hochavider Röteln-IgG-Antikörper zeigt bei gleichzeitig negativen Werten für Röteln-IgM eine zurückliegende Infektion oder Impfung an [6, 38, 55]. Bei einem positiven Messergebnis für Röteln-IgG kann von Schutz ausgegangen werden [44, 64].

? Fragestellung 3: Wie kann man zwischen einer akuten Rötelnvirusinfektion in der Schwangerschaft und einer länger zurückliegenden Infektion unterscheiden?

Empfehlung

Zur Unterscheidung zwischen einer akuten bzw. kürzlich erfolgten Rötelnvirusinfektion in der Schwangerschaft und einer länger zurückliegenden, bereits vor der Schwangerschaft erfolgten Infektion werden serologische und/oder molekular-biologische Methoden beziehungsweise deren Kombination eingesetzt. Zu den Ergebniskonstellationen siehe
◘ Tab. 9.4.
1. Der Nachweis von Röteln-IgM, möglichst durch 2 alternative Testverfahren (IgM und IgM-Capture Test), in Kombination mit dem Nachweis von Rötelnvirusgenomen in oralen Abstrichmaterialien und Urin durch RT-PCR zeigt eine akute/kürzlich zurückliegende Infektion an.

9.2 · Allgemeine Daten zur Labordiagnostik der Rötelnvirusinfektion

Tab. 9.4 Übersicht der möglichen Ergebniskonstellationen der Labordiagnostik und ihre Bewertung

Röteln Serologie		IgG Avidität	anti-E2-IgG	Virusgenom-Nachweis (RT-PCR)	Infektionsstatus
Röteln-IgG	Röteln-IgM				
Negativ	Negativ	–	–	Negativ	suszeptibel
Negativ	Negativ	–	–	Positiv	akute Infektion
Negativ	Positiv	–	–	Positiv	akute Infektion
Negativ	Positiv	–	–	Negativ	1. akute Infektion 2. unspezifisches Röteln-IgM 3. persistierendes Röteln-IgM serologische Verlaufskontrolle
Positiv	Positiv	Niedrig	Negativ	Positiv	akute Infektion
Positiv	Positiv	–	–	Negativ	1. akute Infektion 2. unspezifisches Röteln-IgM 3. persistierendes Röteln-IgM Aviditätsbestimmung und Western Blot
Positiv	Positiv	Hoch	Positiv	Negativ	1. zurückliegende Infektion 2. persistierendes Röteln-IgM
Positiv	Negativ grenzwertig positiv	Niedrig	Negativ	Negativ	kürzliche Infektion
Positiv	Negativ grenzwertig positiv	Hoch	Positiv	Positiv	Reinfektion
Positiv	Negativ	Hoch	Positiv	Negativ	zurückliegende Infektion/Impfung

2. Der Nachweis von hoch avidem Röteln-IgG zeigt eine länger als 3 Monate zurückliegende Infektion an. Das gilt auch für den Nachweis der E2-Proteinbande im Western Blot.
3. Der alleinige serologische Nachweis von Röteln-IgM ist nicht beweisend für eine akute Rötelnvirusinfektion. Der Verdacht auf akute Röteln in der Schwangerschaft muss durch weitere Untersuchungen labordiagnostisch abgesichert werden.

Begründung der Empfehlung
– Zu 1. und 2.: Die labordiagnostische Differenzierung zwischen einer zurückliegenden und einer frischen Infektion ist bei entsprechendem Verdacht zwingend erforderlich. Eine akute Rötelnvirusinfektion in der Frühschwangerschaft führt mit hoher Wahrscheinlichkeit zu schwerwiegenden Fehlbildungen beim Feten, wohingegen präkonzeptionell erfolgte akute Infektionen keine Gefahr für den Feten darstellen. Im letzteren Fall sind keine weiteren Maßnahmen erforderlich.
– Zu 3. Röteln-IgM kann über lange Zeiträume persistieren (▶ Abschn. 9.2.3). IgM Teste ergeben darüber hinaus gelegentlich einen falsch positiven Befund. Aus diesen Gründen ist ein positiver Röteln-IgM-Befund nicht beweisend für eine frische Infektion in der Frühschwangerschaft. Die o. a. Untersuchungsmethoden sollen zur Überprüfung herangezogen werden.

❓ Fragestellung 4: Wie erfolgt die Labordiagnose der fetalen Rötelnvirusinfektion?

Empfehlung

Für die Labordiagnose einer fetalen Rötelnvirusinfektion sollen folgende invasive Untersuchungen durchgeführt werden, die in einem zeitlichen Anstand von mindestens 6 Wochen nach Beginn der Erkrankung der Schwangeren vorgenommen werden:
1. Nachweis von Rötelnvirus-Genomen mittels RT-PCR in Chorionzottenbiopsie, möglich ab der 11. Schwangerschaftswoche [8, 11, 23],
2. Nachweis von Rötelnvirus-Genomen mittels RT-PCR, möglich im Fruchtwasser ab der 14. Schwangerschaftswoche und/oder im Fetalblut ab der 20. Schwangerschaftswoche [40],
3. Nachweis von Röteln-IgM im Fetalblut, möglich ab der 22. Schwangerschaftswoche [50].

Begründung der Empfehlung
Kontrollierte Studien zur pränatalen Diagnose einer intrauterinen Rötelnvirusinfektion sind rar. Dies liegt unter anderem daran, dass aufgrund des hohen Risikos eines konnatalen Rötelnsyndroms bei labordiagnostisch bestätigten akuten Röteln der Schwangeren im ersten Trimenon in den meisten Fällen ein Schwangerschaftsabbruch erfolgt. Der zeitliche Abstand von mindestens 6 Wochen zwischen der akuten Rötelnvirusinfektion der Schwangeren und den Untersuchungen zur Abklärung der fetalen Infektion ist notwendig, um das Risiko für falsch negative Befunde so gering wie möglich zu halten. Je kürzer der Zeitabstand zwischen Infektion der Mutter und Durchführung der invasiven Diagnostik, desto höher ist das Risiko für einen falsch negativen Befund.
- Zu 1. Bei Nachweis von Rötelnvirus-RNA in Chorionzottenbiopsie muss von einer Infektion des Feten ausgegangen werden. Daten zu Sensitivität und Spezifität liegen nicht vor. Unter Abwägung des hohen Risikos einer Embryopathie bei intrauteriner Rötelnvirusinfektion und der geringen Zuverlässigkeit der Diagnostik erscheint aus diagnostischer Sicht eine Pränataldiagnostik bei einer Infektion vor der 11. Schwangerschaftswoche nicht empfehlenswert. Nach der 11. Schwangerschaftswoche wird bei verbesserter Zuverlässigkeit der Diagnostik das Fehlbildungsrisiko geringer; eine intrauterine Infektion kann durch den Nachweis von Rötelnvirus in Chorionzotten, Fruchtwasser, Fetalblut bzw. durch den Nachweis von Röteln-IgM im Fetalblut gestellt werden.
- Zu 2. und 3. Die Amniozentese erfolgt meist nach der 14. Schwangerschaftswoche. Sensitivität und Spezifität der Untersuchung betragen 83–95 % und 91–100 % [29]. Die Chordozentese wird nur selten vor der 17./18. Schwangerschaftswoche durchgeführt, häufiger ab der 20. Schwangerschaftswoche. Neben dem Erregernachweis kann dabei auch eine Untersuchung auf Röteln-IgM erfolgen, welches meist ab der 18. Schwangerschaftswoche nachweisbar ist. Die Sensitivität der Untersuchung hängt vom Zeitpunkt der Materialentnahme, dem Gestationsalter und dem zeitlichen Abstand zwischen mütterlicher Infektion und der invasiven Diagnostik ab. Nach einer Röteninfektion im ersten Trimenon hat die Kombination aus Amniozentese und Fetalblutentnahme in der 21./22. Schwangerschaftswoche vermutlich die höchste Aussagekraft im Hinblick auf den Ausschluss einer intrauterinen Infektion, ein sequenzielles Vorgehen (Amniozentese in Schwangerschaftswoche 16/17, bei negativem Ergebnis Fetalblutentnahme und erneute Amniozentese in Schwangerschaftswoche 21/22) kann gewählt werden. Prospektive Studien zu Risiken und Nutzen eines solchen Vorgehens liegen nicht vor.

9.2.3 Diagnostische Probleme

1. Ein Röteln-IgM wird bei 50 % der Erkrankten erst 4 Tage nach Beginn der Symptomatik nachgewiesen [4, 10]. Daher soll bei Schwangeren mit Verdacht auf akute Röteln und negativem Röteln-IgM zusätzlich eine RT-PCR zum Nachweis der Virusgenome in Rachenabstrich, Blut oder Urin erfolgen.
2. Röteln-IgM können persistieren und nach akuter Infektion oder Impfung je nach Sensitivität des eingesetzten Testverfahrens über Wochen, z. T. auch über Jahre nachweisbar sein [52]. In Einzelfällen kann Röteln-IgM nach polyklonaler Stimulierung (z. B. nach Infektion mit Epstein-Barr-Virus oder Parvovirus B19) [51] oder aufgrund von Rheumafaktoren [6, 18, 53] positiv ausfallen. Deswegen muss ein positives Röteln-IgM bei Verdacht auf eine Embryopathie immer durch eine Bestimmung der IgG-Avidität, den Nachweis von anti-E2-IgG im Western-Blot und durch eine RT-PCR aus oralem Abstrichmaterial und Urin ergänzt werden [6, 25, 56, 57, 63].
3. Reinfektionen sind sowohl bei Personen mit zurückliegender Rötelnvirusimpfung als auch nach Infektion beschrieben. Patienten mit Reinfektion reagieren meist gar nicht oder verzögert mit einem erneutem Anstieg des Röteln-IgM. Reinfektion haben nur in absoluten Ausnahmefällen eine Embryopathie zur Folge [9].

9.3 Spezielle Fragestellungen zur Labordiagnostik der Rötelnvirusinfektion

9.3.1 Labordiagnostik von Rötelnvirusinfektionen vor der Schwangerschaft

Fragestellung 1: In welchen Fällen ist eine labordiagnostische Überprüfung des Immunstatus gegen Röteln notwendig?

Empfehlung

1. Die Überprüfung des Immunstatus soll vor der Schwangerschaft durch die Kontrolle des Impfausweises durchgeführt werden. Die Bestimmung von Röteln-IgG vor der Schwangerschaft ist nur in Ausnahmefällen notwendig und wird nicht generell empfohlen.
2. Der Impfschutz gilt als vollständig, wenn 2 Röteln- oder MMR-Impfungen dokumentiert sind oder Röteln-IgG nachgewiesen werden kann. Nicht-dokumentierte Impfungen sind als fehlende Impfungen zu werten. Ein fehlender oder unvollständiger Impfschutz soll entsprechend den gültigen Impfempfehlungen der STIKO komplettiert werden.
3. Eine Antikörperkontrolle nach erfolgter MMR-Impfung wird nicht empfohlen.

Begründung der Empfehlung
- Zu 1.: Frauen im gebärfähigen Alter sollen gegen Röteln geschützt sein. Die Immunitätsbestimmung erfolgt auf Basis einer Impfausweiskontrolle, der Schutz wird durch die dokumentierte zweimalige Röteln- oder MMR-Impfung nachgewiesen.
- Zu 2. und 3.: Frauen, die 2 Röteln- oder MMR-Impfungen erhalten haben, sind zuverlässig gegen Röteln und eine evtl. Embryopathie in der Frühschwangerschaft geschützt. Die Serokonversion nach einer Impfdosis liegt bei 95 %, nach 2 Dosen bei 99 % [39]. Die

Impfeffektivität nach einer Dosis liegt bei 97 % [12], die Antikörper sind bei 95-100 % der Geimpften 10–20 Jahre nach der Impfung noch nachweisbar [45, 49]. In einer Abwägung von Kosten und Nutzen erscheint deswegen die generelle Antikörperbestimmung nicht sinnvoll [64]. Die Zuverlässigkeit von erinnerten Impfungen und Erkrankungen ist niedrig [7]. Frauen ohne Impfdokumente oder dokumentierten Antikörperstatus bzw. ärztlich dokumentierte Angaben zu einer früheren Rötelnerkrankung sollen deshalb geimpft werden.

❓ Fragestellung 2: Welche Konsequenzen ergeben sich aus einem positiven Röteln-IgG-Nachweis?

Empfehlung

Beim Nachweis von Röteln-IgG kann von einer zurückliegenden Infektion oder Impfung und dem daraus resultierenden Schutz ausgegangen werden. Es sind keine weiteren Maßnahmen notwendig.

Begründung der Empfehlung
Bei positivem Röteln-IgG kann die Immunität angenommen werden [62], denn der präkonzeptionelle Nachweis von Rötelnantikörpern korreliert gut mit Schutz vor Rötelnembryopathie. Weitere Impfungen gegen Röteln sind nicht notwendig; unabhängig davon soll der Schutz gegen Masern und Mumps vervollständigt werden, wenn nicht 2 Impfungen dokumentiert sind.

❓ Fragestellung 3: Welche Konsequenzen ergeben sich aus einem grenzwertigen oder negativen Röteln-IgG?

Empfehlung

1. Sind 2 Röteln- oder MMR-Impfungen dokumentiert, kann auch bei negativem oder grenzwertigem Röteln-IgG von Schutz ausgegangen werden; es sind keine weiteren Maßnahmen erforderlich.
2. Ist beim Nachweis von negativem oder grenzwertigem Röteln-IgG keine oder nur eine Röteln- oder MMR-Impfung dokumentiert, soll der Impfschutz entsprechend den aktuellen Impfempfehlungen der STIKO komplettiert werden. Eine Antikörperkontrolle nach der Impfung ist nicht erforderlich.

Begründung der Empfehlung
- Zu 1.: Die Serokonversionsraten nach zweifacher Röteln- oder MMR-Impfung liegen bei 99 % [22, 26]. Personen, die nach der Impfung kein messbares Röteln-IgG aufweisen, verfügen zu einem hohen Anteil über zellvermittelte Immunität [2]. Da darüber hinaus bei gesunden zweimalig MMR-Geimpften keine Fälle von konnatalem Rötelnsyndrom beobachtet werden, wird das Risiko eines fehlenden Schutzes bei zweifach Geimpften in Deutschland als sehr gering eingeschätzt.
- Zu 2.: STIKO-Impfempfehlungen [41]

9.3 · Spezielle Fragestellungen zur Labordiagnostik der Rötelnvirusinfektion

❓ Fragestellung 4: Kann bei ungeschützten Frauen mit Kinderwunsch die Rötelnimpfung auf einen späteren Zeitpunkt (z. B. nach der Schwangerschaft) verschoben werden?

Empfehlung

Die Vervollständigung des Impfschutzes ist aufgrund der Gefahr einer Fehlbildung bei Rötelnvirusinfektion in der Frühschwangerschaft von hoher Wichtigkeit und soll nicht aufgeschoben werden.

Begründung der Empfehlung
Über 90 % aller Rötelnvirusinfektionen in der Frühschwangerschaft sind mit schwerwiegenden Komplikationen wie dem konnatalen Rötelnsyndrom assoziiert [3, 4, 16, 64]. Deswegen sollen alle Schwangeren gegen Röteln geschützt sein.

❓ Fragestellung 5: Wie lange soll die Schwangerschaft aufgeschoben werden, nachdem eine MMR-Impfung durchgeführt wurde?

Empfehlung

Ein zeitlicher Abstand von 4 Wochen zwischen MMR-Impfung und Konzeption erscheint ausreichend. Eine akzidentelle Röteln- oder MMR-Impfung in der Frühschwangerschaft oder eine Konzeption nach kürzlich verabreichter MMR-Impfung ist nicht mit einem erhöhten Risiko für eine Embryopathie assoziiert.

Begründung der Empfehlung
Grundsätzlich sind Impfungen mit attenuierten Lebendvakzinen in der Schwangerschaft kontraindiziert, da es sich um eine Lebendimpfung handelt und ein theoretisches Risiko für eine Embryopathie besteht. Bislang ist kein Fall einer Impfvirus-bedingten Embryo- bzw. Fetopathie nach akzidenteller Impfung (kurz vor Konzeption oder in Frühschwangerschaft) beschrieben. Eine Studie in Brasilien untersuchte über 5.500 Mütter, die in Unkenntnis einer bestehenden Schwangerschaft versehentlich geimpft wurden oder bei denen zwischen Impfung und Konzeption weniger als 3 Monate lagen. Es ergaben sich in keinem Fall Anzeichen für fetale Erkrankungen oder angeborene Fehlbildungen [46]. Ähnliche Beobachtungen liegen auch aus anderen Ländern vor [15, 24, 35, 48, 61].

9.3.2 Labordiagnostik von Rötelnvirusinfektionen während der Schwangerschaft

❓ Fragestellung 1: In welchen Fällen und zu welchem Zeitpunkt soll der Röteln-Immunstatus bei einer Schwangeren überprüft werden?

Empfehlung

1. Bei Schwangeren mit 2 dokumentierten Röteln- oder MMR-Impfungen kann Schutz angenommen werden, eine Antikörperbestimmung ist nicht erforderlich und wird nicht empfohlen.

2. Bei Schwangeren, bei denen keine 2 Röteln- oder MMR-Impfungen im Impfausweis dokumentiert sind oder kein Impfausweis vorliegt, soll beim ersten Arztbesuch ein Röteln-IgG-Test erfolgen.
3. Bei Verdacht auf eine Exposition soll der Immunstatus überprüft werden (▶ Abschn. 9.3.2, Fragestellung 4).

Begründung der Empfehlung
– Zu 1. Nach zweimaliger MMR-Impfung kann von Schutz ausgegangen werden, da 99 % der Geimpften mit einer Serokonversion reagieren [27]. Darüber hinaus wird eine zelluläre Immunität ausgebildet, die mittels Routinetestverfahren nicht nachzuweisen ist. Eine generelle Testung auf Röteln-IgG-Antikörper zur Bestimmung der Immunitätslage ist nicht notwendig und wird nicht empfohlen (siehe auch: Begründung zur Änderung der Mutterschaftsrichtline 2011, Impfempfehlungen der STIKO).
– Zu 2.: Sind keine 2 MMR-Impfungen dokumentiert, muss der Immunstatus bestimmt werden, um den Rötelnschutz beurteilen zu können.
– Zu 3.: ▶ Abschn. 9.3.2, Fragestellung 4.

Fragestellung 2: Welche Konsequenzen ergeben sich aus dem Röteln-IgG Befund unter Berücksichtigung des Impfstatus?

Empfehlung

1. Bei positivem Nachweis von Röteln-IgG kann von Schutz ausgegangen werden, es sind keine weiteren Maßnahmen erforderlich.
2. Sind 2 Röteln- oder MMR-Impfungen dokumentiert, kann auch bei grenzwertigem oder negativem Röteln-IgG von Schutz ausgegangen werden; es sind keine weiteren Maßnahmen erforderlich.
3. Ungeimpfte Schwangere bzw. Schwangere mit unklarem Impfstatus, bei denen ein grenzwertiges oder negatives Röteln-IgG festgestellt wurde, sollen den Kontakt zu Rötelnerkrankten und -verdachtsfällen meiden. Bei den Familienmitgliedern (Partner, Kinder) soll der Impfschutz entsprechend der aktuell gültigen Impfempfehlungen der STIKO [41] mit dem MMR-Impfstoff komplettiert werden.
4. Fehlende MMR-Impfungen sollen nach der Schwangerschaft vorzugsweise im Wochenbett ergänzt werden.

Begründung der Empfehlung
– Zu 1.: Bei Nachweis einer Serokonversion nach der Impfung oder Erkrankung kann von Schutz ausgegangen werden.
– Zu 2.: ▶ Abschn. 9.3.1, Fragestellung 3
– Zu 3.: Negative Röteln-IgG-Werte bei Ungeimpften deuten auf fehlenden Immunschutz gegen Röteln hin. In diesem Fall ist die Expositionsprophylaxe die einzige Möglichkeit zur Verhinderung einer Rötelnvirusinfektion. Hierzu zählen das Vermeiden des Kontakts zu Infizierten und die Impfung von Kontaktpersonen/Familienmitgliedern. MMR-Geimpfte scheiden zwar Impfviren aus, diese infizieren Immunkompetente jedoch nicht.
– Zu 4.: Der MMR-Impfschutz soll im Wochenbett vervollständigt werden, damit für die nächste Schwangerschaft Schutz gegen Röteln vorliegt [30, 41].

9.3 · Spezielle Fragestellungen zur Labordiagnostik der Rötelnvirusinfektion

❓ Fragestellung 3: Welche Konsequenzen zieht eine versehentlich durchgeführte MMR-Impfung während der Schwangerschaft nach sich?

Empfehlung

Eine akzidentelle MMR-Impfung in der Schwangerschaft ist keine Indikation für einen Schwangerschaftsabbruch, denn es sind weder für die Schwangere noch für den Fetus negative Folgen zu erwarten. Eine weitergehende Diagnostik in der Schwangerschaft oder postnatal ist nicht erforderlich.

Begründung der Empfehlung
Wie jede Lebendimpfung ist die MMR-Impfung in der Schwangerschaft kontraindiziert, jedoch führen versehentlich durchgeführte MMR-Impfungen bei Schwangeren nicht zu Fehlbildungen oder anderen Komplikationen für Fetus oder Mutter. Daher ergibt sich keine Indikation für eine Interruptio [35, 46, 48, 61], ▶ Abschn. 9.3.1, Fragestellung 5.

❓ Fragestellung 4: Was ist bei einer Rötelnexposition einer Schwangeren (Kontakt mit einer an Röteln erkrankten Person) zu tun?

Empfehlung

1. Bei einer Exposition oder vermutlichem Rötelnkontakt soll umgehend der Impfschutz anhand des Impfausweises überprüft werden. Sind 2 Röteln- oder MMR-Impfungen dokumentiert, sind keine weiteren Maßnahmen erforderlich.
2. Bei fehlender Röteln- oder MMR-Impfung bzw. Impfdokumentation soll umgehend eine Röteln-IgG-Bestimmung erfolgen (▶ Abschn. 9.3.2, Fragestellung 1) [62]. Ergibt sich ein positiver Wert, sind keine weiteren Maßnahmen erforderlich. Ist der Röteln-IgG grenzwertig oder negativ, sollen weitere Untersuchungen im Abstand von 3– 4 Wochen nach der Exposition bzw. bei Auftreten von Symptomen erfolgen, insbesondere wenn zum Zeitpunkt des Kontaktes nur grenzwertige Röteln-IgG- Antikörper mit moderater Avidität vorlagen und der E2-Röteln-IgG-Immunoblot negativ ausfiel (◘ Tab. 9.4). Die gewonnenen Serumproben sollen für spätere Vergleichsteste asserviert werden (▶ Abschn. 9.2.2).
3. Eine aktive MMR-Impfung ist in der Schwangerschaft kontraindiziert, die passive Immunisierung wird nicht empfohlen.

Begründung der Empfehlung
- Zu 1.: Bei dokumentierter Rötelnimpfung und positivem Rötelnantikörpernachweis zum Zeitpunkt des Kontaktes ist von Immunität auszugehen [12, 39].
- Zu 2.: Sind keine 2 Röteln- oder MMR-Impfungen dokumentiert, muss der Immunstatus über einen Antikörpertest bestimmt werden. Ist die Patientin nicht immun, so besteht nach Infektion im ersten Trimenon ein hohes Risiko für eine Rötelnembryopathie. Die Gefahr einer Embryopathie bei einer Schwangeren ohne Schutz nach Rötelnkontakt muss durch die unter ▶ Abschn. 9.2.2 beschriebenen Laboruntersuchungen abgeklärt werden.
- Zu 3.: Eine aktive MMR-Impfung ist in der Schwangerschaft kontraindiziert. Ein spezifisches anti-Röteln-Immunglobulinpräparat ist nicht erhältlich; für die Wirksamkeit der passiven Immunisierung liegen keine Erkenntnisse vor [21].

❓ Fragestellung 5: Was ist bei Auftreten von rötelnartigen Symptomen zu tun?

Empfehlung

1. Bei klinischem Verdacht auf Röteln (makulopapulösem Ausschlag und Fieber, geschwollene Lymphknoten und Gelenkschmerzen) muss in der Schwangerschaft eine Labordiagnostik zur Differenzierung zwischen einer akuten Infektion bzw. einer Reinfektion erfolgen (▶ Abschn. 9.2). Darüber hinaus soll die Impfanamnese erhoben werden.
2. Der Verdacht bzw. der Nachweis einer Rötelnerkrankung muss namentlich an das zuständige Gesundheitsamt gemeldet werden.

Begründung der Empfehlung
– Zu 1.: Eine akute Rötelnvirusinfektion in der Frühschwangerschaft ist im Gegensatz zu einer Reinfektion mit einem hohen Risiko für Fehlbildungen beim Feten assoziiert und bedarf der labordiagnostischen Abklärung.
– Zu 2.: Nach dem IfSG besteht eine vorgeschriebene Meldepflicht für Röteln.

❓ Fragestellung 6: Wie soll eine akute Rötelnvirusinfektion in der Schwangerschaft diagnostiziert werden?

Empfehlung

Die Labordiagnostik, mit der eine akute Rötelnvirusinfektion bestätigt und von einer Reinfektion unterschieden werden kann, ist in ▶ Abschn. 9.2.2 beschrieben.

Begründung der Empfehlung
Eine akute Rötelnvirusinfektion in der Frühschwangerschaft ist im Gegensatz zu einer Reinfektion mit einem hohen Risiko für Fehlbildungen beim Feten assoziiert; daher ist die Differenzierung zwischen akuter Infektion und Reinfektion von klinischer Relevanz.

❓ Fragestellung 7: Was bedeutet ein positiver Röteln-IgM-Nachweis?

Empfehlung

1. Bei positivem Röteln-IgM in der Frühschwangerschaft muss zwischen einer akuten Infektion und einem persistierenden/unspezifischen IgM differenziert werden. Dazu soll die IgM-Bestimmung mit einem alternativen Test wiederholt, IgG und IgG-Avidität bestimmt und ein Western Blot zum Nachweis von anti-E2-IgG durchgeführt werden. Ist die Avidität hoch bzw. der E2-Nachweis positiv, handelt es sich um eine zurückliegende Infektion und es besteht kein weiterer Handlungsbedarf (▶ Abschn. 9.2.2).
2. Bei negativem Röteln-IgG muss im Abstand von mindestens 7 Tagen eine zweite Serumprobe untersucht werden, um ggf. eine Serokonversion nachzuweisen.
3. Besteht klinisch der Verdacht auf akute Röteln, soll sofort eine RT-PCR zum Nachweis von Rötelnvirus-RNA durchgeführt werden (▶ Abschn. 9.2).
4. Der Verdacht bzw. der Nachweis einer Rötelnerkrankung muss namentlich an das zuständige Gesundheitsamt gemeldet werden.

9.3 · Spezielle Fragestellungen zur Labordiagnostik der Rötelnvirusinfektion

Begründung der Empfehlung
- Zu 1.–3.: ▶ Abschn. 9.2.2
- Zu 4. Es bestehen gesetzliche Vorgaben, nach dem IfSG vorgeschriebene Meldepflicht.

? Fragestellung 8: Wie groß ist das Risiko eines konnatalen Rötelnsyndroms bei Röteln-Exposition von Röteln-IgG-positiven und/oder zweifach geimpften Schwangeren?

Erklärung

Für Schwangere mit 2 dokumentierten Impfungen bzw. präkonzeptionell seropositive Schwangere ist die Gefahr einer Embryopathie nach Rötelnkontakt als äußerst gering einzustufen. Weltweit sind nur wenige Fällen von konnatalen Rötelnsyndromen nach Reinfektion von seropositiven und/oder geimpften Schwangeren belegt [5, 9, 20, 33]. Der einzige Fallbericht dieser Art aus Deutschland stammt aus dem Jahr 1993 [60] und trat aufgrund eines Immundefektes bei einer mehrfach Röteln-geimpften Schwangeren auf. Einzelfälle wie diese sind extrem selten, sie können trotz Impfprävention und Labordiagnostik nicht verhindert werden.

? Fragestellung 9: In welchen Fällen soll eine invasive Pränataldiagnostik bei akuter Rötelnvirusinfektion in der Schwangerschaft empfohlen werden? Was bedeutet der positive Nachweis von Rötelnvirus-RNA in Chorionzottenbiopsie, Amnionflüssigkeit oder Nabelschnurblut?

Empfehlung

1. Bei labordiagnostisch gesicherten Röteln bis einschließlich der 11. Schwangerschaftswoche besteht ein hohes Risiko für Fehlbildungen des Embryos/Feten. Die Schwangere soll darüber informiert und im Hinblick auf den Schwangerschaftskonflikt beraten werden. Die invasive Pränataldiagnostik wird nur dann empfohlen, wenn sich die Schwangere zur Fortführung der Schwangerschaft entscheidet.
2. Bei Erkrankung der Schwangeren zwischen der 11. und 17. Schwangerschaftswoche ist das Risiko einer Fehlbildung beim Feten geringer. Zur Abklärung einer Infektion wird die invasive Pränataldiagnostik empfohlen (Durchführung und diagnostische Aussagekraft ▶ Abschn. 9.2.2, Fragestellung 4).
3. Bei mütterlichen Röteln nach der 18. Schwangerschaftswoche wird keine Pränataldiagnostik empfohlen.

Begründung der Empfehlung
- Zu 1.: Bei akuter Rötelnvirusinfektion der Schwangeren bis einschließlich der 11. Schwangerschaftswoche findet fast immer eine Infektion des Feten statt. In bis zu 90 % dieser Fälle kommt es zu einem konnatalen Rötelnsyndrom mit Embryopathie bzw. schwerster Erkrankung des Neugeborenen. Aufgrund des sehr hohen Risikos wird in diesem Fall keine Diagnostik, sondern Information und Konfliktberatung empfohlen.
- Zu 2.: Bei Röteln zwischen der 12. und 17. Schwangerschaftswoche kommt es bei fetaler Infektion überwiegend zu sensorineuralen Innenohrschädigungen, die Fetopathierate

liegt bei 20–30 %. Die Schwangere muss über die damit verbundenen Risiken informiert werden. Negative Befunde in der Pränataldiagnostik schließen die Infektion des Feten nicht sicher aus. Gegebenenfalls muss die Untersuchung zu einem späteren Zeitpunkt wiederholt oder durch die Bestimmung von Röteln-IgM in Kombination mit dem Nachweis von Virus-RNA aus Fetalblut ergänzt werden.
- Zu 3.: Nach der 18. Schwangerschaftswoche kommt es nur noch in sehr seltenen Fällen zu Schädigungen, sodass bei Abwägung der Risiken die Pränataldiagnostik unterbleiben sollte [32].

? Fragestellung 10: Ist ein negatives Resultat für die Rötelnvirus-PCR aus Chorionzottenbiopsie, Fruchtwasser oder Nabelschnurblut gleichbedeutend mit einem sicheren Ausschluss einer intrauterinen Rötelnvirusinfektion?

Empfehlung

Ein negativer Befund für Rötelnvirus-RNA spricht gegen eine intrauterine Infektion, schließt diese aber nicht mit Sicherheit aus. Gegebenenfalls muss die Untersuchung in Kombination mit der Bestimmung von Röteln-IgM im Fetalblut durch Nabelschnurpunktion in der 22. Schwangerschaftswoche wiederholt werden.

Begründung der Empfehlung
Die Nachweisbarkeit von Rötelnvirusgenomen hängt vom zeitlichen Abstand zur akuten Infektion der Schwangeren sowie von der Qualität des Materials ab (▶ Abschn. 9.2.2, Fragestellung 4). Deshalb soll Material für die Rötelnvirus-PCR gekühlt transportiert und unmittelbar nach dem Eintreffen im Labor getestet oder bei -70 °C asserviert werden.

? Fragestellung 11: Welche Konsequenzen hat eine Rötelnvirusinfektion in der Spätschwangerschaft (ab 36. Schwangerschaftswoche)?

Empfehlung

Außer der Vermeidung des Kontaktes mit Schwangeren vor der 18. Schwangerschaftswoche sind keine Maßnahmen erforderlich. Die Schwangere und die betreuende Geburtsklinik sollen jedoch informiert werden, dass das Kind neonatal oder postnatal an Röteln erkranken kann.

Begründung der Empfehlung
Erkrankt die Schwangere ab der 36. Schwangerschaftswoche an Röteln, werden die Erreger in bis zu 90 % der Fälle auf das Ungeborene übertragen [3]. Eine Schädigung des Feten tritt jedoch zu diesem Zeitpunkt nicht mehr auf. Mütterliche Röteln kurz vor der Entbindung können zu neonatalen oder frühen postnatalen Röteln führen, die milde verlaufen.

9.3 · Spezielle Fragestellungen zur Labordiagnostik der Rötelnvirusinfektion

Fragestellung 12: Sollen in der gynäkologischen Praxis/Klinik besondere Maßnahmen ergriffen werden, um Übertragungen von Rötelnvirus auf Schwangere zu verhindern?

Empfehlung

1. Mitarbeiter im Gesundheitsdienst bzw. in gynäkologischen Einrichtungen sollen gegen Röteln geschützt sein. Eine Impfausweiskontrolle der Mitarbeiter soll bei der Einstellung stattfinden. Bei Mitarbeitern mit unklaren Angaben oder fehlenden MMR-Impfungen soll der Impfschutz entsprechend den aktuellen STIKO-Empfehlungen komplettiert werden, falls keine Schwangerschaft besteht.
2. Personen mit akuter Rötelninfektion oder dem Verdacht auf akute Infektion sollen keinen Kontakt zu Schwangeren haben.
3. Bei Schwangeren mit Kontakt zur infizierten Person (z. B. Wartezimmer) soll eine Impfausweiskontrolle zur Bestimmung des Immunstatus vorgenommen werden.
4. Oberflächen, die möglicherweise mit Rötelnvirus kontaminiert wurden, sollen mit viruziden oder begrenzt viruziden Desinfektionsmitteln behandelt werden.
5. Der Verdacht bzw. der Nachweis einer Rötelnerkrankung soll namentlich an das zuständige Gesundheitsamt gemeldet werden.

Begründung der Empfehlung
— Zu 1.-3.: Ärztlich oder pflegerisch tätige Personen mit Kontakt zu Schwangeren sollen gegen Röteln geschützt sein. Dies gilt sowohl im Hinblick auf den persönlichen Infektionsschutz, als auch auf die dringend zu vermeidende Ansteckung der Patientinnen.
— Zu 4.: Die Desinfektion verunreinigter Flächen soll weitere Übertragungen verhindern.
— Zu 5.: Es besteht eine gesetzliche Grundlage nach dem IfSG.

9.3.3 Labordiagnostik von Rötelnvirusinfektionen nach der Schwangerschaft und/oder beim Neugeborenen

Fragestellung 1: Wann soll nach der Entbindung die MMR-Impfung erfolgen? Können stillende Mütter geimpft werden?

Empfehlung

Es wird empfohlen, eine fehlende MMR-Impfung noch im Wochenbett zu verabreichen. Stillende Mütter können geimpft werden.

Begründung der Empfehlung
Der MMR-Impfschutz soll möglichst zeitnah nach Entbindung komplettiert werden, das Stillen stellt keine Kontraindikation dar [59, 64].

❓ Fragestellung 2: Darf eine Frau mit einer akuten Rötelnvirusinfektion stillen?

Empfehlung

1. Bei einer akuten postnatalen Rötelnvirusinfektion sind Stillverbot oder die Trennung von Mutter und Kind nicht notwendig.
2. Bei Frühgeborenen, die vor der 30. Schwangerschaftswoche geboren sind oder Komorbiditäten (z. B. angeborene Herzfehler) aufweisen, kann bei akuten Röteln eine Trennung von Mutter und Kind bzw. die einmalige Gabe eines polyvalenten Immunglobulins gegen die Risiken dieser Maßnahmen abgewogen werden.

Begründung der Empfehlung
– Zu 1. und 2.: Da postnatale Rötelnvirusinfektionen weder schwer verlaufen, noch mit Komplikationen verbunden sind, besteht kein Grund für ein Stillverbot. Ausnahmen bestehen bei evtl. Vorerkrankungen.

❓ Fragestellung 3: Wie soll eine konnatale Rötelnvirusinfektion beim Neugeborenen diagnostiziert werden?

Empfehlung

Als Laboruntersuchungen sind RT-PCR und Virusanzucht aus Rachenabstrich, Konjunktivalabstrich oder Urin sowie die Bestimmung von Röteln-IgM in Nabelschnurblut oder kindlichem Serum angezeigt.

Begründung der Empfehlung
Neugeborene mit konnataler Rötelnvirusinfektion scheiden große Mengen an Virus-RNA in Speichel und Urin aus, die RT-PCR ist die sicherste Methode, die Rötelnvirusinfektion beim Kind nachzuweisen. Röteln-IgM ist in den ersten 6 Monaten bei fast allen konnatal infizierten Kindern nachweisbar; der Befund muss aber in jedem Fall durch eine RT-PCR verifiziert werden [31].

❓ Fragestellung 4: Wie soll eine postnatale Rötelnvirusinfektion beim Neugeborenen diagnostiziert werden?

Empfehlung

Postnatale Röteln werden durch den Nachweis von Rötelnvirus-RNA aus Rachenabstrich, Blut oder Urin mittels RT-PCR bestätigt. Im Gegensatz zu den konnatalen Röteln werden die Viren bei postnataler Infektion nur für kurze Zeit ausgeschieden.

Begründung der Empfehlung
Postnatale Rötelnvirusinfektionen beim Neugeborenen stellen eine Seltenheit dar. Die Infektion verläuft blande, es ist aber wichtig, die postnatale Rötelnerkrankung von der konnatalen Infektion abzugrenzen. Da der Antikörpernachweis bei Neugeborenen nicht zuverlässig ist, ist die RT-PCR-Untersuchung das geeignete Nachweisverfahren.

Literatur

1. Abernathy E, Cabezas C, Sun H, Zheng Q, Chen MH et al (2009) Confirmation of rubella within 4 days of rash onset: comparison of rubella virus RNA detection in oral fluid with immunoglobulin M detection in serum or oral fluid. J Clin Microbiol 47:182–188
2. Allmendinger J, Paradies F, Kamprad M, Richter T, Pustowoit B, Liebert UG (2010) Determination of rubella virus-specific cell-mediated immunity using IFN gamma-ELISpot. J Med Virol 82:335–340
3. Banatvala JE, Brown DWG (2004) Rubella. Lancet 363:1127–1137
4. Best JM (2007) Rubella. Seminars in fetal and neonatal medicine 12:182–192
5. Best JM, Banatvala JE, Morgan-Capner P, Miller E (1989) Fetal infection after maternal reinfection with rubella: criteria for defining reinfection. BMJ 299:773–775
6. Best JM, O'Shea S, Tipples G, Davies N, Al-Khusaiby SM et al (2002) Interpretation of rubella serology in pregnancy–pitfalls and problems. BMJ 325:147–148
7. Bolton P, Holt E, Ross A, Hughart N, Guyer B (1998) Estimating vaccination coverage using parental recall, vaccination cards, and medical records. Public Health Rep 113:521–526
8. Bosma TJ, Corbett KM, Eckstein MB, O'Shea S, Vijayalakshmi P et al (1995) Use of PCR for prenatal and postnatal diagnosis of congenital rubella. J Clin Microbiol 33:2881–2887
9. Bullens D, Smets K, Vanhaesebrouck P (2000) Congenital rubella syndrome after maternal reinfection. Clin Pediatr (Phila) 39:113–116
10. Cordoba P, Nates S, Mahony J, Zapata M (1991) Kinetics of rubella-specific IgM antibody response in postnatal rubella infection. J Virol Methods 34:37–43
11. Cradock-Watson JE, Miller E, Ridehalgh MK, Terry GM, Ho-Terry L (1989) Detection of rubella virus in fetal and placental tissues and in the throats of neonates after serologically confirmed rubella in pregnancy. Prenatal diagnosis 9(2):91–96
12. D'Amelio R, Biselli R, Fascia G, Natalicchio S (2000) Measles-mumps-rubella vaccine in the Italian armed forces. JAMA 284:2059
13. De Santis M, Cavaliere A F, Straface G, Caruso A (2006) Rubella infection in pregnancy. Reprod Toxicol21:390–398
14. Edlich RF, Winters KL, Long WB 3rd, Gubler KD (2005) Rubella and congenital rubella (German measles). J Long Term Eff Med Implants 15:319–328
15. Enders G (1984) [Accidental rubella vaccination in pregnancy]. Dtsch Med Wochenschr 109:1806–1809
16. Enders G (1983) [Viral and other infections in pregnancy: diagnosis and prevention. Rubella, cytomegalic inclusion disease, herpes simplex, varicella zoster, Epstein-Barr, measles, mumps, enteroviruses, hepatitis, toxoplasmosis, syphilis 1] Z Geburtshilfe Perinatol 187:109–116
17. Enders M, Bartelt U, Knotek F, Bunn K, Strobel S et al (2013) Performance of the Elecsys Rubella IgG assay in the diagnostic laboratory setting for assessment of immune status. Clin Vaccine ImmunolCVI 20:420–426
18. Enders M, Rist B, Enders G (2005) [Frequency of spontaneous abortion and premature birth after acute mumps infection in pregnancy] Gynäkol Geburtshilfliche Rundsch 45:39–43
19. Fabiyi A, Sever JL, Ratner N, Caplan B (1966) Rubella virus: growth characteristics and stability of infectious virus and complement-fixing antigen. Proceedings of the Society for Experimental Biology and Medicine. Society for Experimental Biology and Medicine 122:392–396
20. Fogel A, Handsher R, Barnea B (1985) Subclinical rubella in pregnancy–occurrence and outcome. Isr J Med Sci 21:133–138
21. Gonik B (2011) Passive immunization: the forgotten arm of immunologically based strategies for disease containment. American journal of obstetrics and gynecology 205:444 e441–446
22. Grayston JT, Detels R, Chen KP, Gutman L, Kim KS et al (1969) Field trial of live attenuated rubella virus vaccine during an epidemic on Taiwan. Preliminary report of efficacy of three HPV-77 strain vaccines in the prevention of clinical rubella. JAMA 207:1107–1110
23. Ho-Terry L, Terry GM, Londesborough P (1990) Diagnosis of foetal rubella virus infection by polymerase chain reaction. J Gen Virol 71(Pt 7):1607–1611
24. Hofmann J, Kortung M, Pustowoit B, Faber R, Piskazeck U, Liebert UG (2000) Persistent fetal rubella vaccine virus infection following inadvertent vaccination during early pregnancy. J Med Virol 61:155–158
25. Hofmann J, Liebert UG (2005) Significance of avidity and immunoblot analysis for rubella IgM-positive serum samples in pregnant women. J Virol Methods 130:66–71
26. Johnson CE, Kumar ML, Whitwell JK, Staehle BO, Rome LP et al (1996) Antibody persistence after primary measles-mumps-rubella vaccine and response to a second dose given at four to six vs. eleven to thirteen years. Pediatr Infect Dis J 15:687–692

27. LeBaron CW, Forghani B, Matter L, Reef SE, Beck C et al (2009) Persistence of rubella antibodies after 2 doses of measles-mumps-rubella vaccine. J Infect Dis 200:888–899
28. Lutwick LI (1996) Postexposure prophylaxis. Infectious disease clinics of North America 10:899–915
29. Mace M, Cointe D, Six C, Levy-Bruhl D, Parent du Chatelet I et al (2004) Diagnostic value of reverse transcription-PCR of amniotic fluid for prenatal diagnosis of congenital rubella infection in pregnant women with confirmed primary rubella infection. J Clin Microbiol 42:4818–4820
30. McLean H, Fiebelkorn AP, Temte JL, Wallace GS (2013) Prevention of Measles, Rubella, Congenital Rubella Syndrome, and Mumps, 2013. Summary Recommendations of the Advisory Committee on Immunization Practices (ACIP). MMWR 14:1–34
31. Mendelson E, Aboudy Y, Smetana Z, Tepperberg M, Grossman Z (2006) Laboratory assessment and diagnosis of congenital viral infections: Rubella, cytomegalovirus (CMV), varicella-zoster virus (VZV), herpes simplex virus (HSV), parvovirus B19 and human immunodeficiency virus (HIV). Reprod Toxicol 21:350–382
32. Morgan-Capner P (1989) Diagnosing rubella. BMJ 299:338–339
33. Morgan-Capner P, Miller E, Vurdien JE, Ramsay ME (1991) Outcome of pregnancy after maternal reinfection with rubella. CDR 1(6):R57–59
34. Okamoto K, Fujii K, Komase K (2010) Development of a novel TaqMan real-time PCR assay for detecting rubella virus RNA. J Virol Methods 168:267–271
35. Pardon F, Vilarino M, Barbero P, Garcia G, Outon E et al (2011) Rubella vaccination of unknowingly pregnant women during 2006 mass campaign in Argentina. J Infect Dis 204(2):S745–747
36. Parkman PD (1965) Biological Characteristics of Rubella Virus. Arch Gesamte Virusforsch 16:401–411
37. Poethko-Muller C, Mankertz A (2012) Seroprevalence of measles-, mumps- and rubella-specific IgG antibodies in German children and adolescents and predictors for seronegativity. PloS One 7:e42867
38. Pustowoit B, Liebert UG (1998) Predictive value of serological tests in rubella virus infection during pregnancy. Intervirology 41:170–177
39. Redd SC, King GE, Heath JL, Forghani B, Bellini WJ, Markowitz LE (2004) Comparison of vaccination with measles–mumps–rubella vaccine at 9, 12, and 15 months of age. J Infect Dis 189 Suppl 1:S116–122
40. Revello MG, Baldanti F, Sarasini A, Zavattoni M, Torsellini M, Gerna G (1997) Prenatal diagnosis of rubella virus infection by direct detection and semiquantitation of viral RNA in clinical samples by reverse transcription-PCR. J Clin Microbiol 35:708–713
41. Robert Koch-Institut (2012) Empfehlungen der Ständigen Impfkommission (STIKO) am Robert Koch-Institut / Stand: Juli 2012. Epidemiologisches Bulletin 2012
42. Robert Koch-Institut (2013) Impfquoten bei der Schuleingangsuntersuchung in Deutschland 2011. Epidemiologisches Bulletin 2013
43. Robert Koch-Institut (2007) Liste der vom Robert Koch-Institut geprüften und anerkannten Desinfektionsmittel und -verfahren. Bundesgesundheitsbl 50:1335–1356
44. Robinson JL, Lee BE, Preiksaitis JK, Plitt S, Tipples GA (2006) Prevention of congenital rubella syndrome—what makes sense in 2006? Epidemiologic reviews 28:81–87
45. Samoilovich EO, Kapustik LA, Feldman EV, Ermolovich MA, Svirchevskaia E et al (1998) [The immunological efficacy of the combined vaccine Trimovax intended for the prevention of measles, mumps and rubella]. Zhurnal mikrobiologii, epidemiologii, i immunobiologii:36–40
46. Sato HK, Sanajotta AT, Moraes JC, Andrade JQ, Duarte G et al, Sao Paulo Study Group for Effects of Rubella Vaccination During Pregnancy (2011) Rubella vaccination of unknowingly pregnant women: the Sao Paulo experience, 2001. J Infect Dis 204 Suppl 2:S737–744
47. Skendzel LP (1996) Rubella immunity. Defining the level of protective antibody. Am J Clin Pathol 106:170–174
48. Soares, RC, Siqueira MM, Toscano CM, Maia Mde L, Flannery B et al (2011) Follow-up study of unknowingly pregnant women vaccinated against rubella in Brazil, 2001-2002. J Infect Dis 204 Suppl 2:S729–736
49. Strassburg MA, Greenland S, Stephenson TG, Weiss BP, Auerbach D et al (1985) Clinical effectiveness of rubella vaccine in a college population. Vaccine 3:109–112
50. Tang JW, Aarons E, Hesketh L M, Strobel S, Schalasta G et al (2003) Prenatal diagnosis of congenital rubella infection in the second trimester of pregnancy. Prenatal diagnosis 23:509–512
51. Thomas HI, Barrett E, Hesketh L M, Wynne A, Morgan-Capner P (1999) Simultaneous IgM reactivity by EIA against more than one virus in measles, parvovirus B19 and rubella infection. J Clin Virol 14:107–118
52. Thomas HI, Morgan-Capner P, Enders G, O'Shea S, Caldicott D, Best JM (1992) Persistence of specific IgM and low avidity specific IgG1 following primary rubella. J Virol Methods 39:149–155
53. Thomas HI, Morgan-Capner P, Roberts A, Hesketh L (1992) Persistent rubella-specific IgM reactivity in the absence of recent primary rubella and rubella reinfection. J Med Virol 36:188–192
54. Tipples G, Hiebert J (2011) Detection of measles, mumps, and rubella viruses. Methods Mol Biol 665:183–193

55. Tipples GA (2011) Rubella diagnostic issues in Canada. J Infect Dis 204 Suppl 2:S659–663
56. Vauloup-Fellous C, Grangeot-Keros L (2007) Humoral immune response after primary rubella virus infection and after vaccination. CVI 14:644–647
57. Vauloup–Fellous C, Ursulet–Diser J, Grangeot–Keros L (2007) Development of a rapid and convenient method for determination of rubella virus–specific immunoglobulin G avidity. CVI 14:1416–1419
58. Wandinger KP, Saschenbrecker S, Steinhagen K, Scheper T, Meyer W et al (2011) Diagnosis of recent primary rubella virus infections: significance of glycoprotein–based IgM serology, IgG avidity and immunoblot analysis. J Virol Methods 174:85–93
59. Watson JC, Hadler SC, Dykewicz CA, Reef S, Phillips L (1998) Measles, mumps, and rubella—vaccine use and strategies for elimination of measles, rubella, and congenital rubella syndrome and control of mumps: recommendations of the Advisory Committee on Immunization Practices (ACIP). MMWR. Recommendations and reports : Morbidity and mortality weekly report. Recommendations and reports / Centers for Disease Control 47:1–57
60. Weber B, Enders G, Schlosser R, Wegerich B, Koenig R et al (1993) Congenital rubella syndrome after maternal reinfection. Infection 21:118–121
61. White SJ, Boldt KL, Holditch SJ, Poland A, Jacobson RM (2012) Measles, mumps, and rubella. Clin Obstet Gynecol 55:550–559
62. WHO (2009) Immunological basis for immunization: Rubella
63. WHO (2007) Manual for the laboratory diagnosis of measles and rubella virus infection, 2nd edition
64. WHO (2011) Rubella vaccines: WHO position paper

Windpocken (Varizellen)

Andreas Sauerbrei

10.1 Grundlegende Informationen zu Varicella-Zoster-Virus – 96

10.2 Allgemeine Daten zur Labordiagnostik
der Varicella-Zoster-Virusinfektion – 97
10.2.1 Diagnostische Methoden (Stand der Technik)
und Transport von Proben – 97
10.2.2 Allgemeine Fragestellungen zur Labordiagnostik – 99
10.2.3 Diagnostische Probleme – 101

10.3 Spezielle Fragestellungen zur Labordiagnostik der
Varicella-Zoster-Virusinfektion – 101
10.3.1 Labordiagnostik von Varicella-Zoster-Virusinfektionen vor der
Schwangerschaft – 101
10.3.2 Labordiagnostik von Varicella-Zoster-Virusinfektionen
während der Schwangerschaft – 103
10.3.3 Labordiagnostik von Varicella-Zoster-Virusinfektionen nach der
Schwangerschaft und/oder beim Neugeborenen – 107

Literatur – 109

10.1 Grundlegende Informationen zu Varicella-Zoster-Virus

Virusname	
– Bezeichnung/Abkürzung	Varizella-Zoster-Virus/VZV
– taxonomisch	Humanes Herpesvirus 3
– Virusfamilie/Unterfamilie/Gattung	*Herpesviridae/Alphaherpesvirinae/Varicellovirus*
Umweltstabilität	auf feuchtem Material mehrere Tagen stabil
Desinfektionsmittelresistenz	begrenzt viruzide und viruzide Desinfektionsmittel sind wirksam
Wirt	Mensch
Verbreitung	weltweit
Durchseuchung (Deutschland) [38]	
– Kinder (2–3 Jahre)	34 %
– Kinder (4–5 Jahre)	63 %
– Kinder (10–11 Jahre)	94 %
– Erwachsene (≥40 Jahre)	> 99 %
– Frauen (gebärfähiges Alter)	96 %
Inkubationszeit	10–21 Tage
Übertragung/Ausscheidung	Speichel: Tröpfcheninfektion
	Hautbläschen/Konjunktivalflüssigkeit: Schmierinfektion
Erkrankung	
1. akute (Primär)Infektion	Varizellen, Windpocken
– Symptome	generalisiertes Exanthem und Enanthem, Fieber
	Komplikation: Varizellenpneumonie
	Bei Schwangeren: schwerer Verlauf der Varizellenpneumonie [31]
– asymptomatische Verläufe	selten
2. Rekurrierende Infektion	
– Reaktivierung	Zoster, Gürtelrose
– Symptome	Dermatom-abhängiges Exanthem, Schmerzen, Sensibilitätsstörungen
– asymptomatische Verläufe	möglich, Häufigkeit unbekannt
– Reinfektion	Zweitvarizellen (bei gestörter zellulärer Immunantwort)
– asymptomatische Verläufe	sind die Regel
Infektiosität/Kontagiosität	
– Varizellen	2 Tage vor bis 5 Tage nach Exanthembeginn (Speichel, Hautbläschen)
– Zoster	bis zu 5 Tage nach Exanthembeginn (nur Hautbläschen)

Vertikale Übertragung	
– pränatal	transplazentar
	SSW 1–21: bei 1–2 % der akut VZV-infizierten Schwangeren
	SSW 21–24: Einzelfallberichte
– perinatal	transplazentar oder Tröpfchen-/Kontaktinfektion
	2 Wochen vor bis 2 Tage nach Entbindung: bei 20–50 % der akut VZV-infizierten Schwangeren [28]
Embryopathie/Fetopathie	Ja
	1. fetales/kongenitales Varizellensyndrom bei pränataler Übertragung in SSW 1–21(24)
	2. neonatale Varizellen bei perinataler Übertragung
– fetale Symptome	segmental angeordnete Hautveränderungen, neurologische Schädigungen, Augenschäden, Skelettanomalien, andere Fehlbildungen [29]
	Spontanaborte/Frühschwangerschaft: Einzelfallberichte Totgeburt: Einzelfallberichte
	Totgeburt: Einzelfallberichte
– neonatale Symptome	nach transplazentarer Infektion schwere, generalisiert verlaufende Varizellen innerhalb der ersten 10–12 Lebenstage
Therapie der fetalen Erkrankung	nicht verfügbar
Antivirale Therapie	verfügbar, ◘ Tab. 10.1
Prophylaxe	
– Impfung	verfügbar, ◘ Tab. 10.1
	Lebendimpfung empfohlen [21], in der Schwangerschaft kontraindiziert
– passive Immunisierung	verfügbar
	Varizella-Zoster-Immunglobulin, für ungeimpfte Schwangere ohne Varizellenanamnese innerhalb von 96 h nach Exposition empfohlen [21]

10.2 Allgemeine Daten zur Labordiagnostik der Varicella-Zoster-Virusinfektion

10.2.1 Diagnostische Methoden (Stand der Technik) und Transport von Proben

Methoden zum direkten Nachweis von Varizella-Zoster-Virus beziehungsweise von viraler Nukleinsäure (DNA) zeigt ◘ Tab. 10.2.

Methoden zum Nachweis von Varicella-Zoster-Virus-spezifischen Antikörpern zeigt ◘ Tab. 10.3.

Das Varicella-Zoster-Virus gehört zu den gefahrgutrechtlichen Stoffen der Kategorie B, Risikogruppe 2. VZV-haltige Proben müssen nach UN 3373 versendet werden, d. h. das

Tab. 10.1 Übersicht der Maßnahmen zu Therapie und Prophylaxe der fetalen, neonatalen und maternalen Varicella-Zoster-Virusinfektion/Erkrankung

Therapie/Prophylaxe	Möglichkeit	Maßnahme
Prophylaxe der maternalen Infektion/Erkrankung vor der Schwangerschaft	Ja	Lebendimpfstoff Aktive Immunisierung nicht immuner Frauen vor der Schwangerschaft
Prophylaxe der Infektion während der Schwangerschaft	Ja	Expositionsprophylaxe bei nicht immunen Schwangeren Passive Immunisierung mit Varicella-Zoster-Immunglobulin als Postexpositionsprophylaxe
Therapie der maternalen Erkrankung	Ja	Antivirale Therapie*
Prophylaxe der fetalen Erkrankung/Infektion	Ja	Passive Immunisierung mit Varicella-Zoster-Immunglobulin als Postexpositionsprophylaxe antivirale Therapie der Schwangeren*
Therapie der fetalen Erkrankung/Infektion	Nein	–
Prophylaxe der neonatalen Erkrankung	Ja	Expositionsprophylaxe passive Immunisierung mit Varicella-Zoster-Immunglobulin
Therapie der neonatalen Erkrankung/Infektion	Ja	Antivirale Therapie

* im off-label-use möglich

Tab. 10.2 Übersicht der Methoden zum direkten Nachweis von Varicella-Zoster-Virus beziehungsweise von viraler Nukleinsäure (DNA)

Prinzip	Methode	Untersuchungsmaterial
Virus-DNA-Nachweis	Polymerasekettenreaktion (PCR)	Bläscheninhalt/-abstrich, in ca. 1 ml physiologischer Kochsalzlösung oder Virustransportmedium Liquor, Gewebe, bronchoalveoläre Lavage, EDTA-Blut, Fruchtwasser
Virusisolierung	Virusanzucht in der Zellkultur, Nachweis mittels monoklonalen Antikörpern Spezialdiagnostik	Bläscheninhalt in Virustransport-medium mit Spezialtupfer, Gewebe, bronchoalveoläre Lavage Transport bei Kühlung (2–8°C)
Virusnachweis	Immunfluoreszenztest mit monoklonalen Antikörpern Eingeschränkte Sensitivität und Spezifität	Zellreicher Bläscheninhalt in Virustransportmedium mit Spezialtupfer, Gewebe
Differenzierung von Wild-/Impfvirusstämmen, Genotypisierung	PCR, Restriktionsenzymanalyse, Sequenzierung Spezialdiagnostik	Bläscheninhalt in Virustransportmedium mit Spezialtupfer, Gewebe, Liquor, Virusisolat

10.2 · Allgemeine Daten zur Labordiagnostik der Varicella-Zoster-Virusinfektion

◘ Tab. 10.3 Übersicht der Methoden zum Nachweis von Varicella-Zoster-Virus-spezifischen Antikörpern

Methode	Anmerkungen
Ligandenassays (ELISA, CLIA etc.)	Bestimmung und Differenzierung der Ig-Klassen (IgG, IgM, IgA) in Serum, Plasma und Liquor, basierend auf viralem Gesamtantigen aus VZV-infizierten Zellkulturen oder viralen Glykoproteinen einfache Durchführung, kommerziell vertrieben, automatisiert
Indirekter Fluoreszenzantikörpertest (IFAT)	Bestimmung und Differenzierung der Ig-Klassen (IgG, IgM, IgA) in Serum, Plasma und Liquor einfache Durchführung, kommerziell vertrieben, erfordert Erfahrung bei der Auswertung
Fluoreszenz-Antikörper-Membran-Antigen-Test (FAMA)	Nachweis von Antikörpern gegen VZV-Glykoproteine in Serum, Referenztest zur Bestimmung der Immunität Spezialdiagnostik
VZV-IgG-Avidität (ELISA oder IFAT)	Differenzierung zwischen Primärinfektion (Varizellen) und Reaktivierung (generalisierter Zoster) Spezialdiagnostik
Neutralisationstest	Nachweis von Antikörpern gegen VZV-Glykoproteine in Serum, gute Korrelation mit FAMA Spezialdiagnostik

Primärgefäß mit der Patientenprobe muss in einem Umverpackungsröhrchen und mit adsorbierendem Material in einem gekennzeichneten Transportbehältnis (Kartonbox) verschickt werden. Falls nicht anders angegeben, ist Versand ist bei Raumtemperatur möglich (◘ Tab. 10.2); Kühlung wird nur empfohlen, wenn das Material für Virusisolierung vorgesehen ist.

10.2.2 Allgemeine Fragestellungen zur Labordiagnostik

❓ Fragestellung 1: Wie soll die Labordiagnose der akuten/kürzlichen und der rekurrierenden Varicella-Zoster-Virusinfektion erfolgen?

Empfehlung

1. Die Labordiagnose der akuten VZV-(Primär)Infektion (Varizellen/Windpocken) oder der VZV-Rekurrenz (Zoster) soll durch Nachweis von Virusgenomen in Bläscheninhalt/-abstrich mittels PCR erfolgen. Ergänzend kann die Virusisolierung aus Bläscheninhalt/-abstrich eingesetzt werden (◘ Tab. 10.4). In Abhängigkeit der klinischen Manifestation sollten zusätzlich Liquor, Gewebe, bronchoalveoläre Lavage, EDTA-Blut oder Fruchtwasser als Untersuchungsmaterial verwendet werden. Eine Unterscheidung von Wild- und Impfvirusstämmen erfolgt mittels Restriktionsenzymanalyse beziehungsweise Sequenzierung [26, 27].
2. Die Labordiagnose der akuten VZV-(Primär)Infektionen (Varizellen) kann alternativ durch Nachweis einer VZV-IgG-Serokonversion diagnostiziert werden. Dies erfordert

◘ **Tab. 10.4** Übersicht zu den möglichen Ergebniskonstellationen der Labordiagnostik und ihre Bewertung

VZV-Serologie					VZV-PCR	Infektionsstatus
VZV-IgG (ELISA, CLIA, CMIA)	VZV-IgG (FAMA)	VZV-IgM* (ELISA)	VZV-IgA (ELISA)	IgG-Avidität		
Negativ	Negativ	Negativ	Negativ	–	Negativ	Empfänglich
Negativ	Negativ	Negativ	Negativ	–	Positiv	Akute (Primär) Infektion
Negativ	Negativ	Positiv	Negativ	–	Positiv	Akute (Primär) Infektion
Positiv	Positiv	Positiv	Negativ / positiv	niedrig	Positiv	Akute (Primär) Infektion
Positiv	Positiv	Negativ	Negativ / positiv	hoch	Positiv	Reaktivierung
Positiv	Positiv	Positiv	Negativ / positiv	hoch	Positiv	Reaktivierung
Positiv	Positiv	Positiv	Negativ / positiv	hoch	Negativ	Zurückliegende Infektion/ Latenz
Positiv	Positiv	Negativ	Negativ / positiv	hoch	Negativ	Zurückliegende Infektion/ Latenz
Negativ	Positiv	Negativ	Negativ	hoch	Negativ	Zurückliegende Infektion/ Latenz

* Ein negatives Ergebnis für VZV-IgM schließt eine akute Infektion nicht aus.

die Verfügbarkeit von sequentiell abgenommenen Blutproben, von denen die initiale VZV-IgG negativ sein muss. VZV-IgG ist frühestens ab dem 4. Tag nach Beginn der Erkrankung nachweisbar, meist in Kombination mit VZV-IgM.
3. Die Bestimmung der Avidität von Anti-VZV-IgG ermöglicht die Unterscheidung einer Primärinfektion (Varizellen) vom Rezidiv (Zoster) [9].

Begründung der Empfehlung
- Zu 1. Der Nachweis von Virus-DNA mittels PCR oder VZV mittels Anzucht spricht für eine Primärinfektion oder für eine VZV-Rekurrenz (Reaktivierung/Zoster oder Reinfektion).
- Zu 2. Die VZV-IgG-Serokonversion beweist eine akute Primärinfektion.
- Zu 3. Die Affinitätsreifung der IgG-Antikörper bewirkt, dass hoch avide VZV-IgG erst einige Monate nach der akuten Primärinfektion nachweisbar sind. Ihr Vorhandensein lässt auf eine länger zurückliegende VZV-Infektion (VZV-Latenz) oder auf eine Rekurrenz schließen. Im letzten Fall ist mitunter auch VZV-IgM nachweisbar.

10.3 · Spezielle Fragestellungen zur Labordiagnostik ...

❓ Fragestellung 2: Wie erfolgt die Labordiagnose der zurückliegenden Varicella-Zoster-Virusinfektion (Viruslatenz)?

Empfehlung

Zurückliegende VZV-Infektionen (Viruslatenz) sollen durch Bestimmung des VZV-IgG in Serum oder Plasma diagnostiziert werden. Bei positivem Nachweis von VZV-IgG kann von Immunität ausgegangen werden (◘ Tab. 10.4).

10.2.3 Diagnostische Probleme

1. Mittels Virus- oder Virus-DNA-Nachweises ist keine Unterscheidung zwischen akuter (primärer) und rekurrierender Infektion möglich.
2. Zahlreiche kommerzielle VZV-Ligandenassays, die mit dem Lysat VZV-infizierter Zellen arbeiten, sind für die Aussage zum VZV-Immunstatus, insbesondere nach Varizellenimpfung, zu insensitiv [30].
3. Zahlreiche kommerzielle VZV-IgM-Immunoassays besitzen eine eingeschränkte Sensitivität [23].
4. VZV-IgM-Teste können durch Kreuzreaktionen mit anderen Herpesviren insbesondere Herpes-simplex-Viren (HSV) falsch positiv ausfallen [23].
5. Bislang liegen nur wenige Erfahrungen mit der Aviditätsbestimmung von VZV-IgG zur Differenzierung zwischen Primärinfektion (Varizellen) und Rezidiv (Zoster) vor.

10.3 Spezielle Fragestellungen zur Labordiagnostik der Varicella-Zoster-Virusinfektion

10.3.1 Labordiagnostik von Varicella-Zoster-Virusinfektionen vor der Schwangerschaft

❓ Fragestellung 1: In welchen Fällen ist eine labordiagnostische Überprüfung des Immunstatus gegen Varizellen notwendig?

Empfehlung

Bei Frauen im gebärfähigen Alter mit unklarer oder negativer Varizellenanamnese soll VZV-IgG bestimmt werden.

Begründung der Empfehlung
Die aktuellen Bestimmungen fordern die einmalige labordiagnostische Abklärung der Immunitätslage aller gebärfähigen Frauen [5]. Allerdings stimmen die Angaben zu erinnerten Windpockenerkrankungen weitestgehend mit dem serologischen Ergebnis überein [14, 19, 32].

❓ Fragestellung 2: Welche Konsequenzen ergeben sich aus einem positiven VZV-IgG-Nachweis?

Empfehlung

Wurde eine Antikörperbestimmung durchgeführt und ergab diese nach 2 Impfungen oder nach natürlicher Infektion ein positives Resultat, dann ist von VZV-Immunität auszugehen. Es sind keine weiteren Maßnahmen oder Kontrollen erforderlich. Bei positivem VZV-IgG nach nur einer Impfung soll dennoch die zweite Impfung erfolgen, um den Schutz zu optimieren.

Begründung der Empfehlung
Die Effektivität der Varizellenimpfung ist nach 2 Dosen signifikant höher als nach einer Dosis [1, 39].

❓ Fragestellung 3: Welche Konsequenzen ergeben sich aus einem grenzwertigen oder negativen VZV-IgG-Nachweis?

Empfehlung

1. Grenzwertige oder negative VZV-IgG-Werte bei Ungeimpften oder bei Personen mit einmaliger Impfung sind als nicht schützend einzustufen. Die Impfung soll gemäß STIKO-Empfehlungen komplettiert werden.
2. Bei grenzwertigen oder negativen Werten nach zweifacher Impfung kann gegenwärtig keine Aussage über den Immunschutz getroffen werden. Eine Empfehlung für eine weitere Impfung kann derzeit nicht gegeben werden. Gegebenenfalls kann die Immunantwort mittels Fluoreszenz-Antikörper-Membran-Antigen-Test (FAMA) kontrolliert werden [25].
3. Nichtimmune Frauen, die eine Impfung ablehnen, sollen über das Risiko von Varizellen in der Schwangerschaft informiert werden [22].

Begründung der Empfehlung
— Zu 1. Siehe Impfempfehlungen der STIKO [21]
— Zu 2. Ein negativer VZV-IgG-Nachweis trotz wiederholter Impfung kann auf eine reduzierte Sensitivität des eingesetzten Ligandenassays zurückzuführen sein. Mittels des sensitiveren FAMA kann der Nachweis schützender Antikörper gegen die viralen Glykoproteine [24] erfolgen (▶ Abschn. 10.2).
— Zu 3. Akute VZV-(Primär)Infektionen während der Schwangerschaft können ein fetales Varizellensyndrom oder neonatale Varizellen verursachen.

10.3 · Spezielle Fragestellungen zur Labordiagnostik ...

? Fragestellung 4: Wie lange soll man mit einer Schwangerschaft warten, wenn eine Impfung durchgeführt wurde?

Empfehlung

Nach einer Impfung soll nach der in Deutschland gültigen Fachinformation für einen Zeitraum von mindestens 4–6 Wochen die Konzeption vermieden werden.

Begründung der Empfehlung
Grundsätzlich sind Impfungen mit attenuierten Lebendvakzinen in der Schwangerschaft kontraindiziert. Der zeitliche Abstand zwischen Impfung und Konzeption soll verhindern, dass infektiöses Impfvirus auf den Feten übertragen wird. Eine versehentliche Impfung kurz vor oder zu Beginn einer Schwangerschaft ist kein Grund für einen Schwangerschaftsabbruch. Das von einem Impfstoffhersteller in Zusammenarbeit mit den Centers for Disease Control and Prevention (Atlanta, USA) geführte Schwangerschaftsregister erfasst alle Frauen, die in Unkenntnis einer bestehenden Schwangerschaft irrtümlich geimpft wurden oder bei denen innerhalb von 3 Monaten vor Konzeption eine Impfung vorgenommen worden war. Bei den lebend geborenen Kindern ergaben sich keine Anzeichen auf angeborene Fehlbildungen. Allerdings ist die Aussagekraft des Registers aufgrund der geringen Fallzahl (n=629) limitiert [37].

10.3.2 Labordiagnostik von Varicella-Zoster-Virusinfektionen während der Schwangerschaft

? Fragestellung 1: Zu welchem Zeitpunkt und in welchen Fällen sollte der Immunstatus bei einer Schwangeren labordiagnostisch überprüft werden?

Empfehlung

1. Bei Schwangeren mit bekanntem Immunstatus (VZV-IgG positiv) sind keine weiteren Maßnahmen notwendig.
2. Bei ungeimpften Schwangeren ohne Varizellenanamnese soll nach einer Exposition mit an Varizellen oder Zoster erkrankten Personen die Bestimmung des VZV-IgG erfolgen. Als Exposition gelten ein Aufenthalt mit einer an Windpocken erkrankten Person über 1 h oder länger in einem Raum, ein Haushaltskontakt sowie ein »face-to-face« Kontakt. Bei Herpes Zoster besteht eine geringe Kontagiosität, da nur die virushaltige Bläschenflüssigkeit infektiös ist (Schmierinfektion).

Begründung der Empfehlung
- Zu 1. Beim Nachweis von VZV-IgG kann von der Immunität ausgegangen werden.
- Zu 2. Bei negativem VZV-IgG besteht innerhalb von 72–96 h nach der Exposition die Möglichkeit einer passiven Immunprophylaxe durch die Gabe von Varicella-Zoster-Immunglobulin, um den Ausbruch einer Erkrankung zu verhindern oder diese deutlich abzuschwächen [8, 10, 33].

❓ Fragestellung 2: Weche Konsequenzen ergeben sich aus einem negativen Immunstatus?

Siehe auch ▶ Abschn. 10.2 und ▶ Abschn. 10.3.1, Fragestellung 3.

Empfehlung

1. Grenzwertige oder negative VZV-IgG-Werte bei ungeimpften oder einmal geimpften Personen sind als nicht schützend einzustufen. Die Schwangere soll den Kontakt zu Varizellen-/Zoster-Erkrankten und Verdachtsfällen meiden. Bei den weiteren Familienmitgliedern, vor allem den Geschwisterkindern, soll der Impfschutz komplettiert werden.
2. Eine Postexpositionsprophylaxe mit Varicella-Zoster-Immunglobulin kann erwogen werden (▶ Abschn. 10.1). Als Alternative kann eine antivirale Therapie eingeleitet werden.

Begründung der Empfehlung

− Zu 1. Bei seronegativen Schwangeren ist die Expositionsprophylaxe die einzige Möglichkeit zur Verhinderung einer Infektion. Hierzu zählen die Kontaktvermeidung zu Infizierten und die Impfung von Kontaktpersonen/Familienmitgliedern (Umgebungsimpfung). Kinder im Haushalt der Schwangeren können geimpft werden, weil das Risiko für ein fetales Varizellensyndrom bei einer seronegativen Schwangeren mit Kontakt zu ihrem ungeimpften und damit ansteckungsgefährdeten Kind höher ist als das Risiko einer solchen Komplikation durch die Impfung ihres Kindes und gegebenenfalls die Übertragung von Impfvarizellen [20].
− Zu 2. Mittels passiver Immunisierung können schwer verlaufende Varizellen bei Schwangeren gemildert werden. Darüber hinaus stellt die Gabe von Varicella-Zoster-Immunglobulin gegenwärtig die einzige Möglichkeit zur Vermeidung eines fetalen Varizellensyndroms dar, wenn eine seronegative Schwangere während der ersten 24 Schwangerschaftswochen VZV-Kontakt hatte [24]. Studien haben gezeigt, dass die Prävalenz einer fetalen Infektion durch die rechtzeitige Gabe von Varicella-Zoster-Immunglobulin reduziert werden kann [2]. Diese Ergebnisse sind jedoch statistisch nicht abgesichert [3, 4].

Hinweis: *Die antivirale Therapie soll das Auftreten von Varizellen verhindern. Ergebnisse des Aciclovir-Schwangerschaftsregisters von Burroughs Wellcome Co. (USA) und der Centers for Disease Control and Prevention (USA) haben gezeigt, dass durch eine Behandlung von Schwangeren mit Aciclovir nicht mit teratogenen Effekten zu rechnen ist [34]. Vergleichbare Daten liegen auch zur oralen Gabe von Valaciclovir und Famciclovir vor [17].*

❓ Fragestellung 3: Soll bei Verdacht auf Varizellen in der Schwangerschaft die Infektion labordiagnostisch abgeklärt werden?

Empfehlung

1. Bei typischem Erkrankungsbild und anamnestischen Hinweisen auf Kontakt zu Erkrankten ist eine labordiagnostische Abklärung nicht zwingend erforderlich.
2. In allen unklaren Fällen soll eine labordiagnostische Abklärung erfolgen (▶ Abschn. 10.2).

Begründung der Empfehlung

− Zu 1. Windpocken haben einen hohen Manifestations- und Kontagiositätsindex mit einem typischen Erkrankungsbild. Dies erlaubt eine klinische Diagnosestellung.
− Zu 2. Eine labordiagnostische Absicherung bei unklaren Fällen ist aus differenzialdiagnostischen Gründen notwendig (▶ Abschn. 10.1), um unnötige Medikamentengaben (z. B. Antibiotika) zu vermeiden oder eine spezifische Therapie einzuleiten.

10.3 · Spezielle Fragestellungen zur Labordiagnostik ...

> **Fragestellung 4: Sind in der gynäkologischen Praxis/Klinik besondere organisatorische Maßnahmen zu ergreifen, wenn bei Schwangeren Varizellen oder Zoster nachgewiesen wurden?**

Empfehlung

1. Schwangere mit Verdacht auf Varizellen/Zoster oder diagnostisch abgeklärten Varizellen/Zoster sollen bis zur Verkrustung der Bläschen (meist bis 5 Tage nach Exanthembeginn) keinen Kontakt zu nicht immunen Schwangeren haben.
2. Das ärztliche/pflegerische Personal, das in dieser Infektionsphase mit akut infizierten Schwangeren Kontakt hat, soll Kenntnis über den persönlichen VZV-Immunstatus haben, Einmalhandschuhe tragen sowie Desinfektionsmittel (begrenzt viruzider oder viruzider Wirkungsbereich) mit der vorgeschriebenen Einwirkzeit entsprechend den geltenden Hygienerichtlinien verwenden. Beim Auftreten von Zoster kann durch das Abdecken betroffener Hautpartien die Infektionsgefahr deutlich reduziert werden (arbeitsrechtliche Richtlinien).
3. Seronegatives ärztliches und Pflegepersonal, Hebammen etc. sollen keinen Kontakt zu akut infizierten Schwangeren haben.
4. Krankheitsverdacht, Erkrankung sowie Tod an Varizellen und der direkte oder indirekte Nachweis des VZV ist namentlich an das zuständige Gesundheitsamt zu melden.

Begründung der Empfehlung
- Zu 1. Bei Varizellen oder Zoster ist die Bläschenflüssigkeit infektiös. Darüber hinaus wird bei Varizellen VZV über das Rachensekret ausgeschieden.
- Zu 2. und 3. Bei seronegativen Beschäftigten besteht die Gefahr, selbst infiziert zu werden und die Infektion an die Patientinnen in der Praxis/Klinik zu übertragen.
- Zu 4. Es bestehen gesetzliche Grundlagen nach IfSG.

> **Fragestellung 5: Welche Bedeutung hat ein positiver Nachweis von VZV-IgM?**

Empfehlung

Die klinische Relevanz des positiven VZV-IgM-Status soll kritisch hinterfragt werden. Isoliert positive VZV-IgM-Befunde ohne klinische Symptomatik sind keine Indikation für die Gabe von Varicella-Zoster-Immunglobulin oder einen Abbruch der Schwangerschaft.

Begründung für die Empfehlung
VZV-IgM-Teste können durch Kreuzreaktionen mit anderen Herpesviren insbesondere HSV (▶ Abschn. 10.2) und auch im Rahmen von endogenen VZV-Reaktivierungen positiv ausfallen.

> **Fragestellung 6: Was ist bei passender Symptomatik und fehlendem VZV-IgM zu tun?**

Empfehlung

Bei typischer Symptomatik und fehlendem IgM soll die akute Infektion mittels Nachweis der VZV-DNA durch PCR abgeklärt werden.

Begründung der Empfehlung
VZV-IgM ist frühestens 4–5 Tage nach dem Exanthemausbruch nachweisbar. Die IgG-Serokonversion kann in Einzelfällen der IgM-Serokonversion vorausgehen.

Fragestellung 7: Soll eine invasive Pränatal-Diagnostik nach Varizellen im ersten oder zweiten Trimester durchgeführt werden?

Empfehlung

Wenn bei der pränatalen Diagnostik (Sonographie, Kernspinresonanztomographie) fetale Auffälligkeiten erkennbar sind, die für das Vorliegen einer intrauterinen Infektion sprechen, sollte der Nachweis von VZV-DNA in Chorionzotten, Amnionflüssigkeit oder Nabelschnurblut erfolgen [18, 36]. Der VZV-IgM-Nachweis im Nabelschnurblut ist erst ab der 20. Schwangerschaftswoche sinnvoll.

Begründung der Empfehlung
Bei negativem VZV-DNA-Nachweis kann eine Infektion des Feten weitgehend ausgeschlossen werden. Bei einem auffälligem Ultraschallbefund spricht ein positiver VZV-DNA-Nachweis für eine schwer verlaufende fetale Infektion.

Fragestellung 8: Was bedeutet der positive Nachweis von VZV-DNA in Chorionzottenbioptat, Amnionflüssigkeit oder Nabelschnurblut?

Erklärung
Ein positiver VZV-DNA-Nachweis in Chorionzottenbioptat, Amnionflüssigkeit oder Nabelschnurblut beweist die fetale Infektion, ist aber nicht zwingend mit einer fetalen Erkrankung verbunden. Klinische Studien haben belegt, dass eine fetale Infektion nicht zur Erkrankung des Feten führen muss [7, 11, 16].

Fragestellung 9: Was ist bei Varizellen in der Spätschwangerschaft zu tun?

Empfehlung

1. Bei gesicherten Varizellen innerhalb eines Zeitraums von 5 Tagen vor dem Entbindungstermin soll innerhalb von 24 h nach dem Exanthembeginn eine antivirale Therapie erfolgen.
2. Das Neugeborene erhält unmittelbar nach der Geburt Varicella-Zoster-Immunglobulin, wenn die Mutter innerhalb von 5 Tagen vor bis 2 Tage nach der Geburt an Varizellen erkrankt ist.

Begründung der Empfehlung
- Zu 1. Die antivirale Therapie wenige Tage vor dem Entbindungstermin soll die Wahrscheinlichkeit der perinatalen Virusübertragung reduzieren und das Auftreten schwer verlaufender Varizellen der Mutter verhindern [31].
- Zu 2. Durch die Gabe von Varicella-Zoster-Immunglobulin soll die Schwere des klinischen Verlaufs abgemildert werden [6, 15].

10.3 · Spezielle Fragestellungen zur Labordiagnostik ...

❓ Fragestellung 10: Sind bei Verdacht auf Zoster (VZV-Rekurrenz) in der Schwangerschaft labordiagnostische Maßnahmen erforderlich?

Empfehlung

1. Bei typischem Erkrankungsbild sollte keine labordiagnostische Abklärung vorgenommen werden.
2. Bei unklarem Erkrankungsbild, insbesondere bei Läsionen im Anogenital-Bereich, soll der Virusnachweis aus Bläscheninhalt/Abstrich erfolgen (▶ Abschn. 10.2).
3. Es sind keine diagnostischen Maßnahmen zum Nachweis einer intrauterinen oder einer späteren neonatalen Infektion erforderlich, und Stillen ist erlaubt, wenn keine ausgedehnten Läsionen an der Brust nachweisbar sind (bei Läsionen an der Brust, diese abdecken und Milch abpumpen).

Begründung der Empfehlung
- Zu 1. Das typische Erkrankungsbild eines Zosters erlaubt in den meisten Fällen eine klinische Diagnosestellung.
- Zu 2. Die labordiagnostische Abklärung eines Zosters soll aus differenzialdiagnostischen Gründen erfolgen. Läsionen im Anogenital-Bereich können durch HSV verursacht sein, eine klinische Differenzierung ist oft nicht möglich.
- Zu 3. Zoster während der Schwangerschaft stellt nach dem gegenwärtigen Wissensstand kein Risiko für das ungeborene Kind sowie das Neugeborene dar. Nur in einzelnen Fallbeschreibungen wurde über eine VZV-Ausscheidung in der Muttermilch berichtet [40].

10.3.3 Labordiagnostik von Varicella-Zoster-Virusinfektionen nach der Schwangerschaft und/oder beim Neugeborenen

❓ Fragestellung 1: Welche diagnostischen Maßnahmen sind bei einem klinisch unauffälligen Neugeborenen nach Windpocken der Schwangeren notwendig?

Empfehlung

Labordiagnostische Maßnahmen werden nicht empfohlen.

Begründung der Empfehlung
Labordiagnostische Untersuchungen sind entbehrlich. Bei mütterlicher Erkrankung in den letzten 2 Schwangerschaftswochen ist hingegen eine engmaschige klinische Kontrolle erforderlich.

Hinweis: *Es ist zu beachten, dass das Neugeborene – unabhängig von der virologischen Diagnostik – unmittelbar nach Geburt Varicella-Zoster-Immunglobulin erhalten soll, wenn die Windpockenerkrankung bei der Mutter 5 Tage vor bis 2 Tage nach der Geburt aufgetreten ist.*

? Fragestellung 2: Welche diagnostischen Maßnahmen sind bei einem symptomatischen Neugeborenen mit Verdacht auf fetales Varizellensyndrom notwendig?

Empfehlung

1. Für die Sicherung eines kausalen Zusammenhangs von mütterlichen Varizellen und angeborenen Defekten soll Virus-DNA in kindlichem Blut, Liquor oder Gewebe mittels PCR nachgewiesen werden.
2. Die Bestimmung von VZV-IgG sollte in den ersten Lebenstagen erfolgen, um einen Ausgangswert für weitere Maßnahmen zu erhalten.
3. Die Bestimmung von VZV-IgM ist nicht erforderlich.

Begründung der Empfehlung
- Zu 1. Verschiedene Fehlbildungen und Symptome, die denjenigen des fetalen Varizellensyndroms ähneln, treten auch bei anderen angeborenen Erkrankungen auf. Der Nachweis des viralen Genoms mittels PCR ist beweisend für eine fetale Infektion.
- Zu 2. Der Nachweis von VZV-IgG, das nach dem Abbau mütterlicher Antikörper [12, 13, 35] über den 7. Lebensmonat hinaus persistiert, spricht für eine intrauterine Infektion.
- Zu 3. VZV-IgM ist nur bei etwa 25 % bei kongenital infizierten Neugeborenen nachweisbar [29].

? Fragestellung 3: Welche labordiagnostischen Maßnahmen sind bei Verdacht auf neonatale Varizellen erforderlich?

Empfehlung

Neonatale Varizellen sollen mittels VZV-DNA-Nachweis im Bläschenabstrich und/oder Blut abgeklärt werden.

Begründung der Empfehlung
Die Untersuchung dient der Absicherung der klinischen Verdachtsdiagnose. Bei Verdacht auf neonatale Varizellen muss jedoch sofort eine antivirale Therapie eingeleitet werden.

? Fragestellung 4: Müssen Isolierungs- und sonstige Hygienemaßnahmen ergriffen werden, wenn bei Frauen um den Geburtszeitpunkt oder bei Neugeborenen Varizellen oder Zoster diagnostiziert werden?

Empfehlung

1. Schwangere mit Verdacht auf Varizellen/Zoster oder mit bereits diagnostisch abgeklärten Varizellen/Zoster sollen bis zur Verkrustung der Hautbläschen keinen Kontakt zu nicht immunen Schwangeren oder Neugeborenen haben.
2. Isolierungsmaßnahmen sollen ergriffen werden, die für die Krankenhaushygiene verantwortliche Stelle ist zu benachrichtigen.
3. Das ärztliche/pflegerische Personal soll Kenntnis über den persönlichen VZV-Immunstatus haben, Einmalhandschuhe tragen sowie Desinfektionsmittel (begrenzt viruzider oder viruzider Wirkungsbereich) mit der vorgeschriebenen Einwirkzeit entsprechend den geltenden Hygienerichtlinien verwenden.

4. Beim Zoster kann durch das Abdecken betroffener Hautpartien die Infektionsgefahr deutlich reduziert werden.

Begründung der Empfehlung
- Zu 1. Mütter und Neugeborene mit Varizellen oder Zoster stellen eine Infektionsgefahr für empfängliche Patienten auf Entbindungs- und Wochenbettstationen dar.
- Zu 2.–4. ▶ Abschn. 10.3.2, Fragestellung 4.

Fragestellung 5: Darf eine Frau mit Varizellen stillen?

Empfehlung

1. Mütter mit Varizellen in der Perinatalperiode dürfen stillen, wenn sie keine ausgedehnten Läsionen (Bläschen) an der Brust aufweisen.
2. Bei Effloreszenzen im Brustbereich wird empfohlen, die Läsionen abzudecken um die Verletzung der Bläschen zu vermeiden. Die Milch soll abgepumpt und dann verfüttert werden.

Begründung der Empfehlung
▶ Abschn. 10.3.2, Fragestellung 10.

Literatur

1. Bonanni P, Gershon A, Gershon M, Kulcsár A, Papaevangelou V et al (2013) Primary versus secondary failure after varicella vaccination: implications for interval between 2 doses. Pediatr Infect Dis J 32:e305–13
2. Cohen A, Moschopoulos P, Stiehm RE, Koren G (2011) Congenital varicella syndrome: the evidence for secondary prevention with varicella-zoster immune globulin. CMAJ 183:204–208
3. Enders G, Miller E (2000) Varicella and herpes zoster in pregnancy and the newborn. In: Arvin AM, Gershon AA Ed, Varicella-zoster virus. Virology and clinical management. Cambridge, University Press 317–347
4. Enders G, Miller E, Cradock-Watson J, Bolley I, Ridehalgh M (1994) Consequences of varicella and herpes zoster in pregnancy: prospective study of 1739 cases. Lancet 343:1548–1551
5. Gemeinsamer Bundesausschuss zur Empfängnisregelung und zum Schwangerschaftsabbruch (2011) Richtlinie des Gemeinsamen Bundesausschusses zur Empfängnisregelung und zum Schwangerschaftsabbruch. Fassung vom 15.09.2011
6. Hanngren K, Grandien M, Granström G (1985) Effect of zoster immunoglobulin for varicella prophylaxis in the newborn. Scand J Infect Dis 17:343–347
7. Isada NB, Paar DP, Johnson MP et al (1991) In utero diagnosis of congenital varicella zoster virus infection by chorionic villus sampling and polymerase chain reaction. Am J Obstet Gynecol 165:1727–1730
8. Kempf W, Meylan P, Gerber S et al (2007) Swiss recommendation for the management of varicella zoster virus infections. Swiss Med Wkly 137:239–251
9. Kneitz RH, Schubert J, Tollmann F, Zens W, Hedman K, Weissbrich B (2004) A new method for deteremination of varicella-zoster virus immunoglobulin G avidity in serum and cerebrospinal fluid. BMC Infect Dis 4:33
10. Koren G, Money D, Boucher M et al (2002) Serum concentrations, efficacy, and safety of a new, intravenously administerd varicella zoster immune globulin in pregnant women. J Clin Pharmacol 42:267–274
11. Kustermann A, Zoppini C, Tassis B, Della Morte M, Colucci G, Nicolini U (1996) Prenatal diagnosis of congenital varicella infection. Prenat Diagn 16:71–74
12. Leineweber N, Grote V, Schaad UB, Heininger U (2004) Transplacentally acquired immunoglobulin G antibodies against measles, mumps, rubella and varicella-zoster virus in preterm and full term newborns. Pediatr Infect Dis J 23:361–363

13. Leuridan E, Hens N, Hutse V, Aerts M, Van Damme P (2011) Kinetics of maternal antibodies against rubella and varicella in infants. Vaccine 2222–2226
14. Lindner N, Ferber A, Kopilov U et al (2001) Reported exposure to chickenpox: a predictor of positive anti-varicella-zoster antibodies in parturient women. Fetal Diagn Ther 16:423–426
15. Miller E, Cradock-Watson JE, Ridehalgh MK (1989) Outcome in newborn babies given anti-varicella-zoster immunoglobulin after perinatal maternal infection with varicella-zoster virus. Lancet 2:371–373
16. Mouly F, Mirlesse V, Meritet JF et al (1997) Prenatal diagnosis of fetal varicella-zoster virus infection with polymerase chain reaction of amniotic fluid in 107 cases. Am J Obstet Gynecol 177: 894–898
17. Pasternak B, Hviid A (2010) Use of acyclovir, valacyclovir, and famciclovir in the first trimester of pregnancy and the risk of birth defects. JAMA 304:859–866
18. Pretorius DH, Hayward I, Jones KL, Stamm E (1992) Sonographic evaluation of pregnancies with maternal varicella infection. J Ultrasound Med 11: 459–463
19. Robert-Koch-Institut (2003) Zur Seroprävalenz gegen Varicella-Zoster-Virus und zur Verlässlichkeit anamnestischer Angaben. Epidemiol Bull 43:347
20. Robert Koch-Institut (2005) Neuerungen in den aktuellen Impfempfehlungen der STIKO. Epidemiol Bull 31:273–276
21. Robert Koch-Institut (2012) Empfehlungen der Ständigen Impfkommission (STIKO) am Robert Koch-Institut (Stand: Juli 2012). Epidemiol Bull 30:283–310
22. Ross DS, Rasmussen SA, Cannon MJ et al (2009) Obstetrician/gynecologists' knowledge, attitudes, and practices regarding prevention of infections in pregnancy. J Womens Health 18:1187–1193
23. Sauerbrei A (2007) Varicella-zoster virus infections during pregnancy. In: Mushahwar K, Congenital and other related infectious diseases of the newborn. Perspectives Med Virol, Amsterdam, Elsevier, 13:51–73
24. Sauerbrei A (2011) Preventing congenital varicella syndrome with immunization. CMAJ 183:E169–E170
25. Sauerbrei A, Färber I, Brandstädt A, Schacke M, Wutzler P (2004) Immunofluorescence test for highly sensitive detection of varicella-zoster virus-specific IgG – alternative to fluorescent antibody to membrane antigen test. J Virol Methods 119:25–30
26. Sauerbrei A, Stefanski J, Philipps A, Krumbholz A, Zell R, Wutzler P (2011) Monitoring prevalence of varicella-zoster virus clades in Germany. Med Microbiol Immunol 200:99–107
27. Sauerbrei A, Uebe B, Wutzler P (2003) Molecular diagnosis of zoster post varicella vaccination. J Clin Virol 27:190–199
28. Sauerbrei A, Wutzler P (2001) Neonatal varicella. J Perinatol 21:545–549
29. Sauerbrei A, Wutzler P (2003) Das fetale Varizellensyndrom. Monatsschr Kinderheilkd 151:209–213
30. Sauerbrei A, Wutzler P (2006) Serological detection of varicella-zoster virus-specific immunoglobulin G by an enzyme-linked immunosorbent assay using glycoprotein antigen. J Clin Microbiol 44:3094–3097
31. Sauerbrei A, Wutzler P (2007) Varicella-Zoster-Virus-Infektionen: Aktuelle Prophylaxe und Therapie. 2. Auflage, Uni-Med, Bremen London Boston
32. Silverman NS, Ewing SH, Todi N, Montgomery OC (1996) Maternal varicella history as a predictor of varicella immune status. J Perinatol 16:35–38
33. Ständige Impfkommission am Robert Koch-Institut (2010) Empfehlungen der Ständigen Impfkommission am Robert Koch-Institut / Stand: Juli 2010. Epidemiol Bull 30:279–298
34. Stone KM, Reiff-Eldridge R, White AD et al (2004) Pregnancy outcomes following systemic prenatal acyclovir exposure: conclusions from the international acyclovir pregnancy registry, 1984–1999. Birth Defects Res Clin Mol Teratol 70:201–207
35. Van Der Zwet WC, Vandenbroucke-Grauls CM, vanElburg RM, Cranendonk A, Zaaijer HL (2002) Neonatal antibody titers against varicella-zoster virus in relation to gestational age, birth weight, and maternal titer. Pediatrics 109:79–85
36. Verstraelen H, Vanzieleghem B, Deroort P, Vanhaesebrouck P, Temmerman M (2003) Prenatal ultrasound and magnetic resonance imaging in fetal varicella syndrome: correlation with pathology findings. Prenat Diagn 23:705–709
37. Wilson E, Goss MA, Marin M et al (2008) Varicella vaccine exposure during pregnancy: data from 10 years of the pregnancy registry. J Infest Dis 197 (Suppl 2):S178–S184
38. Wutzler P, Färber I, Wagenpfeil S, Bisanz H, Tischer A (2001) Seroprevalence of varicella-zoster virus in the German population. Vaccine 20:121–124
39. Yoshida M, Tezuka T, Hiruma M (1995) Detection of varicella-zoster virus DNA in maternal breast milk from a mother with herpes zoster. Clin Diagn Virol 4:61–65
40. Wutzler P, Knuf M, Liese J (2008) Varizellen: Besserer Schutz durch zweimalige Impfung im Kindesalter. Dtsch Ärztebl 105:567–572

Sektion III
Spezielle Daten und Empfehlungen: Nicht impfpräventable Virusinfektionen

Kapitel 11	AIDS (erworbene Immunschwäche) – 113	
	Klaus Korn	
Kapitel 12	Enterovirus-Infektionen – 125	
	Daniela Huzly	
Kapitel 13	Hepatitis C – 133	
	Klaus Korn	
Kapitel 14	Herpes-simplex-Virusinfektionen – 145	
	Andreas Sauerbrei	
Kapitel 15	Lymphozytäre Choriomeningitis – 159	
	Susanne Modrow	
Kapitel 16	Parechovirusinfektionen – 171	
	Daniela Huzly	
Kapitel 17	Ringelröteln – 177	
	Susanne Modrow	
Kapitel 18	Zytomegalie – 195	
	Klaus Hamprecht	

AIDS (erworbene Immunschwäche)

Klaus Korn

11.1 Grundlegende Informationen zu Humanen Immundefizienzviren (HIV) – 114

11.2 Allgemeine Daten zur Labordiagnostik der HIV-Infektion – 115
11.2.1 Diagnostische Methoden (Stand der Technik) und Transport der Proben – 115
11.2.2 Allgemeine Fragestellungen zur Labordiagnostik – 117
11.2.3 Diagnostische Probleme – 118

11.3 Spezielle Fragestellungen zur Labordiagnostik der HIV-Infektion – 118
11.3.1 Labordiagnostik der HIV-Infektion vor der Schwangerschaft – 119
11.3.2 Labordiagnostik der HIV-Infektion während der Schwangerschaft – 119
11.3.3 Labordiagnostik der HIV-Infektion nach der Schwangerschaft und/oder beim Neugeborenen – 122

Literatur – 124

11.1 Grundlegende Informationen zu Humanen Immundefizienzviren (HIV)

Virusname	
– Bezeichnung/Abkürzung	Humanes Immundefizienzvirus/HIV
– Virusfamilie/Gattung	*Retroviridae/Lentivirus*
Umweltstabilität	in eingetrocknetem Blut/Serum auf Glasoberfläche: einige Stunden bis mehrere Wochen infektiös [15] (Anzucht in Zellkultur)
Desinfektionsmittelresistenz	begrenzt viruzide und viruzide Desinfektionsmittel sind wirksam [13]
Wirt	Mensch
Verbreitung	weltweit
– Hochprävalenzregionen	Subsahara-Afrika, Süd- und Südostasien
Durchseuchung (Deutschland)	
– Gesamtbevölkerung [9]	
- Männer	0,15 %
- Frauen	0,04 %
– homosexuelle Männer [8]	ca. 5 %
– Drogenabhängige [1]	ca. 5 %
Inkubationszeit	2–8 Wochen bis zum Auftreten des akuten retroviralen Syndroms
Ausscheidung	Blut, Genitalsekrete
Übertragung	
– häufig	Geschlechtsverkehr, Blut (i. v. Drogengebrauch)
– selten	Blut/akzidentell (Nadelstichverletzung etc.)
– sehr selten	Transfusion (Blutspender-Screening)
Erkrankungen	erworbene Immunschwäche (AIDS)
1. akute Infektion	
– Symptome	akutes retrovirales Syndrom
	Fieber, grippaler Infekt, Mononukleose-ähnlich
– asymptomatische Verläufe	ca. 50 % der Infizierten
2. Persistenz/Spätfolgen	erworbenes Immundefektsyndrom (AIDS)
– asymptomatische Phase	unter 12 Monate bis über 10 Jahre
– Symptome	Erkrankungen durch opportunistische Infektionen: Pneumozystis-Pneumonie, CMV-Retinitis, zerebrale Toxoplasmose, etc.
	opportunistische Tumorerkrankungen: Kaposi-Sarkom, primäre ZNS-Lymphome, invasives Zervixkarzinom, etc.

– Laborwerte	Abfall der CD4-Zellzahl (< 200/µl)
Infektiosität/Kontagiosität	Korrelation mit Viruslast als Surrogatmarker
– hoch	akute Infektionsphase, manifeste AIDS-Erkrankung
– niedrig bis mittel	asymptomatische Infektionsphase
Vertikale Übertragung	
– Gesamtrate ohne Intervention	14–42 % [2, 14]
- pränatal	transplazentar ca. 20–30 % [2, 11]
- perinatal	durch intrapartalen Kontakt mit infektiösem Genitalsekret und/oder Blut ca. 50–65 % [2, 11]
- neo-/postnatal	Muttermilch ca. 10–20 % [2, 11]
Embryopathie/Fetopathie	nein
Neonatale Erkrankung	erworbener Immundefekt (AIDS) beim Säugling/Kleinkind
Antivirale Therapie	verfügbar (◘ Tab. 11.1)
Prophylaxe	
– Vertikale Übertragung	verfügbar (◘ Tab. 11.1)
– Impfung	nicht verfügbar
– passive Immunisierung	nicht verfügbar

◘ **Tab. 11.1** Möglichkeiten zu Therapie und Prophylaxe der HIV-Infektion beziehungsweise der AIDS-Erkrankung

Therapie/Prophylaxe	Verfügbar	Maßnahme/Intervention
Prävention der Übertragung Mutter-Kind	Ja	Antiretrovirale Therapie in der Schwangerschaft elektive Sectio caesarea medikamentöse Transmissionsprophylaxe beim Neugeborenen Stillverzicht
Therapie der maternalen Erkrankung	Ja	Antiretrovirale Kombinationstherapie mit 3 aktiven Substanzen
Prophylaxe der maternalen Infektion/Erkrankung	Nein	keine Impfung verfügbar

11.2 Allgemeine Daten zur Labordiagnostik der HIV-Infektion

11.2.1 Diagnostische Methoden (Stand der Technik) und Transport der Proben

Methoden zum direkten Nachweis von HIV bzw. von Virusgenomen zeigt ◘ Tab. 11.2. Methoden zum Nachweis von HIV-spezifischen Antikörpern enthält ◘ Tab. 11.3.

Tab. 11.2 Übersicht der Methoden zum direkten Nachweis von HIV bzw. von Virusgenomen

Prinzip	Anwendung	Untersuchungsmaterial
HIV-Antigen-/Antikörper-Kombinationstests ELISA, ELFA, CLIA, immunchromatografische Schnelltests	HIV-Screeningtest Nachweis von HIV-1 (inkl. Varianten der Gruppe O) und HIV-2	Serum, Plasma
HIV-Antigennachweis (p24-Antigen) ELISA, ELFA, CLIA etc.	Zusatztest bei reaktivem Screeningtest Spezialdiagnostik	Serum, Plasma
HIV-1-RNA-Nachweis Quantitative PCR, alternative Methoden: branched-DNA-Assay etc.	1. Diagnose sehr früher Infektionen bei (noch) negativem Screeningtest 2. Therapiebegleitung bei HIV-1-Infektionen 3. Bestimmung des Infektionsstatus bei neugeborenen Kindern HIV-infizierter Mütter	EDTA-Blut, Plasma evtl. Liquor
HIV-2-RNA-Nachweis Quantitative PCR	Diagnosesicherung und Therapiebegleitung bei HIV-2-Infektion Spezialdiagnostik	EDTA-Blut, Plasma evtl. Liquor
Nachweis proviraler HIV-DNA Quantitative PCR, nested-PCR	1. Bestimmung des Infektionsstatus bei reaktivem Screeningtest ohne nachweisbare Virus-RNA im Blut 2. Bestimmung des Infektionsstatus bei neugeborenen Kindern HIV-infizierter Mütter Spezialdiagnostik	EDTA-Vollblut
HIV-Resistenztestung (genotypisch) PCR/Sequenzierung oder Hybridisierungsverfahren	Nachweis von HIV-1-Varianten mit Resistenz gegen antivirale Therapeutika vor Therapiebeginn und bei Therapieversagen Spezialdiagnostik	EDTA-Blut, Plasma, evtl. Liquor

Tab. 11.3 Übersicht der Methoden zum Nachweis von HIV-spezifischen Antikörpern

Methode	Anmerkungen
Ligandenassays (ELISA, ELFA, CLIA, CMIA etc.) immunchromatografische Schnelltests	Antigen/Antikörper-Kombinationstest: Screening auf Vorliegen einer HIV-Infektion (erfassen HIV-1 incl. seltener Varianten wie Gruppe O und HIV-2) Antikörper-Test, Nachweis von Antikörpern (IgG+IgM) gegen HIV, zur Abklärung reaktiver Ergebnisse in HIV-Screeningtesten (Antigen-/Antikörper Kombinationstests)
Immunoblot	Bestätigungstest zur Abklärung reaktiver Ergebnisse im Screeningtest Differenzierung HIV-1-/HIV-2-Infektion Spezialdiagnostik

Humane Immundefizienzviren (HIV-1/HIV-2) gehören zu den gefahrgutrechtlichen Stoffen der Kategorie B, Risikogruppe 3**. HIV-haltige Patientenproben müssen nach UN 3373 versendet werden, d. h. das Primärgefäß mit der Patientenprobe muss in einem Umverpackungsröhrchen und mit adsorbierendem Material in einem gekennzeichneten Transportbehältnis (Kartonbox) verschickt werden. Der Versand ist bei Raumtemperatur möglich. Für den HIV-RNA-Nachweis und für HIV-Resistenztestungen sollte die Transportzeit 24 h nicht überschreiten.

11.2.2 Allgemeine Fragestellungen zur Labordiagnostik

? Fragestellung 1: Wie erfolgt die Labordiagnose der akuten HIV-Infektion?

Empfehlung

Die Labordiagnose einer akuten HIV-Infektion soll durch molekularbiologische oder serologische Methoden oder deren Kombination erfolgen
1. durch den Nachweis von HIV-RNA und/oder HIV-Antigen bei noch negativem oder fraglichem Immunoblot;
2. durch den Nachweis einer HIV-Serokonversion; hierzu müssen 2 Blut-/Serumproben im zeitlichen Abstand von mindestens 3–4 Wochen gewonnen und unter Einsatz desselben Testsystems untersucht werden. Die initiale Probe muss HIV-Antikörper negativ sein.

Begründung der Empfehlung
— Zu 1. In den ersten Wochen einer HIV-Infektion ist das Virus in meist sehr hoher Konzentration im Blut vorhanden. Der alleinige Nachweis von HIV-RNA oder von HIV-Antigen (mit geringerer Sensitivität) zeigt eine akute oder kürzlich erfolgte Infektion an. Eine nachweisbare Produktion HIV-spezifischer Antikörper tritt etwa 3–4 Wochen nach der Infektion auf, bis zu einer voll ausgebildeten, im Immunoblot nachweisbaren Immunantwort vergehen meist mehrere Monate.
— Zu 2. Eine HIV-Serokonversion beweist eine akute/kürzliche HIV-Infektion.

? Fragestellung 2: Wie erfolgt die Labordiagnose der chronisch-persistierenden HIV-Infektion

Empfehlung

Nach der akuten Infektionsphase soll die HIV-Infektion durch Nachweis von HIV-spezifischen Antikörpern oder durch den kombinierten Nachweis von HIV-Antigen und HIV-spezifischen Antikörpern (HIV-Screeningtest) diagnostiziert werden. Reaktive Befunde bedürfen immer der Bestätigung durch weitere Untersuchungen (Immunoblot, HIV-RNA-Nachweis).

Begründung der Empfehlung
Da die HIV-Infektion durch die Integration der proviralen DNA in das zelluläre Genom immer in ein chronisches Stadium übergeht, gibt es – abgesehen von extrem seltenen Ausnahmen – keine zurückliegenden oder »ausgeheilten« Infektionen. Ein durch Immunoblot bestätigter, positiver HIV-Antikörpertest ist daher außer bei diaplazentar übertragenen Antikörpern immer ein Indikator für eine bestehende HIV-Infektion, auch nach vielen Jahren erfolgreicher Therapie und nicht nachweisbarer Virämie.

Tab. 11.4 Übersicht der möglichen Ergebniskonstellationen der Labordiagnostik und ihre Bewertung

Virusnachweis HIV-RNA / HIV-Antigen	HIV Antikörpernachweis (Immunoblot)	Infektionsstatus
Positiv	Negativ	Akute Infektion
Positiv	Fraglich	Akute Infektion
Positiv	Positiv	Akute oder chronische Infektion
Negativ	Positiv	Chronische Infektion (meist unter antiretroviraler Therapie)

Mögliche Ergebniskonstellationen der Labordiagnostik und ihre Bewertung werden in Tab. 11.4 gezeigt.

11.2.3 Diagnostische Probleme

1. Die Spezifität der HIV-Screeningteste ist sehr hoch, sie liegt bei über 99,8 %. Aufgrund der zu erwartenden niedrigen Prävalenz der HIV-Infektion in Deutschland ist trotzdem mit einem erheblichen Anteil an falsch positiven Testergebnissen zu rechnen. Daher ist eine gute Bestätigungsdiagnostik unabdingbar, und es werden dennoch Zweifelsfälle bleiben, bei denen keine eindeutige Aussage über den Infektionsstatus möglich ist.
2. Die heute verfügbaren Kombinationstests zum HIV-Screening ermöglichen positive Ergebnisse frühestens 2–3 Wochen nach der Infektion (Viruskontakt).
3. Erfahrungen aus der HIV-Testung von Blutspendern legen nahe, dass die Spezifität der Verfahren zum Nachweis von HIV-RNA höher ist als die der immunologischen Screeningteste. Dennoch können auch hier falsch positive Testergebnisse vorkommen, insbesondere im Bereich sehr niedrig positiver Resultate.
4. Aufgrund der hohen genetischen Variabilität von HIV kann es in Einzelfällen zu Unterquantifizierung oder sogar komplettem Versagen der Verfahren zum HIV-Nukleinsäurenachweis kommen; das gilt auch für die häufig vorkommenden Subtypen.

11.3 Spezielle Fragestellungen zur Labordiagnostik der HIV-Infektion

Hinweis: Wesentliche Grundlage für die nachfolgend formulierten Empfehlungen ist die unter Federführung der Deutschen AIDS-Gesellschaft entstandene »Deutsch-Österreichische Leitlinie zur HIV-Therapie in der Schwangerschaft und bei HIV-exponierten Neugeborenen« [4]. Diese enthält insbesondere zu therapeutischen und prophylaktischen Maßnahmen wesentlich detaillierte Informationen und Handlungsanweisungen (▶ Anhang 2).

11.3.1 Labordiagnostik der HIV-Infektion vor der Schwangerschaft

❓ Fragestellung 1: In welchen Fällen soll eine Diagnostik vor der Schwangerschaft durchgeführt werden?

Empfehlung

1. Frauen mit erhöhtem Risiko für eine HIV-Infektion (Herkunft aus Endemiegebiet, infizierter Partner, früherer oder aktueller i.v.-Drogengebrauch u. a.) soll eine HIV-Testung empfohlen werden.
2. Vor Maßnahmen der assistierten Reproduktion ist eine HIV-Testung erforderlich.

Begründung der Empfehlung
- Zu 1. Frauen mit erhöhtem HIV-Infektionsrisiko werden auch ohne das Vorliegen einer Schwangerschaft labordiagnostische Untersuchungen zur Erkennung von HIV-Infektionen empfohlen. Diese Vorgehensweise ermöglicht gegebenenfalls die Einleitung einer antiretroviralen Therapie.
- Zu 2. Nach Transplantationsgewebeverordnung/Anlage 4 (TPG-GewV) ist eine HIV-Testung vorgeschrieben, wenn Keimzellen kryokonserviert werden sollen.

11.3.2 Labordiagnostik der HIV-Infektion während der Schwangerschaft

❓ Fragestellung 1: In welchen Fällen soll eine HIV-Diagnostik durchgeführt werden?

Empfehlung

Allen Schwangeren soll die labordiagnostische Abklärung einer möglichen HIV-Infektion dringend empfohlen und die damit verbundenen Konsequenzen erläutert werden.

Begründung der Empfehlung
Ohne Präventionsmaßnahmen ist bei HIV-infizierten Schwangeren mit einer Rate der vertikalen Übertragung von 25–40 % zu rechnen. Durch adäquate Prophylaxe, vor allem durch antiretrovirale Medikamente, lässt sich die vertikale HIV-Transmission mit fast 100 %iger Sicherheit verhindern. Daher ist eine generelle HIV-Testung aller Schwangeren trotz der zu erwartenden niedrigen Prävalenz sinnvoll [4].

❓ Fragestellung 2: Zu welchem Zeitpunkt der Schwangerschaft wird die HIV-Diagnostik vorgenommen?

Empfehlung

Die HIV-Diagnostik soll routinemäßig in der Frühschwangerschaft (1. Trimenon) durchgeführt werden. Bei Schwangeren mit fortbestehendem Infektionsrisiko und negativem Erstbefund sollte eine erneute Testung am Anfang des 3. Trimenons erfolgen.

Begründung der Empfehlung
Durch die Testung in einem frühen Stadium der Schwangerschaft ist bei positivem Ergebnis noch ausreichend Zeit vorhanden, um durch antiretrovirale Therapie eine Senkung der

HIV-Last unter die Nachweisgrenze zu erreichen. Diese Maßnahme stellt den wichtigsten Baustein der Transmissionsprophylaxe dar.

Anmerkung: Detaillierte Informationen zur Transmissionsprophylaxe und zur HIV-Therapie in der Schwangerschaft finden sich in der »Deutsch-Österreichischen Leitlinie zur HIV-Therapie in der Schwangerschaft und bei HIV-exponierten Neugeborenen« [4].

Fragestellung 3: Wie wird eine HIV-Infektion diagnostiziert?

Empfehlung

Für das Screening auf das Vorliegen einer HIV-Infektion ist ein kombinierter Antigen-/Antikörpertest ausreichend. Ein reaktives Ergebnis bedarf unbedingt der Bestätigung durch einen Immunoblot und/oder HIV-RNA-Nachweis (▶ Abschn. 11.2).

Begründung der Empfehlung
Wegen der hohen Sensitivität der HIV-Antigen/ Antikörper-Kombinationstests kann bei einem negativen Ergebnis eine HIV-Infektion mit hoher Sicherheit ausgeschlossen werden. Bei einem positiven Testergebnis ist jedoch trotz der ebenfalls hohen Spezifität immer eine Bestätigungsdiagnostik erforderlich, da wegen der niedrigen Prävalenz der HIV-Infektion bei Schwangeren in Deutschland mit einem erheblichen Anteil falsch positiver Testergebnisse zu rechnen ist [4].

Fragestellung 4: Welche Konsequenzen hat die Diagnose einer HIV-Infektion für die Schwangere?

Empfehlung

Die Schwangere soll ausführlich über die Konsequenzen der HIV-Infektion für sie selbst und für das ungeborene Kind aufgeklärt werden, einschließlich der Möglichkeiten der antiretroviralen Therapie und der Transmissionsprophylaxe. Ferner ist zu überprüfen, ob bei der Schwangeren eine Behandlungsindikation besteht, gegebenenfalls ist mit einer antiretroviralen Kombinationstherapie zu beginnen. Unabhängig von der Therapieindikation soll spätestens ab der 28. Schwangerschaftswoche mit einer Kombinationsprophylaxe zur Verhinderung der vertikalen Übertragung begonnen werden.

Begründung der Empfehlung
Die Effektivität der antiretroviralen Therapie zur Senkung der HIV-Transmissionsrate ist in prospektiven, randomisierten Studien eindeutig belegt. Ein späterer Beginn der Transmissionsprophylaxe (ab 32. Schwangerschaftswoche) hat sich als Risikofaktor für eine erhöhte Transmissionsrate herausgestellt [4].

11.3 · Spezielle Fragestellungen zur Labordiagnostik der HIV-Infektion

? Fragestellung 5: Kann bei einer HIV-infizierten Schwangeren eine Amniozentese durchgeführt werden?

Empfehlung

1. Eine Amniozentese zur Klärung der Frage, ob eine HIV-Infektion des Feten vorliegt, wird nicht empfohlen.
2. Ansonsten sollte eine Amniozentese bei HIV-infizierten Schwangeren nur unter strenger Indikationsstellung durchgeführt werden. Wenn möglich, sollte vorher mit einer antiretroviralen Kombinationstherapie bzw. Transmissionsprophylaxe begonnen werden.

Begründung der Empfehlung
- Zu 1. Die Untersuchung hat für die weitere Betreuung der Schwangeren keinen zusätzlichen Nutzen.
- Zu 2. Einzelne Untersuchungen zeigten eine höhere vertikale Transmissionsrate bei HIV-infizierten Schwangeren, bei denen eine Amniozentese durchgeführt wurde. Die Unterschiede waren jedoch aufgrund der niedrigen Fallzahlen nicht signifikant und betrafen nur Schwangere ohne antiretrovirale Therapie/ Transmissionsprophylaxe [7, 10]. Andere Studien zeigten keine Unterschiede [5, 6, 12].

? Fragestellung 6: Soll bei HIV-infizierten Schwangeren eine elektive Sectio caesarea zur Transmissionsprophylaxe vorgenommen werden?

Empfehlung

Eine elektive Sectio caesarea soll bei allen HIV-infizierten Schwangeren durchgeführt werden, bei denen am Ende der Schwangerschaft noch eine Viruslast von mehr als 50 Genomkopien/ml Plasma nachweisbar ist. Bei erfolgreicher antiretroviraler Transmissionsprophylaxe, gekennzeichnet durch eine nicht nachweisbare HIV-Last im Plasma, ist ein zusätzlicher Nutzen der elektiven Sectio nicht mehr nachweisbar. Daher kann bei dieser Konstellation auch eine vaginale Entbindung durchgeführt werden, sofern keine anderen geburtshilflichen Risiken eine Sectio erforderlich machen.

Begründung der Empfehlung
Die Effektivität der antiretroviralen Therapie zur Senkung der HIV-Transmissionsrate konnte in prospektiven, randomisierten Studien eindeutig belegt werden. Für die Empfehlung der elektiven Sectio existieren umfangreiche Daten aus vergleichenden Kohortenstudien aus den 1990er-Jahren, in denen ein eindeutiger Effekt der Sectio zusätzlich zur Gabe von Zidovudin als Monoprophylaxe gezeigt werden konnte. Mit zunehmender Effektivität der kombinierten medikamentösen Therapie (Reduktion der Transmissionsrate auf unter 2 %) relativiert sich der mögliche zusätzliche Nutzen einer elektiven Sectio; daher kann bei günstigen Voraussetzungen darauf verzichtet werden [3, 4].

> **Fragestellung 7: Wie ist bei Schwangeren mit unbekanntem HIV-Status zum Zeitpunkt der Entbindung vorzugehen?**

Empfehlung

Der Schwangeren soll möglichst umgehend eine labordiagnostische Überprüfung des HIV-Infektionsstatus angeboten werden. Wenn eine komplette HIV-Testung mit Bestätigungsdiagnostik aus Zeitgründen nicht mehr möglich ist, sollte zumindest ein Schnelltest durchgeführt werden. Bei einem reaktiven Testergebnis sollten die noch möglichen Elemente der Transmissionsprophylaxe (mütterliche Therapie peripartal, elektive Sectio caesarea, Beginn einer antiretroviralen Therapieprophylaxe beim Neugeborenen) durchgeführt werden. Wurde nur ein Schnelltest durchgeführt und wird das dabei erhaltene reaktive Testergebnis nach weiterer Diagnostik nicht bestätigt, soll die begonnene Therapie bei Mutter und Kind unverzüglich beendet werden.

Begründung der Empfehlung
Auch bei einem späten Beginn der Transmissionsprophylaxe kann noch eine deutliche Reduktion der vertikalen HIV-Transmissionsrate erreicht werden [4]. Daher ist das Angebot einer HIV-Testung zu jedem Zeitpunkt der Schwangerschaft sinnvoll. Wenn vor der Entscheidung über den Therapiebeginn nur ein Schnelltest oder anderer Screeningtest durchgeführt werden kann, ist damit zu rechnen, dass sich die Diagnose einer HIV-Infektion in etwa 30–70 % der Fälle durch die weiteren Untersuchungen nicht bestätigen lässt.

11.3.3 Labordiagnostik der HIV-Infektion nach der Schwangerschaft und/oder beim Neugeborenen

> **Fragestellung 1: Welche diagnostischen Maßnahmen sind bei Neugeborenen HIV-infizierter Mütter notwendig?**

Empfehlung

Die Diagnose beziehungsweise der Ausschluss der HIV-Infektion des Neugeborenen basieren auf dem Nachweis der HIV-RNA im Plasma oder der proviralen DNA in Blutzellen. Eine erste Untersuchung soll etwa vier bis sechs Wochen nach Geburt erfolgen. Ein positives Ergebnis soll umgehend durch die Untersuchung einer zweiten Probe bestätigt werden. Bei negativem Ergebnis soll eine zweite Testung frühestens im Alter von 3 Monaten erfolgen. Weiterhin soll im Alter von etwa 18 Monaten ein Antikörper- bzw. Antigen-Antikörper-Kombinationstest durchgeführt werden.

Begründung der Empfehlung
Da diaplazentar übertragene HIV-Antikörper bei Neugeborenen HIV-infizierter Mütter über mehrere Monate, teilweise sogar über mehr als ein Jahr nachweisbar sind, kann die HIV-Infektion nur über den direkten Virusnachweis diagnostiziert werden (Nukleinsäure-Amplifikationstest zum Nachweis von HIV-1-RNA im Plasma oder von proviraler HIV-1-DNA im EDTA-Vollblut). Die Sensitivität der Testung im Alter von 4 Wochen liegt bei 90 % und

erreicht nach 3 Monaten annähernd 100 % [4, 16]. Eine Antikörpertestung nach 18 Monaten gewährleistet zusätzliche Sicherheit für den Ausschluss einer vertikalen HIV-Transmission. Zu diesem Zeitpunkt sind auch mit hochempfindlichen Tests keine positiven Ergebnisse aufgrund diaplazentar übertragener Antikörper zu erwarten [4].

? Fragestellung 2: Welche Möglichkeiten zur Verhinderung der HIV-Übertragung bestehen beim Neugeborenen?

Empfehlung

Neugeborene HIV-infizierter Mütter sollen eine medikamentöse Prophylaxe entsprechend der aktuellen Deutsch-Österreichischen Leitlinie zur HIV-Therapie in der Schwangerschaft und bei HIV-exponierten Neugeborenen erhalten.

Begründung der Empfehlung
Ein zusätzlicher Effekt der medikamentösen Prophylaxe beim Kind konnte durch Subgruppen-Analysen in Studien aus den 1990er-Jahren gezeigt werden, in denen die Schwangeren überwiegend eine Zidovudin-Monoprophylaxe erhalten hatten. Ob es einen solchen Zusatznutzen auch bei Anwendung der wesentlich effektiveren Kombinationstherapie-/prophylaxe bei Schwangeren noch gibt, ist unklar. Dennoch wird – auch aufgrund der relativ geringen Toxizität dieser zeitlich begrenzten Prophylaxe – eine medikamentöse Prophylaxe beim Neugeborenen weiterhin empfohlen, allerdings im Normalfall in einer von ursprünglich 6 auf 2–4 Wochen reduzierten Dauer [4].

? Fragestellung 3: Darf eine HIV-infizierte Mutter ihr Kind stillen?

Empfehlung

Nein, HIV-infizierte Mütter sollen ihre Kinder nicht stillen.

Begründung der Empfehlung
Das Stillen ist ein wesentlicher Übertragungsweg für HIV; dies konnte man bei Vergleich der Transmissionsraten bei gestillten und nicht gestillten Kindern eindeutig belegen. Ist die Versorgung mit hygienisch einwandfreier Säuglingsnahrung gegeben, sollten HIV-infizierte Mütter ihre Kinder nicht stillen, um eine HIV-Infektion auf diesem Weg zu vermeiden. In Ländern mit schlechten hygienischen Standards und bei Problemen mit der Versorgung mit Ersatznahrung war in einigen Studien trotz niedrigerer HIV-Transmissionsrate die Gesamtmortalität bei nicht gestillten Kindern höher. Daher wird in dieser Situation anstelle des Stillverzichts eine Verlängerung der medikamentösen Therapie der Mutter, mindestens bis zum Ende der Stillzeit, favorisiert [4].

Literatur

1. Backmund M, Meyer K, Henkel C, Reimer J, Wächtler M, Schütz CG (2005) Risk Factors and predictors of human immunodeficiency virus infection among injection drug users. Eur Addict Res 11(3):138–144
2. Bertolli J, St Louis ME, Simonds RJ, Nieburg P, Kamenga M et al (1996) Estimating the timing of mother-to-child transmission of human immunodeficiency virus in a breast-feeding population in Kinshasa, Zaire. J Infect Dis 174(4):722–726
3. Briand N, Jasseron C, Sibiude J, Azria E, Pollet J et al (2013) Cesarean section for HIV-infected women in the combination antiretroviral therapies era, 2000–2010. Am J Obstet Gynecol 209(4):335.e1–335.e12
4. Deutsch-Österreichische Leitlinien zur HIV-Therapie in der Schwangerschaft und bei HIV-exponierten Neugeborenen. Stand November 2011. ▶ http://www.daignet.de/site-content/hiv-therapie/leitlinien-/Leitlinien%20zur%20HIV-Therapie%20in%20der%20Schwangerschaft%20und%20bei%20HIV-exponierten%20Neugeborenen.pdf
5. Ekoukou D, Khuong-Josses MA, Ghibaudo N, Mechali D, Rotten D (2008) Amniocentesis inpregnant HIV-infected patients. Absence of mother-to-child viral transmission in a series of selected patients. Eur J Obstet Gynecol Reprod Biol 140(2):212–217
6. Maiques V, García-Tejedor A, Perales A, Córdoba J, Esteban RJ (2003) HIV detection in amniotic fluid samples. Amniocentesis can be performed in HIV pregnant women? Eur J Obstet Gynecol Reprod Biol 108(2):137–141
7. Mandelbrot L, Jasseron C, Ekoukou D, Batallan A, Bongain A et al (2009) ANRS French Perinatal Cohort (EPF). Amniocentesis and mother-to-child human immunodeficiency virus transmission in the Agence Nationale de Recherches sur le SIDA et les Hépatites Virales French Perinatal Cohort. Am J Obstet Gynecol 200(2):160.e1–9
8. Marcus U, Hickson F, Weatherburn P, Schmidt AJ (2012) EMIS Network. Prevalence of HIV among MSM in Europe: comparison of self-reported diagnoses from a large scale internet survey and existing national estimates. BMC Public Health 12:978
9. Robert Koch-Institut (2012) HIV-/AIDS-Eckdaten in Deutschland, Stand Ende 2012, ▶ http://www.rki.de/DE/Content/InfAZ/H/HIVAIDS/Epidemiologie/Daten_und_Berichte/Eckdaten.html
10. Simões M, Marques C, Gonçalves A, Pereira AP, Correia J et al (2013) Amniocentesis in HIV pregnant women: 16 years of experience. Infect Dis Obstet Gynecol 2013:914272
11. Simonon A, Lepage P, Karita E, Hitimana DG, Dabis F et al (1994) An assessment of the timing of mother-to-child transmission of human immunodeficiency virus type 1 by means of polymerase chain reaction. J Acquir Immune Defic Syndr 7(9):952–7
12. Somigliana E, Bucceri AM, Tibaldi C, Alberico S, Ravizza M et al (2005) Italian Collaborative Study on HIV Infection in Pregnancy. Early invasive diagnostic techniques in pregnant women who are infected with the HIV: a multicenter case series. Am J Obstet Gynecol 193(2):437–442
13. Terpstra FG, van den Blink AE, Bos LM, Boots AG, Brinkhuis FH et al (2007) Resistance of surface-dried virus to common disinfection procedures. J Hosp Infect Aug 66(4):332–338
14. The Working Group on Mother-to-Child Transmission of HIV (1995) Rates of mother-to-child transmission of HIV-1 in Africa, America, and Europe: results from 13 perinatal studies. The Working Group on Mother-To-Child Transmission of HIV. J Acquir Immune Defic Syndr Hum Retrovirol Apr 8(5):506–510
15. van Bueren J, Simpson RA, Jacobs P, Cookson BD (1994) Survival of human immunodeficiency virus in suspension and dried onto surfaces. J Clin Microbiol 32(2):571–574
16. Zhang Q, Wang L, Jiang Y, Fang L, Pan P et al (2008) Early infant human immunodeficiency virus type 1 detection suitable for resource-limited settings with multiple circulating subtypes by use of nested three-monoplex DNA PCR and dried blood spots. J Clin Microbiol 46(2):721–726

Enterovirus-Infektionen

Daniela Huzly

12.1 **Grundlegende Informationen zu Enteroviren – 126**

12.2 **Allgemeine Daten zur Labordiagnostik der Enterovirusinfektion – 127**
12.2.1 Diagnostische Methoden (Stand der Technik) und Transport von Proben – 127
12.2.2 Allgemeine Fragestellungen zur Labordiagnostik – 128
12.2.3 Diagnostische Probleme – 129

12.3 **Spezielle Fragestellungen zur Labordiagnostik der Enterovirusinfektion – 129**
12.3.1 Labordiagnostik von Enterovirusinfektionen vor der Schwangerschaft – 129
12.3.2 Labordiagnostik von Enterovirusinfektionen während der Schwangerschaft – 129
12.3.3 Labordiagnostik von Enterovirusinfektionen nach der Schwangerschaft und/oder beim Neugeborenen – 130

Literatur – 132

12.1 Grundlegende Informationen zu Enteroviren

Virusname	
– Bezeichnung/Abkürzung	Humane Enteroviren (Enterovirus A-D)
– alternative Bezeichnungen	Enteroviren, Coxsackieviren, Echoviren
– Virusfamilie/Gattung	*Picornaviridae/Enterovirus*
Umweltstabilität	hoch
Desinfektionsmittelresistenz	nur viruzide Desinfektionsmittel sind wirksam
Wirt	Mensch
Verbreitung	weltweit, vor allem im Sommer: epidemische regionale Ausbreitung einzelner Virustypen
Durchseuchung (Deutschland)	nicht bekannt
Inkubationszeit	vermutlich 7–14 (3–35) Tage
Übertragung/Ausscheidung	Stuhl/Schmierinfektion (fäkal-oral), mit Stuhl kontaminierte Lebensmittel, Wasser, Gegenstände, Speichel/Tröpfcheninfektion (oral-oral) in der Frühphase der Infektion
Erkrankungen	grippaler Infekt (»Sommergrippe«)
	Hand-Fuß-Mund-Erkrankung
– Symptome	unterschiedlich: Fieber, Erkrankung der oberen/unteren Atemwege, Exanthem, (hämorrhagische) Konjunktivitis, Diarrhö
– Komplikationen	aseptische Meningitis, Enzephalitis, schlaffe Lähmung, Myokarditis, Perikardidtis
– asymptomatische Verläufe	häufig, genaue Zahlen unbekannt
Infektiosität/Kontagiosität	vermutlich 2–3 Tage vor Erkrankungsausbruch
	Virusausscheidung im Stuhl: mehrere Wochen
Vertikale Übertragung	
– pränatal	transplazentar (selten)
– perinatal	Schmierinfektion beim Geburtsvorgang
– neo-/postnatal	Schmierinfektion, Übertragung durch Muttermilch möglich [4]
Embryopathie/Fetopathie	fraglich, keine eindeutigen Daten
Neonatale Erkrankung	
– fetale Symptome	Hydrops fetalis, intrauterine Wachstumsretardierung, Abort
– neonatale Symptome	neonatale Sepsis; Fieber, Exanthem, Pneumonie, nekrotisierende Hepatitis mit Koagulopathie, neonatale Myokarditis, aseptische Meningitis/Enzephalitis; schwere Verläufe durch Echovirus 11, Coxsackievirus B2–B5
– kritische Zeiträume	akute Infektion der Schwangeren oder Kontaktpersonen um den Geburtszeitpunkt/Neugeborenenperiode

Therapeutische Maßnahme	symptomatische Therapie
Antivirale Therapie	nicht verfügbar
Prophylaxe	
– Impfung	nicht verfügbar
– passive Immunisierung	Gabe von Standard-Immunglobulinpräparaten (keine randomisierte Studie verfügbar)

Tab. 12.1 Übersicht der Methoden zum direkten Nachweis von Enterovirus bzw. Enterovirus-RNA

Prinzip	Methode	Untersuchungsmaterial
Virus-RNA-Nachweis	RT-PCR, qualitativ	Stuhl, Liquor, Rachenabstrich, Nasopharyngealsekret, bei Neugeborenen auch Serum/EDTA-Plasma
Genotypbestimmung	Nukleinsäuresequenzierung Spezialdiagnostik	Virus-RNA isoliert aus Stuhl, Liquor, Rachenabstrich, Nasopharyngealsekret
Virusisolierung	Anzüchtung in der Zellkultur, Virusnachweis mittels monoklonalem Antikörper Spezialdiagnostik	Stuhl, Rachenabstrich
Phäno-/Serotypbestimmung	Anzüchtung und Neutralisation mit Virustyp-spezifischen Seren (Identifizierung des Serotyps;) Spezialdiagnostik	Stuhl, Isolat aus der Zellkultur

Tab. 12.2 Übersicht der Methoden zum Nachweis von Enterovirus-spezifischen Antikörpern

Methode	Anmerkungen
Ligandenassays (z. B. ELISA)	Differenzierung der Ig-Klassen (IgG, IgM, IgA), keine Unterscheidung der Virustypen möglich, kein sicherer Antikörperanstieg, Antikörper erst in der Rekonvaleszenz nachweisbar
Neutralisationstest	Aufwändig, keine sichere Unterscheidung der Virustypen, Antikörperanstieg erst in der Rekonvaleszenz Spezialdiagnostik

12.2 Allgemeine Daten zur Labordiagnostik der Enterovirusinfektion

12.2.1 Diagnostische Methoden (Stand der Technik) und Transport von Proben

Methoden zum direkten Nachweis von Enterovirus bzw. Enterovirus-RNA zeigt ◘ Tab. 12.1.
Methoden zum Nachweis von Enterovirus-spezifischen Antikörpern enthält ◘ Tab. 12.2.
Enteroviren gehören zu den gefahrgutrechtlichen Stoffen der Kategorie B, Risikogruppe 2. Enterovirus-haltige Proben müssen nach UN 3373 versendet werden, d. h. das Primärgefäß mit der Patientenprobe muss in einem Umverpackungsröhrchen und mit adsorbierendem

Material in einem gekennzeichneten Transportbehältnis (Kartonbox) verschickt werden. Der Versand ist bei Raumtemperatur möglich.

12.2.2 Allgemeine Fragestellungen zur Labordiagnostik

Fragestellung 1: Wie erfolgt die Labordiagnose der akuten/kürzlich erfolgten Enterovirus-Infektion?

Empfehlung

1. Die Labordiagnose der akuten Enterovirusinfektion soll durch den molekularbiologischen Nachweis von Virusgenomen mittels RT-PCR aus Stuhl und/oder Liquor, bei respiratorischen Symptomen und Hand-Fuß-Munderkrankung auch aus Rachenabstrichen durchgeführt werden. Zur Diagnose der akuten Enterovirus-Infektion bei Neugeborenen kann zusätzlich die RT-PCR im peripheren Blut (Serum oder EDTA-Plasma) durchgeführt werden. Die höchste Sensitivität wird durch eine Kombination von Stuhl, Rachenabstrich oder Nasopharyngealsekret und gegebenenfalls Liquor und Serum/EDTA-Blut erreicht. Das verwendete Verfahren muss ausreichend validiert sein, insbesondere bezüglich der Sensitivität und Nachweisbarkeit der zahlreichen unterschiedlichen Enterovirustypen.
2. Eine Virustypisierung durch Bestimmung des Genotyps kann sinnvoll sein, wenn nosokomiale Übertragungen vermutet werden und Übertragungsketten zu klären sind.
3. Serologische Verfahren zum Antikörpernachweis werden für die Diagnostik der akuten und/oder neonatalen Enterovirus-Infektion nicht empfohlen.

Anmerkung: Die Bestimmung des Geno- oder Phänotyps wird nur in spezialisierten Laboratorien durchgeführt. Bei entsprechenden Fragen sollte das Nationale Referenzzentrum für Enteroviren, Robert Koch-Institut/FG 15, Nordufer 20, 13353 Berlin kontaktiert werden (▶ http://www.rki.de/DE/Content/Infekt/NRZ. Email: EVSurv@rki.de).

Begründung der Empfehlung

— Zu 1. Molekularbiologische Verfahren (RT-PCR) zum Nachweis der Virusgenome sind aufgrund der höheren Sensitivität und des geringeren Zeitaufwandes für die Befunderstellung der Virusisolierung klar überlegen [5]. Die Virusisolierung ist nur im Speziallabor durchführbar.
— Zu 2. Für die Bestimmung des Genotyps wird der Genomabschnitt amplifiziert und sequenziert, welcher für das Virusprotein VP1 kodiert und mit Sequenzen in der Datenbank abgeglichen [5, 6, 7, 9, 11]. Alternativ kann nach Anzucht der Enteroviren in der Zellkultur eine Phäno-/Serotypisierung durch Neutralisation der Isolate mit Enterovirustypspezifischen Antiseren durchgeführt. Vergleichsuntersuchungen haben gezeigt, dass die Serotypisierung nur in ca. 55 % der Fälle mit der eindeutigeren Genotypisierung durch Sequenzierung übereinstimmt; deswegen sollte die Genotypisierung vorrangig durchgeführt werden [10]
— Zu 3. Die sehr kurze Inkubationszeit bewirkt, dass die Antikörperbildung bei Beginn der Erkrankung noch nicht abgeschlossen und daher unvollständig ist (▶ Abschn. 12.2.3 Diagnostische Probleme).

12.2.3 Diagnostische Probleme

Die Antikörperantwort findet erst in der Rekonvaleszenz und nicht regelhaft in allen Antikörperklassen statt. Serologische Untersuchungen sind daher nicht für die Diagnose einer akuten Enterovirusinfektion geeignet.

12.3 Spezielle Fragestellungen zur Labordiagnostik der Enterovirusinfektion

12.3.1 Labordiagnostik von Enterovirusinfektionen vor der Schwangerschaft

? Fragestellung 1: In welchen Fällen und zu welchem Zeitpunkt sollte eine Enterovirus-Diagnostik durchgeführt werden?

Empfehlung

Die Fragestellung ist vor der Schwangerschaft nicht relevant.

Begründung der Empfehlung
Die Inkubationszeit von Enterovirus-Infektionen beträgt meist nur wenige Tage; eine akute Infektion vor der Konzeption spielt keine Rolle für den Verlauf der Schwangerschaft.

12.3.2 Labordiagnostik von Enterovirusinfektionen während der Schwangerschaft

? Fragestellung 1: In welchen Fällen ist eine Enterovirus-Diagnostik notwendig?

Empfehlung

Eine allgemeine Empfehlung zur Diagnostik von Enterovirusinfektionen kann nicht ausgesprochen werden. Schwangere, die hospitalisiert sind und Symptome aufweisen, die mit einer Enterovirusinfektion vereinbar sind, sollen auf die empfohlenen allgemeinen Hygienemaßnahmen hingewiesen werden (siehe ▶ Kap. 3.1). Es sollen viruzide Händedesinfektionsmittel zur Verfügung gestellt werden.

Begründung der Empfehlung
Enteroviren werden in Stuhl, Speichel und ggf. Vaginalsekret ausgeschieden; die Übertragung erfolgt peripartal oder postpartal durch Schmierinfektion [11]. Zwar können peri- oder postnatale Enterovirus-Infektionen, je nach Virustyp, mit einer hohen Komplikationsrate und der Gefahr von Spätschäden behaftet sein, es gibt jedoch keine Evidenz dafür, dass man peripartale Übertragungen von Enteroviren durch bestimmte Maßnahmen verhindern kann. Die empfohlenen Hygienemaßnahmen sind jedoch geeignet, nosokomiale Übertragungen zu verhindern. [7]. Bei Verdacht auf Enterovirus-Infektionen müssen viruzide Desinfektionsmittel zur Flächen- und Händedesinfektion verwendet werden, da Enteroviren sehr umweltstabil und gegen übliche Reinigungsmittel auf der Basis von Detergenzien resistent sind.

12.3.3 Labordiagnostik von Enterovirusinfektionen nach der Schwangerschaft und/oder beim Neugeborenen

Fragestellung 1: In welchen Fällen soll bei Neugeborenen eine Enterovirusinfektion labordiagnostisch geklärt werden?

Empfehlung

1. Bei klinischen Anzeichen einer Infektion des Neugeborenen mit Sepsis-ähnlichem Krankheitsbild (und fehlendem Nachweis bakterieller oder anderer viraler Ursachen), Meningoenzephalitis, Hepatitis oder neonataler Myokarditis soll eine akute Enterovirus-Infektion labordiagnostisch ausgeschlossen werden.
2. Bei Verdacht auf eine akute Enterovirusinfektion um den Entbindungszeitpunkt sollen Mutter und Kind von anderen Neugeborenen isoliert werden

Begründung der Empfehlung

- Zu 1. Enterovirusinfektionen stellen eine wichtige Differenzialdiagnose zur bakteriellen Sepsis dar. Abhängig von der jeweiligen epidemischen Situation konnte man Enteroviren bei bis zu 25 % sepsisähnlichen Erkrankungen und/oder Meningitiden/Enzephalitiden im ersten Lebensmonat in prospektiven Studien nachweisen [1, 2]. Die neonatale Myokarditis ist eine schwerwiegende Komplikation bei Coxsackievirusinfektionen und hat eine hohe Letalität. Die Diagnosestellung bringt differenzialdiagnostische Sicherheit und verhindert gegebenenfalls eine unnötige anderweitige Therapie. Der Nachweis von Enteroviren im Liquor bei aseptischer Meningitis kann die Dauer der empirischen Antibiotikatherapie und damit den Krankenhausaufenthalt verkürzen. [6]
- Zu 2. Die nosokomiale Verbreitung des Erregers muss verhindert werden.

Fragestellung 2: Wie wird die Labordiagnose gestellt?

Empfehlung

Die Labordiagnose der Enterovirusinfektion beim Neugeborenen soll durch den molekularbiologischen Nachweis von Virusgenomen in Stuhl, Serum und ggf. Liquor durchgeführt werden.

Begründung der Empfehlung
Siehe Ausführungen in ▶ Abschn. 12.2.

12.3 · Spezielle Fragestellungen zur Labordiagnostik der Enterovirusinfektion

Fragestellung 3: In welchen Fällen ist eine Unterscheidung der Enteroviren (Typisierung) notwendig?

Empfehlung

Die Virustypisierung kann sinnvoll sein, wenn nosokomiale Übertragungen vermutet werden und Infektionsquellen und -ketten nachzuweisen sind.

Begründung der Empfehlung
Da vor allem in den warmen Monaten mehrere Enterovirustypen gleichzeitig in der Umgebung zirkulieren, kann nur durch genaue Typisierung festgestellt werden, ob die Infektion durch eine nosokomiale Übertragung der Enteroviren verursacht wurde. Aus forensischen Gründen sowie zur Überprüfung des Hygienemanagements kann eine entsprechende Abklärung erforderlich sein.

Fragestellung 4. Welche unmittelbaren Konsequenzen hat der Nachweis einer akuten Enterovirusinfektion auf einer Station?

Empfehlung

Beim Auftreten von Enterovirus-Infektionen auf Schwangeren-, Wöchnerinnen-, Neugeborenen- oder Säuglingsstationen müssen entsprechende Hygienemaßnahmen ergriffen werden: Zur Desinfektion müssen viruzide Hände- und Flächendesinfektionsmittel verwendet werden. Strikte Händehygiene, Kittel und Mundschutz sowie weitestmögliche Isolierungsmaßnahmen sind zu empfehlen.

Begründung der Empfehlung
Nosokomiale Infektionen durch Enteroviren kommen auf neonatalen Stationen gehäuft vor [3, 7, 8, 9]. Die Infektion des Neugeborenen ist mit einer hohen Rate von Komplikationen behaftet, nosokomiale Übertragungen sollten daher vermieden werden.

Fragestellung 5: In welchen Fällen soll eine Diagnostik bei Personen im Umfeld der Schwangeren/Wöchnerin durchgeführt werden?

Empfehlung

Eine Diagnostik wird nicht generell empfohlen. Bei Verdacht auf akute Enterovirus-Infektion sollen diese Personen während des Zeitraums der Erkrankung sowie in der sich anschließenden Woche den direkten Kontakt mit Mutter und Kind meiden.

Begründung der Empfehlung
Enteroviren werden durch Schmierinfektion übertragen. Da Enteroviren sehr umweltresistent sind, besteht die einfachste Maßnahme zur Verhinderung einer Infektion des Neugeborenen darin, den Kontakt zu Erkrankten zu vermeiden.

Literatur

1. Ahmad S, Dalwai A, Al-Nakib W (2013) Frequency of enterovirus detection in blood samples of neonates admitted to hospital with sepsis-like illness in Kuwait. J Med Virol 85(7):1280–1285
2. Benschop K, Molenkamp R, van der Ham A, Wolthers K, Beld M (2008) Rapid detection of human parechoviruses in clinical samples by real-time PCR: the official publication of the Pan American Society for Clinical Virology. J Clin Virol 41(2):69–74
3. Chambon M, Bailly JL, Beguet A, et al (1999) An outbreak due to Echovirus type 30 in a neonatal unit in France in 1997: usefulness of PCR diagnosis. J Hosp Infect 43(1):63–68
4. Chang ML, Tsao KC, Huang CC, Yen MH, Huang CG, Lin TY (2006) Coxsackievirus B3 in human milk. Pediatr Infect Dis J 25(10):955–957
5. de Crom SCM, Obihara CC, de Moor RA, Veldkamp EJM, van Furth AM, Rossen JWA (2013) Prospective comparison of the detection rates of human enterovirus and parechovirus RT-qPCR and viral culture in different pediatric specimens. J Clin Virol 58(2):449–454
6. Dewan M, Zorc JJ, Hodinka RL, Shah SS (2010) Cerebrospinal Fluid Enterovirus Testing in Infants 56 Days or Younger. Arch Pediatr Adolesc Med 164(9):824–830
7. Farcy C, Mirand A, Juillet SM, et al (2012) Enterovirus nosocomial infections in a neonatal care unit: From diagnosis to evidence, from a clinical observation of a central nervous system infection. Arch Pediatr 19(9):921–926
8. Freund MW, Kleinveld G, Krediet TG, van Loon AM, Verboon-Maciolek MA (2010) Prognosis for neonates with enterovirus myocarditis. Arch Dis Child Fetal Neonatal Ed 95(3):F206–212
9. Jordan I, Esteva C, Esteban E, Noguera A, Garcia J-J, Munoz-Almagro C (2009) Severe enterovirus disease in febrile neonates. Enferm Infecc Microbiol Clin 27(7):399–402; Epub 2009 May
10. Tan CY, Ninove L, Gaudart J, et al (2011) A retrospective overview of enterovirus infection diagnosis and molecular epidemiology in the public hospitals of Marseille, France (1985–2005). PLoS One 6(3):e18022
11. Tebruegge M, Curtis N (2009) Enterovirus infections in neonates. Semin Fetal Neonatal Med 14(4):222–227

Hepatitis C

Klaus Korn

13.1 Grundlegende Informationen zu Hepatitis-C-Virus – 134

13.2 Allgemeine Daten zur Labordiagnostik der Hepatitis-C-Virusinfektion – 135
13.2.1 Diagnostische Methoden (Stand der Technik) und Transport von Proben – 135
13.2.2 Allgemeine Fragestellungen zur Labordiagnostik – 137
13.2.3 Diagnostische Probleme – 139

13.3 Spezielle Fragestellungen zur Labordiagnostik der Hepatitis-C-Virusinfektion – 139
13.3.1 Labordiagnostik von Hepatitis-C-Virusinfektionen vor der Schwangerschaft – 139
13.3.2 Labordiagnostik von Hepatitis-C-Virusinfektionen während der Schwangerschaft – 140
13.3.3 Labordiagnostik von Hepatitis-C-Virusinfektionen nach der Schwangerschaft und/oder beim Neugeborenen – 142

Literatur – 143

13.1 Grundlegende Informationen zu Hepatitis-C-Virus

Virusname	
– Bezeichnung/Abkürzung	Hepatitis-C-Virus (HCV)
– Virusfamilie/Gattung	Flaviviridae/Hepacivirus
Umweltstabilität	HCV-RNA (Surrogatmarker für infektiöses HCV) ist in auf Filterpapier getrocknetem Blut mehrere Monate nachweisbar [1]
Desinfektionsmittelresistenz	begrenzt viruzide und viruzide Desinfektionsmittel sind wirksam [2]
Wirt	Mensch
Verbreitung	weltweit
Durchseuchung/Prävalenz	
– Deutschland [11–13, 15]	
- Gesamtbevölkerung	ca. 0,3 %
- Drogenabhängige	57–73 %
- HIV-Infizierte	20–30 %
– Mittel- und Nordeuropa	< 1 %
– Süd- und Osteuropa [7]	5 %
– Nordafrika/Ägypten [6]	Schwangere: > 8 %
Inkubationszeit	ca. 2–8 Wochen
Übertragung/Ausscheidung	Blut [15, 16]
– häufig	i. v. Drogengebrauch, Piercing, Tätowieren, Nadelstichverletzungen,
– selten	Geschlechtsverkehr
	< 1 %/Jahr bei festen Partnerschaften
	bei homosexuellen häufiger als bei heterosexuellen Kontakten
	häufiger bei HIV-Koinfektion als ohne
– sehr selten	Transfusion (Blutspender-Screening)
Erkrankungen	akute Hepatitis (Leberentzündung)
1. akute Infektion	meist mild; fulminante Hepatitis selten
– asymptomatische Verläufe	häufig (60–70 %)
2. persistierende Infektion	chronische Hepatitis, Leberzirrhose, Leberversagen, Leberzellkarzinom
Infektiosität/Kontagiosität	
akut/chronisch HCV-Infizierte: HCV-RNA nachweisbar in	
– Blut	100 %
– Speichel	30–50 %
– Genitalsekrete	20–30 %

– Tränenflüssigkeit	10 %	
– Urin	<5 %	
Vertikale Übertragung [4, 15]		
– pränatal	transplazentar, bei akut/chronisch infizierten Schwangeren	
	Übertragungsrate unklar	
– perinatal	intrapartal, Exposition zu Blut und Sekreten akut/chronisch infizierter Mütter	
	Übertragungsrate: 1–6 %	
	Übertragungsrisiko: – HCV/HIV-Koinfektion: 5–15 % – Viruslast > 10^6 Kopien/ml: 14,3 %	
– neo-/postnatal	Schmierinfektion (Blut, Speichel)	
	Übertragung durch Muttermilch nicht bewiesen	
Embryopathie/Fetopathie	nein	
Neonatale Erkrankung [5, 15]		
– asymptomatische Verläufe	im Neugeborenenalter klinisch meist unauffällig, im Verlauf erhöhte Leberwerte häufig (ca. 60 %,)	
– persistierende Infektion	> 80 % Spontanelimination ca. 6–15 %	
– Symptome/Spätfolgen	Leberzirrhose: < 10 % bis zum Erwachsenenalter	
	Leberzellkarzinom: keine Daten für perinatale Transmission, ca. 5 %/Jahr bei Patienten mit Leberzirrhose	
Antivirale Therapie	Verfügbar, kontraindiziert während der Schwangerschaft; ◘ Tab. 13.1	
Prophylaxe		
– Impfung	nicht verfügbar	
– passive Immunisierung	nicht verfügbar	

13.2 Allgemeine Daten zur Labordiagnostik der Hepatitis-C-Virusinfektion

13.2.1 Diagnostische Methoden (Stand der Technik) und Transport von Proben

Methoden zum direkten Nachweis von Hepatitis-C-Virus bzw. viraler Nukleinsäure (RNA) enthält ◘ Tab. 13.2.

Methoden zum Nachweis von HCV-spezifischen Antikörpern zeigt ◘ Tab. 13.3.

Hepatitis-C-Virus gehört zu den gefahrgutrechtlichen Stoffen der Kategorie B, Risikogruppe 3**. Hepatitis-C-Virus-haltige Proben müssen nach UN 3373 versendet werden, d. h. das Primärgefäß mit der Patientenprobe muss in einem Umverpackungsröhrchen und

Tab. 13.1 Therapie und Prophylaxe der Erkrankung/Infektion

Therapie/Prophylaxe	Verfügbar	Maßnahme
Prävention der Mutter-Kind-Transmission	Nein	Keine
Therapie der Erkrankung	Ja	PEG-Interferon direkte antivirale Therapie (alle Substanzen in der Schwangerschaft kontraindiziert)
Prophylaxe der maternalen Erkrankung	Nein	Keine

Tab. 13.2 Übersicht der Methoden zum direkten Nachweis von Hepatitis-C-Virus bzw. viraler Nukleinsäure (RNA)

Prinzip	Methode	Untersuchungsmaterial
HCV-Antigennachweis	Ligandenassay (z. B. CLIA)	Serum, Plasma
HCV-RNA-Nachweis (quantitativ)	Real-time-RT-PCR, alternative Methoden wie branched-DNA-Assay	Serum, Plasma
HCV-Genotypisierung	RT-PCR und Sequenzierung oder Hybridisierungsverfahren Spezialdiagnostik	Serum, Plasma, isolierte RNA

Tab. 13.3 Übersicht der Methoden zum Nachweis von HCV-spezifischen Antikörpern

Methode	Anmerkungen
Ligandenassays (ELISA, ELFA, CLIA, CMIA etc.)	Bestimmung von HCV-Antikörpern (IgG + IgM, keine Differenzierung), HCV-Screeningtest zahlreiche kommerzielle Tests verfügbar, vereinzelt auch Antigen-Antikörper-Kombinationsteste
Immunoblot (Line-Blot-Assays)	Bestimmung von HCV-IgG, Bestätigung für reaktive HCV-Screeningteste

mit adsorbierendem Material in einem gekennzeichneten Transportbehältnis (Kartonbox) verschickt werden. Der Versand ist bei Raumtemperatur möglich. Für Untersuchungen auf HCV-RNA und für die HCV-Genotypisierung sollte die Transportzeit 24 h nicht überschreiten.

Tab. 13.4 Übersicht der möglichen Ergebniskonstellationen der Labordiagnostik und ihre Bewertung

HCV-RNA / Antigen	HCV-Antikörper (IgG+IgM)	Infektionsstatus
Negativ	Negativ	Suszeptibel
Positiv	Negativ	Akute Infektion
Positiv	fraglich	Akute Infektion
Positiv	Positiv	Akute oder chronische Infektion
Negativ (bei Sensitivität 10–25 IE/ml)	Positiv	Ausgeheilt (spontan oder mindestens 6 Monate nach Therapieende)

13.2.2 Allgemeine Fragestellungen zur Labordiagnostik

Fragestellung 1: Wie erfolgt die Diagnose der akuten und/oder kürzlich erfolgten Hepatitis-C-Virusinfektion

Empfehlung

Die Diagnose der akuten HCV-Infektion soll durch die Kombination von molekularbiologischen und serologischen Testverfahren gestellt werden (Tab. 13.4).
1. Durch den Nachweis der Virusgenome mittels RT-PCR oder durch Nachweis von HCV-Antigen in Serum oder Plasma, in Kombination mit einem negativen Testergebnis für HCV-Antikörper.
2. Durch den Nachweis einer HCV-Serokonversion. Hierzu müssen 2 Blut-/Serumproben im zeitlichen Abstand von mindestens 3–4 Wochen gewonnen und unter Einsatz desselben Testsystems untersucht werden. Die initiale Probe muss HCV-Antikörper negativ sein.

Begründung der Empfehlung
- Zu 1. Der Nachweis von HCV-RNA (meist mit sehr hoher Viruslast) oder ein positiver HCV-Antigennachweis sind in Kombination mit einem negativen HCV-Antikörpertest als Zeichen für eine akute Infektion anzusehen.
- Zu 2. Testverfahren zum ausschließlichen Nachweis von HCV-IgM als Marker einer akuten HCV-Infektion sind nicht etabliert. Deswegen kann die serologische Labordiagnose einer akuten HCV-Infektion sicher nur über den Nachweis einer Serokonversion gestellt werden.

Anmerkung: Bei Immunsupprimierten ist die Konstellation eines positiven Nachweises von HCV-RNA oder HCV-Antigen bei gleichzeitig negativem Antikörpertest auch bei chronischer Infektion möglich [15].

❓ Fragestellung 2: Wie erfolgt die Labordiagnose einer zurückliegenden HCV-Infektion

Empfehlung

Die Labordiagnose einer zurückliegenden HCV-Infektion soll durch Kombination serologischer und molekularbiologischer Methoden erfolgen:
1. Werden in 2 im Abstand von mehreren Monaten gewonnenen Blut-/Serumproben HCV-Antikörper nachgewiesen und ist in beiden Proben HCV-RNA negativ, kann von einer zurückliegenden HCV-Infektion ausgegangen werden.
2. 6 Monate nach Beendigung einer antiviralen Therapie wird ein negatives Ergebnis für den Nachweis von HCV-RNA bei Einsatz eines hochsensitiven Testverfahrens (Nachweisgrenze 10–25 IE/ml) als Hinweis einer dauerhaften Viruselimination angesehen. Reinfektionen mit einem anderen oder auch dem gleichen Genotyp sind möglich.

Begründung der Empfehlung
- Zu 1. Bei HCV-Infektionen ist eine spontane Ausheilung mit Viruselimination möglich. Dies äußert sich durch das Fehlen von HCV-RNA bei positivem HCV-Antikörper-Nachweis. Wegen möglicherweise fluktuierender HCV-RNA-Konzentration ist die Wiederholung der Untersuchung in einem Abstand von mehreren Monaten zu empfehlen.
- Zu 2. Nach einer antiviralen Therapie kommt es in den ersten Monaten nach Therapieende mit einer von HCV-Genotyp und Therapieregime abhängigen Häufigkeit (< 5 % bis > 20 %) zu einem Relaps, der durch die erneute Nachweisbarkeit von HCV-RNA im Serum diagnostiziert werden kann. Ist 6 Monate nach Therapieende HCV-RNA mittels RT-PCR nicht nachweisbar, liegt die Wahrscheinlichkeit eines Relapses bei unter 2 %. In diesen Fällen kann man von einer zurückliegenden Infektion mit Ausheilung ausgehen [15].

❓ Fragestellung 3: Wie erfolgt die Labordiagnose einer chronischen HCV-Infektion?

Empfehlung

Eine chronische HCV-Infektion soll durch den molekularbiologischen Nachweis der HCV-RNA mittels RT-PCR in sequenziell über einen Zeitraum von mindestens 6 Monaten gewonnenen Serum-/Plasmaproben diagnostiziert werden.

Begründung der Empfehlung
Eine sichere Diagnose der chronischen HCV-Infektion ist nur über die Bestätigung der Viruspersistenz möglich. In einer Einzelprobe spricht das gleichzeitige Vorhandensein von HCV-RNA und HCV-Antikörpern eher für eine chronische Infektion, jedoch können Antikörper auch bei akuten Infektionen bereits nach einigen Wochen nachweisbar sein. Umgekehrt ist – insbesondere bei Immunsuppression – auch eine chronische Infektion ohne Nachweis von HCV-Antikörpern möglich (oben Fragestellung 1).

13.2.3 Diagnostische Probleme

1. HCV-Antikörper werden bei akuten Infektionen frühestens nach 4–6 Wochen nachweisbar.
2. Obwohl die Spezifität der HCV-Antikörper-Screeningtests sehr hoch ist (> 99,5 %), muss man aufgrund der zu erwartenden niedrigen Prävalenz mit einem erheblichen Anteil falsch positiver Testergebnissen rechnen. Eine Bestätigung von positiven Ergebnissen in HCV-Antikörper-Screeningtesten mit alternativen Systemen (Immunoblot) ist unabdingbar: Trotzdem bleiben Zweifelsfälle, in denen keine eindeutige Aussage über den Infektionsstatus möglich ist.
3. Erfahrungen aus dem Blutspendebereich zeigen, dass die Spezifität des HCV-RNA-Nachweises noch höher ist als diejenige der Testsysteme zum serologischen Nachweis von HCV-Antikörpern. Dennoch können auch hier falsch positive Testergebnisse vorkommen, insbesondere im Bereich sehr niedrig positiver Resultate.
4. Aufgrund der hohen genetischen Variabilität von Hepatitis-C-Virus kann es in Einzelfällen zu Unterquantifizierung oder sogar zu komplettem Versagen des HCV-RNA-Nachweises kommen, insbesondere bei selteneren Genotypen.

13.3 Spezielle Fragestellungen zur Labordiagnostik der Hepatitis-C-Virusinfektion

13.3.1 Labordiagnostik von Hepatitis-C-Virusinfektionen vor der Schwangerschaft

? Fragestellung 1: In welchen Fällen soll vor der Schwangerschaft eine HCV-Labordiagnostik durchgeführt werden?

Empfehlung

1. Bei Frauen mit erhöhtem Risiko für eine HCV-Infektion (z. B. erhöhte Transaminasen, HCV-infizierter Partner, HIV-Infektion, früherer oder aktueller intravenöser Drogengebrauch, Bluttransfusionen vor 1992) sollte vor der Schwangerschaft eine HCV-Diagnostik zur Bestimmung des Infektionsstatus durchgeführt werden.
2. Vor Maßnahmen der assistierten Reproduktion ist eine HCV-Testung erforderlich.

Begründung der Empfehlung
- Zu 1. Da die Prävalenz und das Transmissionsrisiko in der Schwangerschaft vergleichsweise gering sind und keine etablierten Maßnahmen zur Reduktion des Transmissionsrisikos zur Verfügung stehen, entsprechen die Indikationen zur HCV-Testung denen in der Allgemeinbevölkerung [15]
- Zu 2. In der Transplantationsgesetz-Gewebeverordnung, Anlage 4 (TPG-GewV) ist eine HCV-Testung vorgeschrieben, wenn Keimzellen kryokonserviert werden sollen.

13.3.2 Labordiagnostik von Hepatitis-C-Virusinfektionen während der Schwangerschaft

Fragestellung 1: In welchen Fällen soll eine Diagnostik durchgeführt werden?

Empfehlung

Eine generelle Überprüfung des HCV-Infektionsstatus bei Schwangeren wird nicht empfohlen. Eine Untersuchung (HCV-Antikörper und gegebenenfalls HCV-RNA, ▶ Abschn. 13.2) wird nur bei Frauen mit erhöhtem Risiko (z. B. erhöhte Transaminasen, HCV-infizierter Partner, HIV-Infektion, früherer oder aktueller i. v.-Drogengebrauch, Bluttransfusionen vor 1992) empfohlen.

Begründung der Empfehlung
Da die Prävalenz der HCV-Infektion und das Transmissionsrisiko in der Schwangerschaft gering sind und da es keine etablierten Maßnahmen zur Reduktion des Transmissionsrisikos gibt, entsprechen die Indikationen zur HCV-Testung denen in der Allgemeinbevölkerung [15].

Fragestellung 2: Zu welchem Zeitpunkt der Schwangerschaft wird die HCV-Diagnostik vorgenommen?

Empfehlung

Die Labordiagnostik sollte unabhängig vom Stadium der Schwangerschaft dann durchgeführt werden, wenn bei einer Schwangeren ein erhöhtes Risiko für eine HCV-Infektion festgestellt wird.

Begründung der Empfehlung
Da keine Interventionsmöglichkeiten zur Reduktion des HCV-Transmissionsrisikos bestehen, ist der Zeitpunkt der Testung nicht von Bedeutung.

Fragestellung 3: Wie wird eine akute oder chronische HCV-Infektion diagnostiziert?

Empfehlung

Für die Bestimmung des HCV-Infektionsstatus ist im Allgemeinen die Bestimmung von HCV-Antikörpern ausreichend. Ein (quantitativer) HCV-RNA-Nachweis sollte zur Bestätigung bei positivem Nachweis von HCV-Antikörpern sowie bei Verdacht auf eine akute HCV-Infektion auch bei negativem HCV-Antikörper-Test durchgeführt werden (▶ Abschn. 13.2).

Begründung der Empfehlung
▶ Abschn. 13.2

13.3 · Spezielle Fragestellungen zur Labordiagnostik der Hepatitis-C-Virusinfektion

Fragestellung 4: Welche Konsequenzen ergeben sich aus der Diagnose einer HCV-Infektion bei einer Schwangeren?

Empfehlung

Der labordiagnostische Nachweis einer akuten oder chronischen HCV-Infektion hat für das Management der Schwangerschaft selbst keine Bedeutung. Es soll jedoch eine Beratung der Schwangeren hinsichtlich der Übertragungswege und möglicher Folgen einer HCV-Infektion, empfohlener Verhaltensmaßnahmen zur Verhinderung der Infektionsübertragung (z. B. in Zusammenhang mit i. v. Drogengebrauch) und zur Vermeidung von Leberschädigungen (z. B. Alkoholkonsum) erfolgen. Ferner sollten bei Schwangeren ohne Immunschutz gegen Hepatitis A und B entsprechende Impfungen empfohlen werden.

Begründung der Empfehlung
Eine antivirale HCV-Therapie ist in der Schwangerschaft kontraindiziert, andere Interventionsmöglichkeiten zur Verhinderung der Mutter-Kind-Transmission (z. B. elektive Sectio caesarea) bestehen nicht. Es sollte eine generelle Beratung über die Konsequenzen einer HCV-Infektion und entsprechender Verhaltensmaßnahmen erfolgen. Die Impfung gegen Hepatitis A und B wird wegen des erhöhten Risikos für einen schweren Verlauf dieser Infektionen bei HCV-Infizierten generell empfohlen [14, 15]. Die Impfungen können auch in der Schwangerschaft durchgeführt werden, da es sich in beiden Fällen um Totimpfstoffe handelt und somit kein Risiko einer embryonalen oder fetalen Schädigung durch Impfviren zu erwarten ist.

Fragestellung 5: Kann bei einer Schwangeren mit nachgewiesener HCV-Infektion eine Amniozentese durchgeführt werden?

Empfehlung

1. Eine Amniozentese zur Klärung der Frage, ob eine HCV-Infektion des Feten vorliegt, wird nicht empfohlen.
2. Ansonsten sollte eine Amniozentese bei Schwangeren mit nachgewiesener HCV-Infektion nur nach strenger Indikationsstellung durchgeführt werden, insbesondere wenn eine hohe Viruslast vorliegt.

Begründung der Empfehlung
- Zu 1. Die Untersuchung hat für die Betreuung einer HCV-infizierten Schwangeren keinen zusätzlichen Nutzen, beinhaltet aber zumindest ein geringes Risiko, dass es durch die Untersuchung zu einer Infektion des Feten kommt.
- Zu 2. Es liegen keine aussagekräftigen Studien zur Einschätzung des HCV-Transmissionsrisikos durch eine Amniozentese vor. In einer Fallstudie konnte bei einer von 22 Schwangeren HCV-RNA im Fruchtwasser nachgewiesen werden [3]. Das Kind dieser Schwangeren sowie alle 9 weiteren untersuchten Kinder waren HCV-RNA-negativ.

13.3.3 Labordiagnostik von Hepatitis-C-Virusinfektionen nach der Schwangerschaft und/oder beim Neugeborenen

Fragestellung 1: Welche diagnostischen Maßnahmen sind bei Neugeborenen von HCV-infizierten Müttern notwendig?

Empfehlung

1. Neugeborene von HCV-infizierten Müttern sollen im 2.–6. Lebensmonat mindestens einmal auf HCV-RNA im Blut untersucht werden. Ein positives Ergebnis ist durch Untersuchung einer zweiten Probe zu verifizieren.
2. Darüber hinaus sollte im Alter von etwa 18 Monaten eine Untersuchung auf HCV-Antikörper durchgeführt werden.

Begründung der Empfehlung
— Zu 1. Da diaplazentar übertragene HCV-IgG-Antikörper bei Neugeborenen HCV-infizierter Mütter bis zum Ende des 1. Lebensjahres nachweisbar sind, kann die HCV-Infektion während der ersten 12 Monate nur über die Bestimmung der HCV-RNA mittels PCR diagnostiziert werden. Im 1. Lebensmonat ist die Sensitivität des HCV-RNA-Nachweises nur gering (unter 30 %). Nach dem 1. Lebensmonat liegt die Sensitivität dagegen bei über 90 %.
— Zu 2. Ab dem 18. Lebensmonat sind auch mit hochempfindlichen Tests keine positiven Ergebnisse aufgrund diaplazentar übertragener Antikörper mehr zu erwarten [15].

Fragestellung 2: Welche Möglichkeiten zur Verhinderung der Übertragung bestehen beim Neugeborenen?

Empfehlung

Es gibt keine gesicherten Möglichkeiten zur Verhinderung der Übertragung.

Begründung der Empfehlung
Im Gegensatz zur HIV-Infektion gibt es bei der Hepatitis C keine etablierte antivirale Prophylaxe beim Neugeborenen. Auch eine aktive Impfung oder Immunglobuline, wie für die Prävention der Hepatitis B, sind nicht verfügbar.

Fragestellung 3: Darf eine HCV-infizierte Mutter ihr Kind stillen?

Empfehlung

HCV-infizierte Mütter dürfen ihre Kinder stillen. Bei Vorliegen einer HCV/HIV-Koinfektion sowie bei aktivem Drogenkonsum ist vom Stillen abzuraten. Auch bei Risikokindern, beispielsweise bei extrem Frühgeborenen, sollte ein Stillverzicht in Betracht gezogen werden.

Begründung der Empfehlung
In verschiedenen Studien zeigte sich keine erhöhte HCV-Transmissionsrate bei gestillten im Vergleich zu nicht gestillten Kindern HCV-infizierter Mütter [15]. Daher ist ein Stillverzicht

nur in besonderen Situationen ratsam. Bei der HIV-Koinfektion ist dies das Risiko der HIV-Transmission, beim aktiven Drogenkonsum die mögliche Schädigung des Säuglings durch die Aufnahme von Drogen mit der Muttermilch. Die Empfehlung des Stillverzichts bei Risikokindern wie z. B. extrem Frühgeborenen ergibt sich aus der Überlegung, dass bei einem noch sehr unreifen mukosalen Immunsystem das Risiko einer HCV-Transmission durch Muttermilch erhöht sein könnte. Gesicherte Daten existieren hierzu nicht. Es ist jedoch davon auszugehen, dass der Anteil von Risikokindern wie extrem Frühgeborenen in den Studien zur HCV-Übertragung durch Muttermilch klein ist und ein erhöhtes Transmissionsrisiko für diese Subgruppe daher möglicherweise nicht erfasst wird.

Literatur

1. Bennett S, Gunson RN, McAllister GE, Hutchinson SJ, Goldberg DJ, Cameron SO, Carman WF (2012) Detection of hepatitis C virus RNA in dried blood spots. J Clin Virol 54(2):106–109
2. Ciesek S, Friesland M, Steinmann J, Becker B, Wedemeyer H et al (2010) How stable is the hepatitis C virus (HCV)? Environmental stability of HCV and its susceptibility to chemical biocides. J Infect Dis 201(12):1859–1866
3. Delamare C, Carbonne B, Heim N, Berkane N, Petit JC et al (1999) Detection of hepatitis C virus RNA (HCV RNA) in amniotic fluid: a prospective study. J Hepatol 31(3):416–420
4. Delotte J, Barjoan EM, Berrébi A, Laffont C, Benos P et al for the ALHICE study group (2014) Obstetric management does not influence vertical transmission of HCV infection: results of the ALHICE group study. J Matern Fetal Neonatal Med 27(7):664–670; Epub 2013 Aug 23
5. England K, Thorne C, Harris H, Ramsay M, Newell ML (2011) The impact of mode of acquisition on biological markers of paediatric hepatitis C virus infection. J Viral Hepat 18(8):533–541
6. Gasim GI, Murad IA, Adam I (2013) Hepatitis B and C virus infections among pregnant women in Arab and African countries. J Infect Dev Ctries 7(8):566–578
7. Hahné SJ, Veldhuijzen IK, Wiessing L, Lim TA, Salminen M, Laar M (2013) Infection with hepatitis B and C virus in Europe: a systematic review of prevalence and cost-effectiveness of screening. BMC Infect Dis 13(1):181
8. Jacobi C, Wenkel H, Jacobi A, Korn K, Cursiefen C, Kruse FE (2007) Hepatitis C and ocular surface disease. Am J Ophthalmol 144(5):705–711
9. Liou TC, Chang TT, Young KC, Lin XZ, Lin CY, Wu HL (1992) Detection of HCV RNA in saliva, urine, seminal fluid, and ascites. J Med Virol 37(3):197–202
10. Lock G, Dirscherl M, Obermeier F, Gelbmann CM, Hellerbrand C et al (2006) Hepatitis C – contamination of toothbrushes: myth or reality? J Viral Hepat 13(9):571–573
11. Ockenga J, Tillmann HL, Trautwein C, Stoll M, Manns MP, Schmidt RE (1997) Hepatitis B and C in HIV-infected patients. Prevalence and prognostic value. J Hepatol 27(1):18–24
12. Poethko-Müller C, Zimmermann R, Hamouda O, Faber M, Stark K et al (2013) Die Seroepidemiologie der Hepatitis A, B und C in Deutschland. Ergebnisse der Studie zur Gesundheit Erwachsener in Deutschland (DEGS1)[Epidemiology of hepatitis A, B, and C among adults in Germany: results of the German Health Interview and Examination Survey for Adults (DEGS1)]. Bundesgesundheitsblatt Gesundheitsforschung Gesundheitsschutz 56(5–6):707–715
13. Robert Koch-Institut (2012) DRUCK-Studie – Drogen und chronische Infektionskrankheiten in Deutschland. Epidemiologisches Bulletin 33/2012, 335–339
14. Robert Koch-Institut (2013) Empfehlungen der Ständigen Impfkommission (STIKO) am Robert-Koch-Institut. Epidemiologisches Bulletin 34/2013: 314–343
15. Sarrazin C, Berg T, Ross RS, Schirmacher P, Wedemeyer H et al (2010) Prophylaxe, Diagnostik und Therapie der Hepatitis C-Virus-(HCV) Infektion. Z Gastroenterol 48(2):289–351
16. Wandeler G, Gsponer T, Bregenzer A, Günthard HF, Clerc O et al (2012) Swiss HIV Cohort Study. Hepatitis C virus infections in the Swiss HIV Cohort Study: a rapidly evolving epidemic. Clin Infect Dis 55(10):1408–1416

Herpes-simplex-Virusinfektionen

Andreas Sauerbrei

14.1 Grundlegende Informationen zu Herpes-simplex-Virus – 146

14.2 Allgemeine Daten zur Labordiagnostik der Herpes-simplex-Virusinfektion – 148
14.2.1 Diagnostische Methoden (Stand der Technik) und Transport von Proben – 148
14.2.2 Allgemeine Fragestellungen zur Labordiagnostik der Herpes-simplex-Virusinfektion – 149
14.2.3 Diagnostische Probleme – 151

14.3 Spezielle Fragestellungen zur Labordiagnostik der Herpes-simplex-Virusinfektion – 151
14.3.1 Labordiagnostik von Herpes-simplex-Virusinfektionen vor der Schwangerschaft – 151
14.3.2 Labordiagnostik von Herpes-simplex-Virusinfektionen während der Schwangerschaft – 152
14.3.3 Labordiagnostik von Herpes-simplex-Virusinfektionen nach der Schwangerschaft und/oder beim Neugeborenen – 155

Literatur – 156

14.1 Grundlegende Informationen zu Herpes-simplex-Virus

Virusname	
– Bezeichnung/Abkürzung	Herpes-simplex-Virus, Typen 1 und 2, HSV-1, HSV-2
– taxonomisch	Humanes Herpesvirus 1, Humanes Herpesvirus 2
– Virusfamilie/Unterfamilie/Gattung	*Herpesviridae/Alphaherpesvirinae/Simplexvirus*
Umweltstabilität	auf feuchtem Material bis zu mehrere Tage
Desinfektionsmittelresistenz	begrenzt viruzide und viruzide Desinfektionsmittel sind wirksam
Wirt	Mensch
Verbreitung	weltweit
Durchseuchung (Deutschland)	
Seroprävalenz (Thüringen) [25, 33]	
– HSV-1	Kinder (2–3 Jahre): 19 %
	Kinder (3–6 Jahre): 40 %
	Kinder (6–9 Jahre): 45 %
	Kinder (9–12 Jahre): 57 %
	Jugendliche (15–18 Jahre): 70 %
	Erwachsene (≥40 Jahre): ≥ 90 %
	Frauen (gebärfähiges Alter): 82 %
– HSV-2	Kinder (bis 15 Jahre): 2–4 %
	Jugendliche (15–18 Jahre): 8 %
	Erwachsene: 15–20 %
	Frauen (gebärfähiges Alter): 18 %
Inkubationszeit	2–12 Tage; Herpes neonatorum bis 17 Tage [32]
Übertragung/Ausscheidung	Virusausscheidung über manifeste Haut-/Schleimhautläsionen, Bläscheninhalt
	HSV-1: Speichel, Schleimhaut-/Hautkontakt
	HSV-2 und HSV-1: Genitalsekrete, Schleimhautkontakt, Geschlechtsverkehr
Erkrankungen	
1. akute Infektion	
– Symptome	HSV-1: – Herpes labialis – Gingivostomatitis aphtosa – Keratitis herpetica – Eczema herpeticatum – Enzephalitis
	HSV-2: – Herpes genitalis – Vulvovaginitis herpetica

14.1 · Grundlegende Informationen zu Herpes-simplex-Virus

– asymptomatische Verläufe	HSV-1/HSV-2: häufig/überwiegend
2. rekurrierende Infektion	
– Reaktivierung/ Rezidiv	HSV-1: Herpes labialis
	HSV-2: Herpes genitalis (Fallberichte)
– asymptomatische Verläufe	häufig
– Reinfektion	
– asymptomatische Verläufe	sehr häufig
Infektiosität/Kontagiosität	bei akuter Infektion oder bei Reaktivierung, so lange Bläschen vorhanden sind; zusätzlich ist Virusausscheidung auch in der symptomfreien Phase möglich
Vertikale Übertragung	
– pränatal	transplazentar (selten), nur bei akuter Infektion der Schwangeren
– perinatal	Schmierinfektion über Schleimhaut-/Hautkontakt bei Herpes genitalis der Schwangeren zum Zeitpunkt der Entbindung
– neo-/postnatal	Schmierinfektion über Hautkontakt bei Herpes labialis von Kontaktpersonen
Embryopathie/Fetopathie	
– kongenitale HSV-Infektion	sehr selten (Einzelfallberichte), bei akuter oder disseminierter Infektion der Schwangeren SSW 5–12 [13]
– Herpes neonatorum	Inzidenz (USA): 5–31/100.000 Lebendgeburten (keine Zahlen aus Deutschland verfügbar), bei perinataler/postnataler Übertragung, Auftreten: selten, 1., meist 2.–3. Lebenswoche [1]
– fetale Symptome	Hautläsionen, Augenerkrankungen, neurologische Erkrankungen
	Fehlbildungen: nicht belegt (Einzelfallberichte)
	Spontanaborte: selten (Einzelfallberichte)
	Totgeburt: selten (Einzelfallberichte)
– neonatale Symptome	(1) lokalisierte Infektionen der Haut, des Auges und/oder der Schleimhäute
	(2) Infektionen des ZNS
	(3) disseminierte systemische Infektionen
Therapie der fetalen Erkrankung	nicht verfügbar
Antivirale Therapie	verfügbar (◘ Tab. 14.1)
Prophylaxe	
– Impfung	nicht verfügbar
– passive Immunisierung	nicht verfügbar

Tab. 14.1 Therapie und Prophylaxe der fetalen, neonatalen und maternalen Infektion mit Herpes-simplex-Virus

Therapie/Prophylaxe	Möglichkeit	Maßnahme/Intervention
Therapie der fetalen Erkrankung/Infektion	Nein	–
Prophylaxe der fetalen Erkrankung/Infektion	Ja[1]	Expositionsprophylaxe bei serodiskordanten Paaren antivirale Therapie der Schwangeren*
Therapie der neonatalen Erkrankung/Infektion	Ja	Antivirale Therapie
Prophylaxe der neonatalen Infektion (Transmissionsprophylaxe)	Ja[1]	Sectio caesarea Suppression mit antiviralen Therapeutika in Spätschwangerschaft Expositionsprophylaxe bei serodiskordanten Paaren
Therapie der maternalen Erkrankung	Ja	Antivirale Therapie*
Prophylaxe der maternalen Infektion	Ja[1]	Expositionsprophylaxe bei serodiskordanten Paaren

[1] Evidenzgrad z. T. gering, Maßnahmen z. T. kontrovers diskutiert
* im off-label-use möglich

Tab. 14.2 Übersicht der Methoden zum direkten Nachweis von Herpes-simplex-Virus bzw. von viraler Nukleinsäure (DNA)

Prinzip	Methode	Untersuchungsmaterial*
Virus-DNA-Nachweis	Polymerasekettenreaktion (PCR)	Bläscheninhalt (in Virustransportmedium mit Spezialtupfer), Liquor, Gewebe, bronchoalveoläre Lavage, EDTA-Blut, Fruchtwasser
Virusantigen-Nachweis	Immunfluoreszenztest mit monoklonalen Antikörpern eingeschränkte Sensitivität und Spezifität	Zellreicher Bläscheninhalt in Virustransportmedium mit Spezialtupfer, Gewebe
Virusisolierung	Anzüchtung in der Zellkultur, Nachweis mittels monoklonaler Antikörper Spezialdiagnostik	Bläscheninhalt (in Virustransportmedium mit Spezialtupfer) Gewebe, bronchoalveoläre Lavage
Virustypisierung	Immunfluoreszenz mittels typspezifischer monoklonaler Antikörper Spezialdiagnostik	Virusisolat

14.2 Allgemeine Daten zur Labordiagnostik der Herpes-simplex-Virusinfektion

14.2.1 Diagnostische Methoden (Stand der Technik) und Transport von Proben

Methoden zum direkten Nachweis von Herpes-simplex-Virus bzw. von viraler Nukleinsäure (DNA) zeigt ◘ Tab. 14.2.

14.2 · Allgemeine Daten zur Labordiagnostik der Herpes-simplex-Virusinfektion

Tab. 14.3 Übersicht der Methoden zum Nachweis von Herpes-simplex-Virus-spezifischen Antikörpern

Methode	Anmerkungen
Ligandenassays (ELISA, CLIA etc.)	Bestimmung und Differenzierung von Virustyp-übergreifenden Antikörpern der Ig-Klassen (IgG, IgM), in Serum, Plasma und Liquor Bestimmung von Virustyp-spezifischen Antikörpern gegen die viralen Glykoproteine (gG-1, gC-1, gG-2) einfache Durchführung, automatisiert
Indirekter Fluoreszenzantikörpertest (IFT)	Bestimmung und Differenzierung der Ig-Klassen (IgG, IgM), in Serum, Plasma und Liquor einfache Durchführung, erfordert Erfahrung bei der Auswertung
Immunoblot	Qualitative Bestimmung von Virustyp-spezifischen IgG-Antikörpern gegen die viralen Glykoproteine (gG1, gG2) in Serum einfache Durchführung, spezifisch, in der Serokonversion niedrigere Sensitivität als Ligandenassays, z. T. automatisierte Durchführung und Auswertung
Neutralisationstest	Nachweis von HSV-1- und HSV-2-neutralisierenden Antikörpern in Serum Spezialdiagnostik

Methoden zum Nachweis von Herpes-simplex-Virus-spezifischen Antikörpern zeigt ◘ Tab. 14.3.

Herpes-simplex-Viren gehören zu den gefahrgutrechtlichen Stoffen der Kategorie B, Risikogruppe 2. HSV-haltige Proben müssen nach UN 3373 versendet werden, d.h. das Primärgefäß mit der Patientenprobe muss in einem Umverpackungsröhrchen und mit adsorbierendem Material in einem gekennzeichneten Transportbehältnis (Kartonbox) verschickt werden. Der Versand ist bei Raumtemperatur möglich, Kühlung wird nur empfohlen, wenn das Material für die Virusisolierung vorgesehen ist.

14.2.2 Allgemeine Fragestellungen zur Labordiagnostik der Herpes-simplex-Virusinfektion

? Fragestellung 1: Wie soll die Labordiagnose der akuten oder kürzlich erfolgten Herpes-simplex-Virus-Primärinfektion erfolgen?

Empfehlung

1. Die Diagnose der akuten HSV-Infektion soll über den direkten Virusnachweis erfolgen. Methode der Wahl ist der Nachweis von Virusgenomen mittels PCR in Bläscheninhalt, Genitalabstrich, Liquor, Gewebe, Fruchtwasser, Serum oder EDTA-Blut. Die PCR soll in der Lage sein, zwischen HSV-1 und HSV-2 zu unterscheiden. Alternativ kann man akute Infektionen über die Virusanzucht in der Gewebekultur diagnostizieren (◘ Tab. 14.4).
2. Akute HSV-(Primär)Infektionen können durch den Nachweis einer HSV-IgG-Serokonversion diagnostiziert werden. Dies erfordert die Verfügbarkeit von sequenziell abgenommenen Blutproben, wobei die initiale Probe HSV-IgG negativ sein muss.

◘ **Tab. 14.4** Übersicht der möglichen Ergebniskonstellationen und ihre Bewertung

HSV-Serologie			PCR		Infektionsstatus
HSV-1/2-IgG	HSV-1-IgG	HSV-2-IgG	HSV-1	HSV-2	
Negativ	Negativ	Negativ	Negativ	Negativ	Empfänglich
Negativ	Negativ	Negativ	Positiv	Negativ	Akute HSV-1-Primärinfektion
Positiv	Negativ	Positiv	Positiv	Negativ	Akute HSV-1-Primärinfektion bei HSV-2-Latenz
Positiv	Positiv	Negativ	Positiv	Negativ	HSV-1-Infektion Rekurrenz
Negativ	Negativ	Negativ	Negativ	Positiv	Akute HSV-2-Primärinfektion
Positiv	Positiv	Negativ	Negativ	Positiv	HSV-2-Primärinfektion bei HSV-1-Latenz
Positiv	Negativ	Positiv	Negativ	Positiv	HSV-2-Infektion Rekurrenz
Positiv	Positiv	Negativ	Negativ	Negativ	Abgelaufene HSV-1-Infektion/Latenz
Positiv	Negativ	Positiv	Negativ	Negativ	Abgelaufene HSV-2-Infektion/Latenz
Positiv	Positiv	Positiv	Negativ	Negativ	Abgelaufene HSV-1- und HSV-2-Infektion/Latenz

3. Liegt eine Erstserumprobe aus der Frühphase der Erkrankung vor, kann durch Kombination von Virustyp-spezifischem DNA-Nachweis mittels PCR und Virustyp-spezifischem IgG-Nachweis zwischen Primärinfektion und Rezidiv unterschieden werden. Für die Unterscheidung zwischen Primärinfektion und Rezidiv kann auch der Aviditätsnachweis eingesetzt werden (▶ Abschn. 14.2.3).

Begründung der Empfehlung
— Zu 1. Der Nachweis von Virus-DNA mittels PCR oder HSV mittels Anzucht spricht für eine Primärinfektion oder für eine Rekurrenz (Reaktivierung oder Reinfektion) mit dem jeweils nachgewiesenen Virustyp. Für die Unterscheidung zwischen Primärinfektion und Rekurrenz siehe Punkt 3.
— Zu 2. Die HSV-IgG-Serokonversion beweist eine HSV-Primärinfektion.
— Zu 3. Die diagnostische Unterscheidung zwischen Primärinfektion und Rezidiv ist für das Management in der Spätschwangerschaft von Bedeutung [26].

❓ **Fragestellung 2: Wie erfolgt die Labordiagnose der zurückliegenden Infektion (Latenz)?**

Empfehlung

Der Nachweis einer zurückliegenden Infektion/Viruslatenz soll durch die Bestimmung von HSV-1/2-IgG oder durch die Differenzierung von HSV-1-IgG und HSV-2-IgG in Serum oder Plasma erfolgen. Für die Differenzierung von HSV-typspezifischem IgG sollen Ligandenassays auf der Basis von HSV-typspezifischen gG-Proteinen als Antigen eingesetzt werden.

Begründung der Empfehlung
Zwischen HSV-1 und HSV-2 besteht eine partielle Kreuzreaktivität der Antikörper. Für die sichere Typenspezifität ist daher der Einsatz von rekombinanten Testverfahren auf der Basis der gG-Proteine erforderlich [5, 9, 10, 12, 17].

Hinweis: *Ein negativer HSV-IgG-Befund schließt eine rezidivierende HSV-Infektion aus.*

14.2.3 Diagnostische Probleme

1. Methoden zum direkten Virusnachweis erlauben keine Unterscheidung von Primär- und rezidivierender Infektion.
2. Kommerzielle Virusantigen-Nachweissysteme weisen oft eine eingeschränkte Sensitivität und Spezifität auf.
3. Die Bestimmung von HSV-IgM hat für die Diagnostik der akuten wie auch der rezidivierenden Infektion praktisch keine Bedeutung [24]. Aufgrund von Kreuzreaktivitäten mit anderen Herpesviren (Varicella-Zoster-Virus) sowie endogenen Reaktivierungen kann der IgM-Nachweis falsch positive Werte ergeben.
4. Derzeit bestehen noch wenige Erfahrungen mit der Aviditätsbestimmung von Anti-HSV-IgG.

14.3 Spezielle Fragestellungen zur Labordiagnostik der Herpes-simplex-Virusinfektion

14.3.1 Labordiagnostik von Herpes-simplex-Virusinfektionen vor der Schwangerschaft

Fragestellung 1: In welchen Fällen sollte der Immunstatus überprüft werden?

Empfehlung

Die generelle Testung von Frauen im gebärfähigen Alter auf HSV-spezifische Antikörper wird nicht empfohlen.

Begründung der Empfehlung
Das Testergebnis hat weder therapeutische noch prophylaktische Konsequenzen.

14.3.2 Labordiagnostik von Herpes-simplex-Virusinfektionen während der Schwangerschaft

Fragestellung 1: In welchen Fällen ist die Überprüfung des Serostatus notwendig?

Empfehlung

Alle Schwangeren sollen bezüglich früherer und aktueller HSV-Infektionen, auch bei aktuellen und früheren Partnern, befragt werden. Ergibt sich ein anamnestischer Hinweis auf eine genitale HSV-Infektion, dann ist die Schwangere und gegebenenfalls auch der Partner serologisch bezüglich des HSV-Immunstatus zu untersuchen.

Begründung der Empfehlung
Die Kenntnis des Infektionsstatus ist für das weitere Management der Schwangerschaft notwendig.

Fragestellung 2: Was bedeutet der Nachweis von HSV-1-IgG und/oder HSV-2-IgG?

Empfehlung

1. Bei Kenntnis des positiven Serostatus (HSV-1 oder HSV-2-IgG positiv) einer Schwangeren können in der Spätschwangerschaft Maßnahmen (antivirale Transmissionsprophylaxe; antivirale Suppressionstherapie) zur Reduktion des Übertragungsrisikos ergriffen werden.
2. Bei seronegativen Schwangeren mit Partnern, bei denen der Verdacht auf eine genitale HSV-Infektion bestätigt ist, kann durch geeignete Präventionsmaßnahmen (Expositionsprophylaxe, Kondomgebrauch, Abstinenz etc.) das Risiko einer Primärinfektion während der Schwangerschaft reduziert werden.

Begründung der Empfehlung
— Zu 1. Schwangere mit positivem Nachweis von HSV-2-IgG und genitalem HSV-2-Trägerstatus sind potentielle Virusausscheider und können die Viren peripartal auf das Kind übertragen mit der Folge eines Herpes neonatorum. Dieses trifft in geringerem Maße auch bei Schwangeren mit positivem Nachweis von HSV-1-IgG und anamnestischen Hinweisen auf genitalen Herpes zu.
— Zu 2. Bei serodiskordanten Paaren kann die Schwangere durch Geschlechtsverkehr infiziert werden. Die Viren können perinatal übertragen werden mit der Folge eines Herpes neonatorum.

Hinweis: *Das Vorliegen von HSV-1-spezifischen Antikörpern bei der Schwangeren schützt diese nicht vor einer HSV-2-Primärinfektion und vice versa* [6].

14.3 · Spezielle Fragestellungen zur Labordiagnostik ...

❓ Fragestellung 3: Welche Labordiagnostik sollte bei Schwangeren mit floridem Herpes genitalis durchgeführt werden?

Empfehlung

Bei Schwangeren mit erstmalig auftretenden klinischen Zeichen eines floriden Herpes genitalis soll der Status einer primären oder rekurrierenden HSV-1- oder HSV-2-Infektion durch Virusnachweis und Virustyp-spezifischer Serologie entsprechend der in ▶ Abschn. 14.2 beschriebenen Vorgehensweise abgeklärt werden.

Begründung der Empfehlung
Nur aufgrund einer labordiagnostischen Bestätigung der klinischen Diagnose ist die Therapie des Herpes genitalis sowie ein sinnvolles Management der Schwangeren und des Neugeborenen möglich.

❓ Fragestellung 4: Welche Maßnahmen sind bei Diagnose eines Herpes genitalis (akute oder rekurrierende HSV-Infektion) notwendig?

Empfehlung

Bei Herpes genitalis mit belastender Schmerzsymptomatik und/oder schwerer generalisierter Infektion sollte die Schwangere antiviral behandelt werden [2, 31]. Dabei ist zu berücksichtigen, dass die antiviralen Therapeutika für Schwangere nicht ausdrücklich zugelassen sind (off-label-use). Eine Gabe vor Ende der 14. Schwangerschaftswoche sollte möglichst vermieden werden.

Begründung der Empfehlung
Die Behandlung ist unter anderem zur Schmerzmilderung, zur schnelleren Heilung der Läsionen und zur Senkung der Morbidität bei generalisiertem Herpes genitalis angezeigt. Ergebnisse des Aciclovir-Schwangerschaftsregisters von Burroughs Wellcome Co. (USA) und der Centers for Disease Control and Prevention (USA) haben gezeigt, dass durch eine Behandlung von Schwangeren mit Aciclovir (auch vor 14. Schwangerschaftswoche) nicht mit teratogenen Effekten zu rechnen ist [30]. Vergleichbare Daten liegen auch zur oralen Gabe von Valaciclovir und Famciclovir vor [21].

❓ Fragestellung 5: Welche Maßnahmen sind bei HSV-Primärinfektion während der Frühschwangerschaft hinsichtlich einer möglichen intrauterinen Infektion/Übertragung zu empfehlen?

Empfehlung

Aus embryonaler/fetaler Indikation sind keine besonderen Maßnahmen erforderlich.

Begründung der Empfehlung
Abgesehen von wenigen Einzelfallberichten gibt es keine gesicherten Daten zu intrauterinen HSV-Infektionen in der Frühschwangerschaft.

Fragestellung 6: Was ist zu tun, wenn HSV erstmals während der Spätschwangerschaft im Genitalabstrich nachgewiesen wird?

Empfehlung

Wird HSV-2 oder HSV-1 bei Schwangeren erstmals vor der Entbindung im Genitalabstrich nachgewiesen, soll labordiagnostisch zwischen einem primären und rekurrierenden Herpes genitalis unterschieden werden.

Begründung der Empfehlung
Frauen, die in der Spätschwangerschaft eine akute HSV-Infektion im Genitalbereich erwerben und bei denen bis zur Entbindung keine HSV-spezifischen IgG-Antikörper nachweisbar sind, übertragen das Virus mit hoher Wahrscheinlichkeit subpartal auf den Feten [7]. Da dieser ebenfalls über keine schützenden Antikörper verfügt, ist mit einer HSV-Infektion des Neugeborenen zu rechnen [19, 27]. Sind hingegen bei oder vor Entbindung HSV-1- oder HSV-2-gG-IgG im Serum der Schwangeren nachweisbar, so werden diese auf das Neugeborene übertragen und schützen bedingt vor den neonatalen Infektionen mit den entsprechenden HSV-Typen [3].

Fragestellung 7: Welche Maßnahmen werden bei der Diagnose eines Herpes genitalis zur Prävention der neonatalen HSV-Infektion empfohlen?

Empfehlung

1. Ab 36 Schwangerschaftswochen (GA 36 + 0) wird bis zur Entbindung eine antivirale Therapie empfohlen (◘ Tab. 14.1).
2. Zur Prävention der neonatalen- Infektion ist bei Schwangeren mit genitalen Herpesläsionen und/oder mit positivem Virusnachweis zum Entbindungstermin eine Sectio caesarea für die Entbindung in Erwägung zu ziehen [8, 23]. Eine positive Anamnese für Herpes genitalis bei fehlenden genitalen Symptomen zum Geburtszeitpunkt ist keine gesicherte Indikation für eine Sectio caesarea [18].

Begründung der Empfehlung
- Zu 1. Eine antivirale Therapie reduziert die Häufigkeit klinischer Manifestationen und senkt die Virusausscheidung zum Entbindungstermin [28, 29, 34]; sie stoppt die Virusausscheidung jedoch nicht vollständig [11]. Die antivirale Prophylaxe senkt signifikant die Sectio-Rate [20].
- Zu 2. Ist eine antivirale Therapie nicht möglich, kann die peripartale HSV-Übertragung und neonatale Infektion durch die Sectio caesarea vermieden werden.

14.3.3 Labordiagnostik von Herpes-simplex-Virusinfektionen nach der Schwangerschaft und/oder beim Neugeborenen

❓ Fragestellung 1: Welche diagnostischen Maßnahmen sollen bei Verdacht auf eine neonatale HSV-Infektion erfolgen?

Empfehlung

1. Bei manifestem Herpes genitalis oder bekannter Virusausscheidung bei der Schwangeren zum Zeitpunkt der Entbindung sollen beim Neugeborenen umgehend diagnostische Maßnahmen eingeleitet werden (Virusnachweis mittels PCR aus Abstrichen des Oropharynx, der Konjunktiva und der Haut). Das Neugeborene soll auch bei negativen Befunden engmaschig bezüglich der Entwicklung von Symptomen überwacht werden. Zeigt das Neugeborene verdächtige Symptome, soll die antivirale Therapie unverzüglich begonnen und eine erneute Diagnostik eingeleitet werden (Virusnachweis mittels PCR und/oder Virusisolierung in Abstrichen der Konjunktiva, des Oropharynx, des Rektum, der Haut, in Stuhl, EDTA-Blut, Urin und Liquor des Neugeborenen; ▶ Abschn. 14.2). Bei Verdacht auf eine Erstinfektion der Schwangeren kurz vor oder zum Zeitpunkt der Entbindung erfolgt die Diagnostik und ggf. eine Therapie beim Neugeborenen unabhängig vom Auftreten verdächtiger Symptome.
2. Treten Symptome beim Neugeborenen erst nach einem Intervall von mehreren Tagen bis wenigen Wochen auf, kann die retrospektive Diagnostik einer neonatalen HSV-Infektion durch Nachweis von HSV-DNA in asservierten, gegebenenfalls getrockneten Blutproben versucht werden.

Begründung der Empfehlung
- Zu 1. Da HSV-Infektionen bei Neugeborenen oft nicht eindeutig von anderen neonatalen Infektionen klinisch abzugrenzen sind, ist der Virusnachweis zur Diagnosesicherung unerlässlich. Kinder von Müttern mit primärem Herpes genitalis kurz vor oder zum Zeitpunkt der Geburt haben ein bedeutend größeres Risiko, eine neonatale HSV-Infektion zu entwickeln, als Kinder von Müttern mit rezidivierendem Herpes genitalis [14, 15, 22].
- Zu 2. Da die Symptome einer neonatalen HSV-Infektion gelegentlich erst mit zeitlicher Verzögerung beim einige Tage/Wochen alten Neugeborenen auftreten, ist in diesem Fall die peripartale Übertragung der HSV-Primärinfektion durch Analyse der Trockenblut-Filterkarte (Guthrie-Karte vom 3. Lebenstag) für den Virus-DNA-Nachweis heranzuziehen [4, 16].

❓ Fragestellung 2: Müssen Isolierungs- und sonstige Hygienemaßnahmen bei Müttern und Neugeborenen mit HSV-Infektionen auf Entbindungs- und Wochenbettstationen ergriffen werden?

Empfehlung

1. Maßnahmen zur Vermeidung von Virusübertragungen sollen gegebenenfalls in Abstimmung mit der Krankenhaushygiene ergriffen werden.

2. Der Kontakt des Neugeborenen mit infektiösen Hauteffloreszenzen von medizinischem Personal und Besuchern soll durch geeignete Hygienemaßnahmen (regelmäßige Händedesinfektion, Abdecken von betroffenen Hautpartien, Mundschutz oder Tragen von Handschuhen) verhindert werden. Dies gilt auch für Frühgeborene über den Zeitraum der Neonatalperiode hinaus.

Begründung der Empfehlung
— Zu 1. und 2. Durch diese Maßnahmen wird eine Übertragung des HSV auf empfängliche Neugeborene vermieden bzw. empfängliche Neugeborene werden geschützt.

Fragestellung 3: Ist die Diagnose einer HSV-Infektion bei der Mutter eine Kontraindikation für das Stillen des Neugeborenen?

Empfehlung

Das Stillen des Neugeborenen ist Müttern erlaubt, deren Brust frei von frischen Effloreszenzen ist und wenn andere Läsionen/Bläschen abgedeckt sind.

Begründung der Empfehlung
Eine Übertragung durch die Muttermilch von der Mutter auf das Kind ist aufgrund der Pathogenese der HSV-Infektion wenig wahrscheinlich.

Literatur

1. Anzivino E, Fioriti D, Mischitelli M et al (2009) Herpes simplex virus infection in pregnancy and in neonate: status of art of epidemiology, diagnosis, therapy and prevention. Virol J 6:40
2. Anonymous (2004) Deutsches Herpes Management Forum. Chemother J 13:27–37
3. Ashley RL, Dalessio J, Burchett S et al (1992) Herpes simplex virus-2 (HSV-2) type-specific antibody correlates of protection in infants exposed to HSV-2 at birth. J Clin Invest 90:511–514
4. Barbi M, Binda S, Primache V et al (1998) Use of Guthrie cards for the early diagnosis of neonatal herpes simplex virus disease. Pediatr Infect Dis J 17:251–252
5. Bergström T, Trybala E (1996) Antigenic differences between HSV-1 and HSV-2 glycoproteins and their importance for type-specific serology. Intervirology 39:176–184
6. Boucher FD Yasukawa LL, Bronzan RN et al (1990) A prospective evaluation of primary genital herpes simplex virus type 2 infections acquired during pregnancy. Pediatr Infect Dis J 9:499–504
7. Brown ZA, Selke S, Zeh J et al (1997) The acquisition of herpes simplex during pregnancy. N Engl J Med 337:509–515
8. Brown ZA, Wald A, Morrow RA, Selke S, Zeh J, Corey L (2003) Effect of serologic status and cesarean section on transmission rates of herpes simplex virus from mother to infant. JAMA 289:203–209
9. Eis-Hübinger AM, Däumer M, Matz B, Schneweis KE (1999) Evaluation of three glycoprotein G2-based enzyme immunoassays for detection of antibodies to herpes simplex virus type 2 in human sera. J Clin Microbiol 37:1242–1246
10. Eskild A, Jeansson S, Hagen JA, Jenum PA, Skrondal A (2000) Herpes simplex virus type-2 antibodies in pregnant women: the impact of the stage of pregnancy. Epidemiol Infect 125:685–692
11. Haddad J, Langer B, Astruc D, Messer J, Lokiec F (1993) Oral acyclovir and recurrent genital herpes during late pregnancy. Obstet Gynecol 82(1):102–104
12. Ho DW, Field PR, Sjögren-Jansson E, Jeansson S, Cunningham AL (1992) Indirect ELISA for the detection of HSV-2 specific IgG and IgM antibodies with glycoprotein G (gG-2). J Virol Methods 36:249–264

13. Johansson AB, Rassart A, Blum D, Van Beers D, Liesnard C (2004) Lower-limb hypoplasia due to intrauterine infection with herpes simplex virus type 2: possible confusion with intrauterine varicella-zoster syndrome. Clin Infect Dis 38:e57–62
14. Kimberlin DW, Baley J (2013) Committee on Infectious Diseases and Committee on Fetus and Newborn. Pediatrics e635
15. Kimberlin DW, Lin CY, Jacobs RF et al (2001) Natural history of neonatal herpes simplex virus infections in the acyclovir era. Pediatrics 108:223–229
16. Lewensohn-Fuchs I, Österwall P, Forsgren M, Malm G (2003) Detection of herpes simplex virus DNA in dried blood spot making a retrospective diagnosis possible. J Clin Virol 26:39–48
17. Lipsitch M, Davis G, Corey L (2002) Potential benefits of a serodiagnostic test for herpes simplex virus type 1 (HSV-1) to prevent neonatal HSV-1 infection. Sex Transm Dis 29:399–405
18. Major CA, Towers CV, Lewis DF, Garite TJ (2003) Expectant management of preterm premature rupture of mambranes complicated by active recurrent genital herpes. Am J Obstet Gynecol 188:1551–1555
19. Meerbach A, Sauerbrei A, Meerbach W, Bittrich HJ, Wutzler P (2006) Fatal outcome of herpes simplex virus type 1-induced necrotic hepatitis in a neonate. Med Microbiol Immunol 195:101–105
20. Patel R, Alderson S, Geretti A et al (2011) European guideline for the management of genital herpes. Int J STD AIDS 22:1–10
21. Pasternak B, Hviid A (2010) Use of acyclovir, valacyclovir, and famciclovir in the first trimester of pregnancy and the risk of birth defects. JAMA 304:859–866
22. Pinninti SG, Kimberlin DW (2013) Maternal and neonatal herpes simplex virus infections. Am J Perinatol 30:113–120
23. Randolph AG, Washington AE, Prober CG (1993) Cesarean delivery for women presenting with genital herpes lesions. Efficacy, risks, and costs JAMA 270:77–82
24. Sauerbrei A, Eichhorn U, Hottenrott G, Wutzler P (2000) Virological diagnosis of herpes simplex encephalitis. J Clin Virol 17:31–36
25. Sauerbrei A, Schmitt S, Scheper T et al (2011) Seroprevalence of herpes simplex virus type 1 and type 2 in Thuringia, Germany, 1999 to 2006. Eurosurveillance 16 (44):pii=20005
26. Sauerbrei A, Wutzler P (2004) Serological detection of type-specific IgG to herpes simplex virus by novel ELISAs based on recombinant and highly purified glycoprotein G. Clin Lab 50:425–429
27. Sauerbrei A, Wutzler P (2007) Herpes simplex and varicella-zoster virus infections during pregnancy – current concepts of prevention, diagnosis and therapy Part 1: Herpes simplex virus infections. Med Microbiol Immunol 196:89–94
28. Scott LL, Hollier LM, McIntire D et al (2001) Acyclovir suppression to prevent clinical recurrences at delivery after first episode genital herpes in pregnancy: an open-label trial. Infect Dis Obstet Gynecol 9:75–80
29. Scott LL, Hollier LM, McIntire D et al (2002) Acyclovir suppression to prevent recurrent genital herpes at delivery. Infect Dis Obstet Gynecol 10:71–77
30. Stone KM, Reiff-Eldridge R, White AD et al (2004) Pregnancy outcomes following systemic prenatal acyclovir exposure: conclusions from the international acyclovir pregnancy registry, 1984–1999. Birth Defects Res Clin Mol Teratol 70:201–207
31. Swiss herpes management forum (2004) Swiss recommendations for the management of genital herpes and herpes simplex virus infection in the neonate. Swiss Med Wkly 134:205–214
32. Whitley R, Arvin A, Prober C et al (1991) A controlled trial comparing vidarabine with acyclovir in neonatal herpes simplex virus infection. N Engl J Med 324:444–449
33. Wutzler P, Doerr HW, Färber I et al (2000) Seroprevalence of herpes simplex virus type 1 and type 2 in selected German populations – Relevance for the incidence of genital herpes. J Med Virol 61:201–207
34. Záhumenský J, Vlácil J, Holub M et al (2010) Antiviral prophylaxis of neonatal infection. Prague Med Rep 111:142–147

Lymphozytäre Choriomeningitis

Susanne Modrow

15.1 Grundlegende Informationen zum Virus der lymphozytären Choriomeningitis (LCMV) – 160

15.2 Allgemeine Daten zur Labordiagnostik LCMV-Infektion – 161
15.2.1 Diagnostische Methoden (Stand der Technik) und Transport von Proben – 161
15.2.2 Allgemeine Fragestellungen zur Labordiagnostik – 162
15.2.3 Diagnostische Probleme – 163

15.3 Spezielle Fragestellungen zur Labordiagnostik der LCMV-Virus-Infektion – 163
15.3.1 Labordiagnostik von LCMV-Infektionen vor der Schwangerschaft – 163
15.3.2 Labordiagnostik von LCMV-Infektionen während der Schwangerschaft – 164
15.3.3 Labordiagnostik von LCMV-Infektionen nach der Schwangerschaft und/oder beim Neugeborenen – 167

Literatur – 168

15.1 Grundlegende Informationen zum Virus der lymphozytären Choriomeningitis (LCMV)

Virusname	
– Bezeichnung/Abkürzung	Virus der lymphozytären Choriomeningitis/LCMV
– Virusfamilie/Gattung	*Arenaviridae/Arenavirus*
Umweltstabilität	gering, je nach kontaminiertem Material Stunden bis Tage stabil
Desinfektionsmittelresistenz	begrenzt viruzide und viruzide Desinfektionsmittel sind wirksam
Wirt	
– natürlich	Hausmäuse, verschiedene Arten wildlebender Mäuse (Durchseuchung: 3–20 % mit großen regionalen Unterschieden) [7, 14, 28, 30]
– akzidentell	Nagetiere, vor allem Goldhamster, Hamster, Meerschweinchen, Wüstenrennmäuse, Chinchilla, Menschen, Primaten
Verbreitung	weltweit
Durchseuchung (Deutschland)	geschätzt: 2–5 % basierend auf Studien aus Frankreich, USA und Kanada [15, 18, 28, 29, 31, 37, 40, 45]
Inkubationszeit	7–14 Tage
Übertragung/Ausscheidung	Zoonose: direkte Kontakte/Bisse sowie Kontakte mit Urin, Kot, Speichel infizierter Nagetiere, Einatmen von kontaminiertem Staub
	keine Mensch-zu-Mensch-Übertragung
Erkrankung	Lymphozytäre Choriomeningitis
– Symptome	Fieber, grippeähnliche Symptome, Kopf-/Gliederschmerzen, Meningitis (sehr selten)
– asymptomatische Verläufe	häufig
Infektiosität/Kontagiosität	
– natürliche Wirte	lebenslange LCMV-Ausscheidung nach kongenitaler Infektion
– akzidentelle Wirte	LCMV-Ausscheidung über 2-3 Wochen nach akuter Infektion
Vertikale Übertragung	
– pränatal	transplazentar
Embryopathie/Fetopathie	ja
– kritische Zeiträume	akute Infektion der Schwangeren in SSW 1–28
– fetale Symptome	Abort (SSW 1–15), Infektion des zentralen Nervensystems, fetale Hautödeme, Hydrozephalus, Mikroenzephalie, Hydrops fetalis, Totgeburt
– Häufigkeit	keine Daten
– neonatale Symptome/Spätfolgen	Chorioretinitis, Blindheit, geistige und körperliche Entwicklungsstörungen
Therapie der fetalen Erkrankung	nicht verfügbar

Antivirale Therapie	nicht verfügbar
Prophylaxe	
– Impfung	nicht verfügbar
– passive Immunisierung	nicht verfügbar

Tab. 15.1 Übersicht der Methoden zum direkten Nachweis von LCMV bzw. LCMV-Genomen

Prinzip	Methode	Untersuchungsmaterial
Nachweis von LCMV-RNA	Quantitative und qualitative RT-PCR; Routinediagnostik	Serum, EDTA-Blut, Liquor. fetale Infektion: Fruchtwasser
LCMV Anzucht	Anzucht des LCMV in Zellkultur (L929-, Vero-, D6-Detroit-Zellen) Spezialdiagnostik.	Serum, EDTA/Heparin-Blut, Vollblut, Liquor. fetale Infektion: Fruchtwasser

Tab. 15.2 Übersicht zu den Nachweismethoden LCMV-spezifischer Antikörper

Methode	Anmerkungen
Ligandenassays (ELISA)	Quantitative Bestimmung und Differenzierung von LCMV-spezifischen Antikörpern (IgG, IgM) in Serum, Liquor und Plasma Antigen: Lysat von LCMV-infizierten L929-Zellen, automatisiert, Angabe in Einheiten (U/ml)
Indirekte Immunofluoreszenzteste	Quantitative Bestimmung und Differenzierung von LCMV-spezifischen Antikörpern (IgG, IgM) in Serum, Liquor und Plasma Antigen: LCMV-infizierte L929-Zellen, Angabe: Titer
Neutralisationstest	Anzucht von LCMV in Zellkultur mit anschließender Neutralisierung durch Antikörper in Serum, Liquor, Plasma Spezialdiagnostik

15.2 Allgemeine Daten zur Labordiagnostik LCMV-Infektion

15.2.1 Diagnostische Methoden (Stand der Technik) und Transport von Proben

Methoden zum direkten Nachweis von LCMV bzw. LCMV-Genomen zeigt Tab. 15.1.
Nachweismethoden LCMV-spezifischer Antikörper zeigt Tab. 15.2.

LCMV gehört zu den gefahrgutrechtlichen Stoffen der Kategorie B, Risikogruppe 2. LCMV-haltige Proben müssen nach UN 3373 versendet werden, d. h. das Primärgefäß mit der Patientenprobe muss in einem Umverpackungsröhrchen und mit adsorbierendem Material in einem gekennzeichneten Transportbehältnis (Kartonbox) verschickt werden. Transport bei Raumtemperatur oder bei 4°C (bei Virusanzucht).

Tab. 15.3 Darstellung der LCMV-spezifischen diagnostischen Marker, ihrer möglichen Kombinationen und des daraus ableitbaren Infektionsstatus

LCMV-RNA (RT-PCR)	LCMV-IgG/IgM (ELISA/Immunfluoreszenz)		Infektionsstatus
	IgM	IgG	
Positiv	Negativ	Negativ	Akute Infektion
Positiv	Positiv	Negativ	Akute Infektion
Positiv	Negativ	Positiv	Akute/kürzliche Infektion
Positiv	Positiv	Positiv	Akute/kürzliche Infektion
Negativ	Positiv	Positiv	Kürzliche Infektion oder unspezifisches LCMV-IgM
Negativ	Negativ	Positiv	Abgelaufene Infektion

15.2.2 Allgemeine Fragestellungen zur Labordiagnostik

Fragestellung 1: Wie erfolgt die Labordiagnostik der akuten und/oder kürzlich erfolgten LCMV-Infektion?

Empfehlung

Für die Labordiagnose der akuten LCMV-Infektion sollen molekularbiologische oder serologische Methoden oder deren Kombination eingesetzt werden [8, 16, 26, 33, 38, 41, 46–48]. Hierzu zählen

1. der Nachweis von viralen RNA-Genomsegmenten in einer Blut-(EDTA)-, Serum- oder Liquorprobe durch die RT-PCR (Amplifikation der für das nukleäre Protein NP kodierenden Region im S-Genomsegment);
2. der Nachweis einer LCMV-IgG-Serokonversion; hierzu müssen 2 Blut-/Serumproben im zeitlichen Abstand von etwa 3 Wochen gewonnen und idealerweise bei Verwendung desselben Testsystems auf ihren Gehalt an LCMV-IgG getestet werden;
3. der Nachweis von LCMV-IgM in Kombination mit LCMV-RNA.

Begründung der Empfehlung

— Zu 1.: In der frühen Inkubationsphase (etwa 1–2 Wochen nach dem Viruskontakt) ist LCMV im peripheren Blut bzw. Blutzellen vorhanden und nachweisbar. Zeitgleich mit der einsetzenden Antikörperbildung nimmt dieser Wert während der folgenden 2–3 Monate kontinuierlich ab und fällt unter die Nachweisgrenze.
— Zu 2.: LCMV-IgG ist ab etwa 2–3 Wochen nach dem Viruskontakt nachweisbar, steigt in seiner Konzentration an und bleibt lebenslang erhalten; die Serokonversion ist ein eindeutiger Nachweis einer akuten Infektion.
— Zu 3.: LCMV-IgM ist ein Hinweis auf eine akute oder kürzlich erfolgte Infektion. Negative Werte für LCMV-IgM können eine akute Infektion nicht mit Sicherheit ausschließen, weil LCMV-IgM frühestens 10–14 Tage nach dem Viruskontakt transient nachweisbar ist.

Hinweis: *Die LCMV-spezifischen diagnostischen Marker, ihre möglichen Kombinationen und der daraus ableitbare Infektionsstatus sind in* Tab. 15.3 *dargestellt.*

Fragestellung 2: Wie erfolgt die Labordiagnostik der zurückliegenden LCMV-Infektion/ die Bestimmung der Immunität?

Empfehlung

Die Diagnose einer zurückliegenden LCMV-Infektion bzw. die Bestimmung der Immunität soll durch Nachweis von LCMV-IgG erfolgen. Zusammen mit einem negativen PCR- sowie LCMV-IgM-Befund zeigt LCMV-IgG eine länger zurückliegende, abgelaufene LCMV-Infektion mit erfolgter Viruseliminierung an. Personen mit diesem Befund gelten als immun und sind vor einer erneuten LCMV-Infektion geschützt; ein Grenzwert bezüglich der Titerhöhe existiert nicht.

Begründung der Empfehlung
LCMV-IgG ist etwa 2–3 Wochen nach dem Viruskontakt nachweisbar, steigt in seiner Konzentration an und bleibt lebenslang nachweisbar. Es existieren verschiedene LCMV-Varianten und Serotypen, bisher gibt es keine Hinweise, ob die Immunantwort vor Reinfektionen mit unterschiedlichen LCMV-Serotypen schützt. Daten zum Verlauf von Reinfektionen liegen nicht vor.

15.2.3 Diagnostische Probleme

1. Die RT-PCR-Testsysteme müssen in der Lage sein, alle 3 bekannten LCMV-Varianten zu erkennen. Es wird die Amplifikation eines konservierten Nukleinsäureabschnitts, NP-Gen, S-Segment) empfohlen. Die Testsysteme müssen Inhibitorenkontrollen enthalten und eine Sensitivität von mindestens 100 Genomäquivalente/ml aufweisen. Ein negativer Wert schließt eine niedrige LCMV-RNA-Last nicht aus.
2. LCMV-IgM ist bei akuten Infektionen nur transient vorhanden und deshalb nicht immer nachweisbar, daher schließt ein negativer Befund eine akute Infektionen nicht mit Sicherheit aus. Zur sicheren Diagnosestellung muss bei nachgewiesenem Expositionsrisiko die Probe auf das Vorhandensein von LCMV-RNA untersucht werden [5].
3. Der positive Nachweis von IgM-Antikörpern ist kein sicherer Marker für eine akute Infektion, da die Werte bei Infektionen mit anderen Erregern aufgrund von Kreuzreaktivitäten falsch positiv ausfallen können. Auch kann LCMV-IgM gelegentlich über längere Zeit persistieren.

15.3 Spezielle Fragestellungen zur Labordiagnostik der LCMV-Virus-Infektion

15.3.1 Labordiagnostik von LCMV-Infektionen vor der Schwangerschaft

Fragestellung 1: In welchen Fällen sollte der LCMV-Immunstatus überprüft werden?

Empfehlung

Eine allgemeine Testung ist nicht notwendig.

Begründung der Empfehlung
Das Testresultat hat keinen Einfluss auf das Management vor der Schwangerschaft.

15.3.2 Labordiagnostik von LCMV-Infektionen während der Schwangerschaft

❓ Fragestellung 1: In welchen Fällen und zu welchem Zeitpunkt sollte der Immunstatus überprüft werden?

Empfehlung

1. Eine allgemeine Testung ist nicht notwendig.
2. Bei Schwangeren mit beruflichen Kontakten zu Nagetieren (Zoogeschäfte, Tierärztinnen, Tierpflegerinnen etc.) und Schwangeren, die im Privathaushalt häufig Kontakte mit Mäusen aus nicht getesteten Zuchten (Wildfänge, Hausmäuse), mit neu erworbenen Nagetieren (Goldhamster, Meerschweinchen, Wüstenrennmäuse, Chinchillas oder Ratten) bzw. mit deren Exkrementen haben, sollte so früh wie möglich der LCMV-Immunstatus mit Bestimmung von LCMV-IgG erhoben werden.
3. Bei Schwangeren, die in der Landwirtschaft tätig sind, kann bei besonders hoher Exposition der LCMV-Immunstatus mit Bestimmung des LCMV-IgG veranlasst werden.

Begründung der Empfehlung
- Zu 1.: Das Testresultat hat im Allgemeinen keinen Einfluss auf das Management der Schwangerschaft.
- Zu 2.: Wild/Hausmäuse sind die natürliche Wirte für LCMV. Sie infizieren sich über die chronisch infizierten, trächtigen Mäuse *in utero* und etablieren eine persistierende Infektion mit lebenslanger LCMV-Ausscheidung. Die Durchseuchung der Wildmäuse ist regional sehr unterschiedlich (3–20 %) [7, 14, 28, 30]. Potentiell infektiös sind Exkremente von Mäusen, insbesondere von Wildmäusen [21]. Wildgefangene LCMV-positive Tiere übertragen die Infektion über Aerosole sehr rasch auf andere Tiere der Käfigpopulation [7]. LCMV kann zoonotisch auf Menschen durch neu gekaufte Goldhamster oder Meerschweinchen übertragen werden, die wie auch andere Nagetiere (Wüstenrennmäuse, Chinchillas oder Ratten) keine natürlichen Wirte sind, sich jedoch horizontal durch Kontakte mit LCMV-ausscheidenden Mäusen infizieren können [2, 10, 17, 25, 39, 44]. Entsprechende Kontakte finden nur unter Haltungsbedingungen statt, bei denen die Haustiere mit LCMV-infizierten Mäusen zusammenleben, beispielsweise in Zoohandlungen. Die akzidentell infizierten Nagetiere entwickeln nach 1–2 Wochen eine symptomfreie Infektion, während der sie LCMV für 2–3 Wochen in Urin und Kot ausscheiden; sie etablieren keine persistierende Infektion. Mäuse aus etablierten Zuchten oder in Laboratorien gehaltene Mäuse werden regelmäßig untersucht und sind in der Regel LCMV-frei.
- Zu 3.: In Endemiegebieten sind knapp 5 % der Bevölkerung seropositiv, in Epidemieregionen kann die Durchseuchung auf bis zu 36 % steigen [19, 27]. Signifikante Unterschiede zwischen Land- und Stadtbevölkerung existieren nicht. Es besteht kein allgemein erhöhtes Risiko für in der Land- und/oder Forstwirtschaft berufstätige und/oder auf dem Land lebende Personen, sich mit LCMV zu infizieren [15, 18, 22, 23, 28, 29, 31, 36, 37, 40, 45].

15.3 · Spezielle Fragestellungen zur Labordiagnostik der LCMV-Virus-Infektion

❓ Fragestellung 2: Welche Konsequenz ergibt sich aus einem negativen/positiven LCMV-IgG Befund

Empfehlung

1. LCMV-IgG-negative empfängliche Schwangere sollten hinsichtlich ihres Infektionsrisikos und Hygienemaßnahmen informiert und beraten werden. Hierzu zählen, insbesondere während der ersten beiden Schwangerschaftstrimester, die Vermeidung von direktem Kontakt mit Exkrementen von Nagetieren, die neu gekauft wurden oder aus nicht kontrollierter Zucht stammen, das Tragen von Mundschutz, Einmalhandschuhen bei Kontakt mit Gegenständen/Ställen, die mit Exkrementen verschmutzt sind und Hände-/Oberflächendekontamination mit begrenzt viruziden Desinfektionsmitteln. Die Tiere sollten in einem abgetrennten Raum gehalten und von anderen Personen versorgt werden [11–13]. Von Nagetieren, die bereits längere Zeit im Privathaushalt gehalten wurden und keinen Kontakt zu Wildmäusen oder neu erworbenen Nagetieren haben, geht kein nennenswertes Risiko der LCMV-Übertragung aus.
2. Für LCMV-IgG positive Schwangere werden keine weiteren Maßnahmen empfohlen.

Begründung der Empfehlung
- Zu 1.: Akute LCMV-Infektionen während des 1. Schwangerschaftstrimesters sind mit einer erhöhten Abortrate verbunden, detaillierte Zahlen zur Häufigkeit existieren nicht. Vor allem während des 2. Schwangerschaftstrimesters kann LCMV das zentrale Nervensystem infizieren und Gehirnerkrankungen (Hydrozephalus, Mikroenzephalie) oder Hydrops fetalis verursachen. Kinder, die nach kongenitaler LCMV-Infektion geboren werden, zeigen häufig Embryopathiesymptome mit Chorioretinitis, Blindheit, geistiger und körperlicher Retardierung [1, 3–6, 9, 20, 24, 32, 34, 35, 42, 43].
- Zu 2.: LCMV-IgG-positive Personen sind immun und vor einer LCMV-Infektion geschützt.

❓ Fragestellung 3: Was ist bei Verdacht auf eine akute LCMV-Infektion zu tun?

Empfehlung

Zeigen sich bei einer Schwangeren, die Kontakt zu potentiell infizierten Mäusen und/oder Nagetieren hat, Symptome (Fieber, Kopf-/Gliederschmerzen, aseptische Meningitis), die auf eine akute LCMV-Infektion deuten, soll diese mittels RT-PCR zum Nachweis von LCMV-RNA diagnostisch abgeklärt werden (▶ Abschn. 15.2).

Begründung der Empfehlung
Bei entsprechender Symptomatik besteht ein Verdacht auf eine akute LCMV-Infektion, die während des 1. Schwangerschaftstrimesters mit einer erhöhten Abortrate verbunden ist. Vor allem während des 2. Schwangerschaftstrimesters kann LCMV das zentrale Nervensystems des Feten infizieren und Gehirnerkrankungen (Hydrozephalus, Mikroenzephalie) oder Hydrops fetalis verursachen. Kinder, die nach kongenitaler LCMV-Infektion geboren werden, zeigen häufig Embryopathiesymptome mit Chorioretinitis, Blindheit, geistiger und körperlicher Retardierung [1, 3–6, 9, 20, 24, 32, 34, 35, 42, 43].

> **Fragestellung 4: Was ist im Fall der Exposition/des Kontakts einer Schwangeren mit einer LCMV-infizierten Person zu tun? Müssen in der gynäkologischen Klinik/Praxis besondere organisatorische Maßnahmen für Schwangere mit akuter LCMV-Infektion ergriffen werden?**

Empfehlung

Es sind keine Maßnahmen notwendig.

Begründung der Empfehlung
Die LCMV-Infektion wird nicht von Mensch zu Mensch übertragen.

> **Fragestellung 5: Was ist bei Verdacht auf eine intrauterine LCMV-Infektion zu tun?**

Empfehlung

Bei Schwangeren mit entsprechenden Kontakten zu Wildmäusen, bei denen verdächtige Ultraschallbefunde (fetale Hautödeme, Hydrozephalus, Mikroenzephalie) auffallen, sollte die LCMV-Infektion labordiagnostisch abgeklärt werden. (▶ Abschn. 15.2).

Begründung der Empfehlung
Die Abklärung ist aus differenzialdiagnostischen Gründen notwendig. Zugleich sollten sonographische Untersuchungen bezüglich des Vorliegens von fetalen Erkrankungszeichen vorgenommen werden (▶ Abschn. 15.3.2, Begründung zu Fragestellung 3).

> **Fragestellung 6: Was ist bei positivem Nachweis von LCMV-IgM bei der Schwangeren zu tun?**

Empfehlung

Es besteht Verdacht auf eine akute LCMV-Infektion. Diese ist labordiagnostisch durch eine RT-PCR zum Nachweis von LCMV-Genomen abzuklären (▶ Abschn. 15.2).

Begründung der Empfehlung
Bei Schwangeren kann unspezifisch LCMV-IgM bei gleichzeitig negativen und/oder positiven LCMV-IgG nachweisbar sein.

> **Fragestellung 7: Welche weiteren diagnostischen Maßnahmen sind bei einer akuten LCMV-Infektion während der Schwangerschaft durchzuführen?**

Empfehlung

Bei nachgewiesener akuter LCMV-Infektion der Schwangeren sollte eine invasive Diagnostik in Erwägung gezogen werden. Bezüglich der Wahl des Untersuchungsmaterials (Fruchtwasser oder fetales Blut) zur Abklärung der fetalen LCMV-Infektion kann keine gesicherte Empfehlung gegeben werden.

Begründung der Empfehlung
Es liegen nur begrenzte Daten vor.

15.3 · Spezielle Fragestellungen zur Labordiagnostik der LCMV-Virus-Infektion

❓ Fragestellung 8: Kann man die LCMV-Übertragung von der infizierten Mutter auf das Kind verhindern?

Empfehlung

Es gibt keine Möglichkeit, die Übertragung von der infizierten Mutter auf das Kind zu verhindern.

Begründung der Empfehlung
Ein spezifisches Immunglobulin zur Verhinderung der transplazentaren Übertragung existiert nicht. Der Gehalt von LCMV-IgG in Standard-Immunglobulinpräparaten ist nicht bekannt.

❓ Fragestellung 9: Lassen sich aus der Höhe der LCMV-RNA-Last Rückschlüsse auf das Infektions- oder Erkrankungsrisiko des Kindes ziehen?

Empfehlung

Aus der LCMV-RNA-Last lassen sich keine Rückschlüsse auf das Infektions- oder Erkrankungsrisiko des Kindes ziehen.

Begründung der Empfehlung
Es existieren keine Daten.

15.3.3 Labordiagnostik von LCMV-Infektionen nach der Schwangerschaft und/oder beim Neugeborenen

❓ Fragestellung 1: Welche diagnostischen Maßnahmen sind bei Neugeborenen mit Verdacht auf eine kongenitale LCMV-Infektion (Chorioretinitis, Mikroenzephalie etc.) notwendig?

Empfehlung

Eine kongenitale LCMV-Infektion soll diagnostisch (Nachweis von LCMV-Genomen mittels RT-PCR und LCMV-IgM/IgG) gesichert werden.

Begründung der Empfehlung
Die Untersuchung ist aus differenzialdiagnostischen Gründen notwendig.

❓ Fragestellung 2: Welche Maßnahmen sollten ergriffen werden, falls die Schwangere bzw. die Mutter kurz vor oder nach der Entbindung eine akute LCMV-Infektion etabliert?

Empfehlung

Die LCMV-Infektion soll diagnostisch (Nachweis von LCMV-Genomen mittels RT-PCR und LCMV-IgM/IgG) gesichert werden.

Begründung der Empfehlung
Die Untersuchung wird aus differenzialdiagnostischen Gründen empfohlen.

Literatur

1. Ackermann R, Körver G, Turss R, Wönne R, Hochgesand P (1974) [Prenatal infection with the virus of lymphocytic choriomeningitis: report of two cases (author's transl)]. Dtsch Med Wochenschr 99(13):629–632
2. Ackermann R (1977) [Risk to humans through contact with golden hamsters carrying lymphocytic choriomeningitis virus (author's transl)]. Dtsch Med Wochenschr 102(39):1367–1370
3. Barton LL, Hyndman NJ (2000) Lymphocytic choriomeningitis virus: reemerging central nervous system pathogen. Pediatrics 2000 Mar;105(3):E35
4. Barton LL, Mets MB, Beauchamp CL (2002) Lymphocytic choriomeningitis virus: emerging fetal teratogen. Am J Obstet Gynecol 187(6):1715–1716
5. Barton LL, Mets MB (1999) Lymphocytic choriomeningitis virus: pediatric pathogen and fetal teratogen. Pediatr Infect Dis J 18(6):540–541; PubMed PMID: 10391186
6. Barton LL, Peters CJ, Ksiazek TG (1995) Lymphocytic choriomeningitis virus: an unrecognized teratogenic pathogen. Emerg Infect Dis 1(4):152–153
7. Becker SD, Bennett M, Stewart JP, Hurst JL (2003) Serological survey of virus infection among wild house mice (Mus domesticus) in the UK. Lab Anim 2007 Apr;41(2):229–38
8. Besselsen DG, Wagner AM, Loganbill JK (2003) Detection of lymphocytic choriomeningitis virus by use of fluorogenic nuclease reverse transcriptase-polymerase chain reaction analysis. Comp Med 53(1):65–69
9. Bonthius DJ, Wright R, Tseng B, Barton L, Marco E et al (2007) Congenital lymphocytic choriomeningitis virus infection: spectrum of disease. Ann Neurol 62(4):347–355
10. Centers for Disease Control and Prevention – CDC (2005) Lymphocytic choriomeningitis virus infection in organ transplant recipients–Massachusetts, Rhode Island, 2005. MMWR Morb Mortal Wkly Rep 54(21):537–539
11. Centers for Disease Control and Prevention – CDC (2005) Interim guidance for minimizing risk for human lymphocytic choriomeningitis virus infection associated with rodents. MMWR Morb Mortal Wkly Rep 54(30):747–9
12. Centers for Disease Control and Prevention – CDC (2006) Survey of lymphocytic choriomeningitis virus diagnosis and testing–Connecticut, 2005. MMWR Morb Mortal Wkly Rep 55(14):398–399
13. Centers for Disease Control and Prevention – CDC (2005) Update: interim guidance for minimizing risk for human lymphocytic choriomeningitis virus infection associated with pet rodents. MMWR Morb Mortal Wkly Rep 54(32):799–801
14. Childs JE, Glass GE, Korch GW, Ksiazek TG, Leduc JW (1992) Lymphocytic choriomeningitis virus infection and house mouse (Mus musculus) distribution in urban Baltimore. Am J Trop Med Hyg 47(1):27–34
15. Childs JE, Glass GE, Ksiazek TG, Rossi CA, Oro JG, Leduc JW (1991) Human-rodent contact and infection with lymphocytic choriomeningitis and Seoul viruses in an inner-city population. Am J Trop Med Hyg 44(2):117–121
16. Cordey S, Sahli R, Moraz ML, Estrade C, Morandi L et al (2011) Analytical validation of a lymphocytic choriomeningitis virus real-time RT-PCR assay. J Virol Methods 177(1):118–122
17. Deibel R, Woodall JP, Decher WJ, Schryver GD (1975) Lymphocytic choriomeningitis virus in man. Serologic evidence of association with pet hamsters. JAMA 232(5):501–504
18. de Lamballerie X, Fulhorst CF, Charrel RN (2007) Prevalence of antibodies to lymphocytic choriomeningitis virus in blood donors in southeastern France. Transfusion 47(1):172–173
19. Dobec M, Dzelalija B, Punda-Polic V, Zoric I (2006) High prevalence of antibodies to lymphocytic choriomeningitis virus in a murine typhus endemic region in Croatia. J Med Virol 78(12):1643–1647
20. Enders G, Varho-Göbel M, Löhler J, Terletskaia-Ladwig E, Eggers M (1999) Congenital lymphocytic choriomeningitis virus infection: an underdiagnosed disease. Pediatr Infect Dis J 18(7):652–655
21. Foster ES, Signs KA, Marks DR, Kapoor H, Casey M et al (2006) Lymphocytic choriomeningitis in Michigan. Emerg Infect Dis 12(5):851–853
22. Fritz CL, Fulhorst CF, Enge B, Winthrop KL, Glaser CA, Vugia DJ (2002) Exposure to rodents and rodent-borne viruses among persons with elevated occupational risk. J Occup Environ Med 44(10):962–967
23. Fulhorst CF, Milazzo ML, Armstrong LR, Childs JE, Rollin PE et al (2007) Hantavirus and arenavirus antibodies in persons with occupational rodent exposure. Emerg Infect Dis 13(4):532–538
24. Greenhow TL, Weintrub PS (2003) Your diagnosis, please. Neonate with hydrocephalus. Pediatr Infect Dis J 22(12):1099, 1111–1112
25. Hochgesand P, Turss R, Ackermann R (1975) [Prenatal chorio-retinitis transmitted by golden hamsters (author's transl)]. Klin Monbl Augenheilkd 166(2):190–195

26. Homberger FR, Romano TP, Seiler P, Hansen GM, Smith AL (1995) Enzyme-linked immunosorbent assay for detection of antibody to lymphocytic choriomeningitis virus in mouse sera, with recombinant nucleoprotein as antigen. Lab Anim Sci 45(5):493–496
27. Juncker-Voss M, Prosl H, Lussy H, Enzenberg U, Auer H et al (2004) [Screening for antibodies against zoonotic agents among employees of the Zoological Garden of Vienna, Schönbrunn, Austria]. Berl Munch Tierarztl Wochenschr 117(9–10):404–409
28. Kallio-Kokko H, Laakkonen J, Rizzoli A, Tagliapietra V, Cattadori I et al (2006) Hantavirus and arenavirus antibody prevalence in rodents and humans in Trentino, Northern Italy. Epidemiol Infect 134(4):830–836
29. Knust B, Macneil A, Wong SJ, Backenson PB, Gibbons A et al (2011) Exposure to lymphocytic choriomeningitis virus, New York, USA. Emerg Infect Dis 17(7):1324–1325
30. Ledesma J, Fedele CG, Carro F, Lledó L, Sánchez-Seco MP et al (2009) Independent lineage of lymphocytic choriomeningitis virus in wood mice (Apodemus sylvaticus), Spain. Emerg Infect Dis 15(10):1677–1680
31. Marrie TJ, Saron MF (1998) Seroprevalence of lymphocytic choriomeningitis virus in Nova Scotia. Am J Trop Med Hyg 58(1):47–49
32. Meritet JF, Krivine A, Lewin F, Poissonnier MH, Poizat R et al (2009) A case of congenital lymphocytic choriomeningitis virus (LCMV) infection revealed by hydrops fetalis. Prenat Diagn 29(6):626–627
33. McIver CJ, Jacques CF, Chow SS, Munro SC, Scott GM et al (2005) Development of multiplex PCRs for detection of common viral pathogens and agents of congenital infections. J Clin Microbiol 43(10):5102–5110
34. Mets MB, Barton LL, Khan AS, Ksiazek TG (2000) Lymphocytic choriomeningitis virus: an underdiagnosed cause of congenital chorioretinitis. Am J Ophthalmol 130(2):209–215
35. Mets MB (1999) Childhood blindness and visual loss: an assessment at two institutions including a »new« cause. Trans Am Ophthalmol Soc 97:653–696
36. Moll van Charante AW, Groen J, Osterhaus AD (1994) Risk of infections transmitted by arthropods and rodents in forestry workers. Eur J Epidemiol 10(3):349–351
37. Park JY, Peters CJ, Rollin PE, Ksiazek TG, Katholi CR et al (1997) Age distribution of lymphocytic choriomeningitis virus serum antibody in Birmingham, Alabama: evidence of a decreased risk of infection. Am J Trop Med Hyg 57(1):37–41
38. Park JY, Peters CJ, Rollin PE, Ksiazek TG, Gray B et al (1997) Development of a reverse transcription-polymerase chain reaction assay for diagnosis of lymphocytic choriomeningitis virus infection and its use in a prospective surveillance study. J Med Virol 51(2):107–114
39. Parker JC, Igel HJ, Reynolds RK, Lewis AM Jr, Rowe WP (1976) Lymphocytic choriomeningitis virus infection in fetal, newborn, and young adult Syrian hamsters (Mesocricetus auratus). Infect Immun 13(3):967–981
40. Riera L, Castillo E, Del Carmen Saavedra M, Priotto J, Sottosanti J et al (2005) Serological study of the lymphochoriomeningitis virus (LCMV) in an inner city of Argentina. J Med Virol 76(2):285–289
41. Sheinbergas MM, Verikene VV, Maslinskas VY, Lyubetsky VB (1978) Sepcific immunofluorescent IgG, IgM, and IgA antibodies in lymphocytic choriomeningitis. Acta Virol 22(3):218–224
42. Sheinbergas MM (1975) Antibody to lymphocytic choriomeningitis virus in children with congenital hydrocephalus. Acta Virol 19(2):165–166
43. Sheinbergas MM (1976) Hydrocephalus due to prenatal infection with the lymphocytic choriomeningitis virus. Infection 4(4):185–191
44. Skinner HH, Knight EH, Buckley LS (1976) The hamster as a secondary reservoir host of lymphocytic choriomeningitis virus. J Hyg (Lond) 76(2):299–306
45. Stephensen CB, Blount SR, Lanford RE, Holmes KV, Montali RJ et al (1992) Prevalence of serum antibodies against lymphocytic choriomeningitis virus in selected populations from two U.S. cities. J Med Virol 38(1):27–31
46. Turković B, Ljubicić M (1992) ELISA and indirect immunofluorescence in the diagnosis of LCM virus infections. Acta Virol 36(6):576–580
47. Vieth S, Drosten C, Lenz O, Vincent M, Omilabu S et al (2007) RT-PCR assay for detection of Lassa virus and related Old World arenaviruses targeting the L gene. Trans R Soc Trop Med Hyg 101(12):1253–1264
48. Welsh RM, Seedhom MO (2008) Lymphocytic choriomeningitis virus (LCMV): propagation, quantitation, and storage. Curr Protoc Microbiol Chapter 15:Unit 15A.1

Parechovirusinfektionen

Daniela Huzly

16.1	Grundlegende Informationen zu Parechoviren – 172	
16.2	Allgemeine Daten zur Labordiagnostik der Parechovirusinfektion – 173	
16.2.1	Diagnostische Methoden (Stand der Technik) und Transport von Proben – 173	
16.2.2	Allgemeine Fragestellungen zur Labordiagnostik – 173	
16.3	Spezielle Fragestellungen zur Labordiagnostik der Parechovirusinfektion – 174	
16.3.1	Labordiagnostik von Parechovirusinfektionen vor der Schwangerschaft – 174	
16.3.2	Labordiagnostik von Parechovirusinfektionen während der Schwangerschaft – 174	
16.3.3	Labordiagnostik von Parechovirusinfektionen nach der Schwangerschaft und/oder beim Neugeborenen – 174	

Literatur – 176

16.1 Grundlegende Informationen zu Parechoviren

Virusname	
– Bezeichnung/Abkürzung	Parechovirus/HPeV (Typen 1–16)
– Virusfamilie/Gattung	*Picornaviridae/Parechovirus*
Umweltstabilität	hoch
Desinfektionsmittelresistenz	nur viruzide Desinfektionsmittel sind wirksam
Wirt	Mensch
Verbreitung	weltweit, HPeV Typen 1–3 überwiegen
– bei Neugeborenen	bevorzugt HPeV Typ 3
Durchseuchung (Deutschland)	nicht bekannt
Inkubationszeit	vermutlich 7–14 Tage
Übertragung/Ausscheidung	Stuhl; Schmierinfektion (fäkal-oral), Lebensmittelkontamination; seltener: Speichel, Rachensekrete; Tröpfcheninfektion (oral-oral)
Erkrankungen	Gastroenteritis
– Symptome	Diarrhö, Übelkeit, auch Atemwegserkrankung
– Komplikationen	Meningitis, Enzephalitis
– asymptomatische Verläufe	sehr häufig (90–95%) bei über einjährigen Kindern und Erwachsenen
Infektiosität/Kontagiosität	vermutlich 2–3 Tage vor Ausbruch der Erkrankung, Virusausscheidung im Stuhl über mehrere Wochen
Vertikale Übertragung	
– pränatal	nicht bekannt
– perinatal	Schmierinfektion beim Geburtsvorgang
– neo-/postnatal	Schmierinfektion/Tröpfcheninfektion
Embryopathie/Fetopathie	nicht bekannt
– fetale Symptome	nicht bekannt
– neonatale Symptome	Fieber, Sepsis-ähnliche Erkrankung, Meningitis/Enzephalitis, Gastroenteritis
– kritische Zeiträume	akute Infektion der Schwangeren oder Kontaktpersonen um den Geburtszeitpunkt/Neugeborenenperiode
Therapeutische Maßnahme	symptomatische Therapie
Antivirale Therapie	nicht verfügbar
Prophylaxe	
– Impfung	nicht verfügbar
– passive Immunisierung	nicht verfügbar

Tab. 16.1 Übersicht der Methoden zum direkten Nachweis von Parechovirus

Prinzip	Methode	Untersuchungsmaterial
Virus-RNA-Nachweis	Polymerasekettenreaktion (RT-PCR) kommerziell erhältlich Methode der Wahl [1, 2, 4, 16],	Stuhl, Serum, Liquor

16.2 Allgemeine Daten zur Labordiagnostik der Parechovirusinfektion

16.2.1 Diagnostische Methoden (Stand der Technik) und Transport von Proben

Methoden zum direkten Nachweis von Parechovirus zeigt ◘ Tab. 16.1.

Diagnostische Testsysteme zum Nachweis von Parechovirus-spezifischen Antikörpern sind kommerziell nicht verfügbar.

Untersuchungsmaterial, das potenziell Parechoviren enthält, muss entsprechend den internationalen Transportvorschriften versendet werden; das Primärgefäß mit der Probe muss in einem Umverpackungsröhrchen und mit adsorbierendem Material in einem gekennzeichneten Transportbehältnis (UN 3373) verschickt werden. Der Versand ist bei Raumtemperatur möglich.

16.2.2 Allgemeine Fragestellungen zur Labordiagnostik

Fragestellung 1: Wie erfolgt die Labordiagnose der akuten Parechovirusinfektion?

Empfehlung

Die Labordiagnose der akuten Parechovirusinfektion erfolgt durch den molekularbiologischen Nachweis von Virusgenomen mittels RT-PCR aus Stuhl und/oder Liquor [1–3].

Begründung der Empfehlung
RT-PCR-Teste zum sensitiven Nachweis der viralen RNA-Genome sind kommerziell verfügbar. Serologische Verfahren zum Antikörpernachweis sind aktuell nicht etabliert und für die Labordiagnostik der akuten Parechovirusinfektion ohne Bedeutung.

16.3 Spezielle Fragestellungen zur Labordiagnostik der Parechovirusinfektion

16.3.1 Labordiagnostik von Parechovirusinfektionen vor der Schwangerschaft

❓ **Fragestellung 1:** In welchen Fällen und zu welchem Zeitpunkt sollte eine Parechovirus-Diagnostik durchgeführt werden?

> **Empfehlung**
>
> Die Fragestellung ist ohne Relevanz.
>
> **Begründung der Empfehlung**
> Die Inkubationszeit von Parechovirusinfektionen beträgt meist nur wenige Tage; eine akute Infektion vor der Konzeption spielt keine Rolle für den Verlauf der Schwangerschaft.

16.3.2 Labordiagnostik von Parechovirusinfektionen während der Schwangerschaft

❓ **Fragestellung 1:** In welchen Fällen und zu welchem Zeitpunkt sollte eine Parechovirus-Diagnostik durchgeführt werden?

> **Empfehlung**
>
> Diese Fragestellung ist ohne Relevanz.
>
> **Begründung der Empfehlung**
> Es ist unklar, ob und wie häufig Parechovirusinfektionen beim Erwachsenen mit schweren Erkrankungen einhergehen können. Ohne eindeutig zuordenbare Symptome kann daher keine Indikation für einen Virusnachweis bei der Schwangeren abgeleitet werden.

16.3.3 Labordiagnostik von Parechovirusinfektionen nach der Schwangerschaft und/oder beim Neugeborenen

❓ **Fragestellung 1:** In welchen Fällen muss an eine Parechovirusinfektion des Neugeborenen gedacht werden?

> **Empfehlung**
>
> Bei Fieber in der Neugeborenenperiode, Sepsis-ähnlicher Erkrankung und aseptischer Meningitis soll an eine Infektion mit Parechoviren gedacht werden, entsprechende diagnostische Maßnahmen sollen eingeleitet werden.

16.3 · Spezielle Fragestellungen zur Labordiagnostik der Parechovirusinfektion

Begründung der Empfehlung
Parechovirusinfektionen spielen nach der derzeitig verfügbaren Datenlage eine bedeutende Rolle bei postnatal auftretenden, Sepsis-ähnlichen Erkrankungen und aseptischen Meningitiden [5, 7–12, 14]. Differenzialdiagnostisch hilfreich ist eine blasse, marmorierte Haut, ein makulopapulöser Ausschlag an den Extremitäten sowie ein Palmar- und Plantarerythem [6, 14, 15].

Fragestellung 2: In welchen Fällen ist eine Diagnosestellung zu empfehlen?

Empfehlung

In der Differenzialdiagnose der Sepsis-ähnlichen Erkrankung des Neugeborenen sollten Parechoviren gemeinsam mit den Enteroviren ausgeschlossen werden, insbesondere wenn bakterielle Infektionserreger nicht nachgewiesen werden können.

Begründung der Empfehlung
Bei frühzeitiger Diagnose einer akuten Parechovirusinfektion kann auf die Gabe von Antibiotika verzichtet werden [16]. ▶ Abschn. 16.3.3, Fragestellung 1.

Fragestellung 3: Wie wird die Labordiagnose erstellt?

Empfehlung

Die Diagnose wird durch den molekularbiologischen Nachweis von Parechovirus-RNA in Stuhl, Liquor und evtl. Serum gestellt.

Begründung der Empfehlung
▶ Abschn. 16.2

Fragestellung 4: Welche unmittelbaren Konsequenzen ergeben sich aus der Diagnose?

Empfehlung

Bei Nachweis einer Parechovirusinfektion auf einer Wöchnerinnen- oder Säuglingsstation muss der für die Krankenhaushygiene Beauftragte benachrichtigt werden. Zur Flächen- und Händedesinfektion sind viruzide Desinfektionsmittel notwendig.

Begründung der Empfehlung
Parechoviren werden durch Schmier- und Kontaktinfektion weitergegeben, sie haben daher ein erhebliches Potenzial zur nosokomialen Verbreitung. Bei Kindern im Alter unter 3 Monaten können durch Parechovirusinfektionen schwere, Sepsis-ähnliche, lebensbedrohende Erkrankungen hervorgerufen werden. [12, 13]

Literatur

1. Bennett S, Harvala H, Witteveldt J et al (2012) Rapid Simultaneous Detection of Enterovirus and Parechovirus RNAs in Clinical Samples by One-Step Real-Time Reverse Transcription-PCR Assay. J Clin Microbiol 49(7):2620–2624
2. Benschop K, Molenkamp R, van der Ham A, Wolthers K, Beld M (2008) Rapid detection of human parechoviruses in clinical samples by real-time PCR. The official publication of the Pan American Society for Clinical Virology: J Clin Virol 41(2):69–74
3. Benschop K, Minnaar R, Koen G et al (2012) Detection of human enterovirus and human parechovirus (HPeV) genotypes from clinical stool samples: polymerase chain reaction and direct molecular typing, culture characteristics, and serotyping. Diagn Microbiol Infect Dis 68(2):166–173
4. de Crom SCM, Obihara CC, de Moor RA, Veldkamp EJM, van Furth AM, Rossen JWA (2013) Prospective comparison of the detection rates of human enterovirus and parechovirus RT-qPCR and viral culture in different pediatric specimens. J Clin Virol 10//;58(2):449–454
5. Escuret A, Mirand A, Dommergues MA et al (2013) [Epidemiology of parechovirus infections of the central nervous system in a French pediatric unit]. Arch Pediatr 20(5):470–475
6. Groneck P, Jahn, P, Schuler-Lüttmann, S, Beyrer, K (2011) Neonatale Enterovirus-Meningitis: Transmission durch die Eltern beim famili ä ren Rooming-in und derzeitige Epidemiologie der Erkrankung in Deutschland. Z Geburtshilfe Neonatol 215:1–5
7. Han TH, Chung JY, You SJ, Youn JL, Shim GH (2013) Human parechovirus-3 infection in children, South Korea. J Clin Virol 58(1):194–199
8. Harvala H, McLeish N, Kondracka J et al (2011) Comparison of Human Parechovirus and Enterovirus Detection Frequencies in Cerebrospinal Fluid Samples Collected Over a 5-Year Period in Edinburgh: HPeV Type 3 Identified as the Most Common Picornavirus Type. J Med Virol 83(5):889–896
9. Kemen C, Baumgarte S, Hoger PH (2013) Sepsis-like illness caused by human parechovirus type 3. Case-control study in young infants. Monschr Kinderheilkd 161(5):425–428
10. Levorson RE, Jantausch BA, Wiedermann BL, Spiegel HML, Campos JM (2009) Human Parechovirus-3 Infection Emerging Pathogen in Neonatal Sepsis. Pediatr Infect Dis J 28(6):545–547
11. Renaud C, Kuypers J, Ficken E, Cent A, Corey L, Englund JA (2011) Introduction of a novel parechovirus RT-PCR clinical test in a regional medical center. J Clin Virol 51(1):50–53
12. Schuffenecker I, Javouhey E, Gillet Y et al (2012) Human parechovirus infections, Lyon, France, 2008–2010: Evidence for severe cases. J Clin Virol 54(4):337–341
13. Sedmak G, Nix WA, Jentzen J, et al (2010) Infant Deaths Associated with Human Parechovirus Infection in Wisconsin. Clin Infect Dis 50(3):357–361
14. Selvarangan R, Nzabi M, Selvaraju SB, Ketter P, Carpenter C, Harrison CJ (2011) Human Parechovirus 3 Causing Sepsis-like Illness in Children From Midwestern United States. Pediatr Infect Dis J 30(3):238–242
15. Shoji K, Komuro H, Miyata I, Miyairi I, Saitoh A (2013) Dermatologic Manifestations of Human Parechovirus Type 3 Infection in Neonates and Infants. Pediatr Infect Dis J 32(3):233–236
16. Walters B, Penaranda S, Nix WA, et al (2012) Detection of human parechovirus (HPeV)-3 in spinal fluid specimens from pediatric patients in the Chicago area. J Clin Virol 52(3):187–191

Ringelröteln

Susanne Modrow

17.1	**Grundlegende Informationen zu Parvovirus B19 – 178**
17.2	**Allgemeine Daten zur Labordiagnostik der Parvovirus-B19-Infektion – 179**
17.2.1	Diagnostische Methoden (Stand der Technik) und Transport von Proben – 179
17.2.2	Allgemeine Fragestellungen zur Labordiagnostik – 179
17.2.3	Diagnostische Probleme – 182
17.3	**Spezielle Fragestellungen zur Labordiagnostik der Parvovirus-B19-Infektion – 183**
17.3.1	Labordiagnostik von Parvovirus-B19-Infektionen vor der Schwangerschaft – 183
17.3.2	Labordiagnostik von Parvovirus-B19-Infektionen während der Schwangerschaft – 184
17.3.3	Labordiagnostik von Parvoirus-B19-Infektionen nach der Schwangerschaft und/oder beim Neugeborenen – 189
	Literatur – 191

17.1 Grundlegende Informationen zu Parvovirus B19

Virusname	
– Bezeichnung/Abkürzung	Parvovirus B19/B19V
– Virusfamilie/Gattung	*Parvoviridae/Parvovirinae/Erythrovirus*
Umweltstabilität	sehr stabil; Untersuchungen mit tierpathogenen Parvoviren zeigen den Erhalt der Infektiosität in der Umwelt über mehrere Tage bis Wochen
Desinfektionsmittelresistenz	sehr stabil, nur viruzide Desinfektionsmittel sind wirksam, Einwirkzeit beachten
Wirt	Mensch
Verbreitung	weltweit
Durchseuchung (Deutschland) [23, 52, 54, 67]	
– Kinder (4–6 Jahre)	35 %
– Kinder (7–10 Jahre)	50 %
– junge Erwachsene (18–25 Jahre)	65 %
– ältere Erwachsene (65–75 Jahre)	80 %
– Frauen (gebärfähiges Alter)	69–72 %
Inkubationszeit	7–14 (–21) Tage
Übertragung/Ausscheidung	Speichel: Tröpfchen-/Schmierinfektion
	Blut: Schmierinfektion
Erkrankungen	Ringelröteln (Erythema infectiosum)
– Symptome	Exanthem, Fieber, transiente Anämie, transiente Arthritis
– asymptomatische Verläufe	häufig: bei Schwangeren ca. 30–50 %
Infektiosität/Kontagiosität	ca. eine Woche vor und eine Woche nach Erkrankungsbeginn
Vertikale Übertragung	
– pränatal	transplazentar
– perinatal	Schmierinfektion über Schleimhaut-/Blutkontakt bei akuter Infektion zum Entbindungszeitpunkt
– neo-/postnatal	Tröpfchen-/Schmierinfektion (Speichel/Rachensekret, Blut)
Embryopathie/Fetopathie	ja [2, 8, 21, 25, 28, 51, 53, 71]
– Auftreten/Häufigkeit	4–17 % der akut infizierten Schwangeren
	Hauptrisikophase akute Infektionen im 1./2. Trimenon bis einschließlich SSW 20
– fetale Symptome	Abort/intrauteriner Tod, fetale Anämie, Anämie/Thrombozytopenie, Hydrops fetalis (Auftreten: SSW 12–28), Totgeburt
– neonatale Symptome/Spätfolgen	Einzelfallbeschreibungen zu neuronalen Entwicklungsstörungen bei Feten mit schwerer Anämie [9, 12, 36, 42, 49] und zu transplantationsbedürftiger fetaler Myokarditis [65]

Therapeutische Maßnahme	intrauterine Erythrozytentransfusion bei fetaler Anämie
Antivirale Therapie	nicht verfügbar
Prophylaxe	
– Impfung	nicht verfügbar
– passive Immunisierung	Ein spezifisches Immunglobulinpräparat ist nicht verfügbar. In Einzelfallbeschreibungen wurden Standard-Immunglobulinpräparate zur Beeinflussung der vertikalen Übertragung eingesetzt. Diese Vorgehensweise wird nicht empfohlen.

Die therapeutischen Maßnahmen bei einer B19V-Infektion zeigt ◘ Tab. 17.1.

17.2 Allgemeine Daten zur Labordiagnostik der Parvovirus-B19-Infektion

17.2.1 Diagnostische Methoden (Stand der Technik) und Transport von Proben

Methoden zum direkten Nachweis von Nukleinsäure des Parvovirus B19 (DNA) enthält ◘ Tab. 17.2.

Methoden zum Nachweis von B19V-spezifischen Antiköpern zeigt ◘ Tab. 17.3.

Untersuchungsmaterial, das potentiell Parvovirus B19 enthält, muss entsprechend den internationalen Transportvorschriften für Infektionserreger der Risikogruppe 2 versandt werden; das Primärgefäß mit der Probe muss in einem Umverpackungsröhrchen und mit adsorbierendem Material in einem zugelassenen Transportbehältnis (UN 3373) verschickt werden. Der Versand erfolgt bei Raumtemperatur.

17.2.2 Allgemeine Fragestellungen zur Labordiagnostik

❓ Fragestellung 1: Wie erfolgt die Labordiagnostik der akuten und/oder kürzlich erfolgten Parvovirus-B19-Infektion?

Empfehlung

Die Diagnose der akuten Parvovirus-B19-Infektion soll durch molekularbiologische oder serologische Methoden oder deren Kombination erfolgen:
1. durch den hochpositiven Nachweis von B19V-Genomen (bis 10^{13} geq/ml möglich) durch die quantitative Polymerase-Kettenreaktion (PCR) in einer EDTA-Blut-, Serum- oder Plasmaprobe [5, 17, 19, 35];
2. durch Nachweis einer B19V-IgG-Serokonversion; hierzu müssen 2 Blut-/Serumproben im zeitlichen Abstand von etwa 3 Wochen gewonnen und idealerweise bei Verwendung desselben Testsystems auf ihren Gehalt an B19V-IgG getestet werden; die Erstprobe muss B19V-IgG negativ sein;
3. durch Nachweis von B19V-IgM in Kombination mit B19V-DNA.

Tab. 17.1 Übersicht der therapeutischen Maßnahmen bei B19V-Infektion

Therapie/Prophylaxe	Verfügbar	Maßnahme
Therapie der fetalen Anämie, des Hydrops fetalis	Ja	Erythrozytentransfusion in die Vena umbilicalis (Chordozentese)
		In Einzelfällen kann bei Hydrops fetalis eine intrakardiale Transfusion in Erwägung gezogen werden.
Therapie der fetalen Anämie/Thrombozytopenie	Ja	Bei fetaler Thrombozytopenie kann eine Thrombozytentransfusion in Erwägung gezogen werden
Therapie der maternalen Erkrankung	Nein	
Prophylaxe/Impfung zum Schutz vor maternaler Erkrankung	Nein	

Tab. 17.2 Übersicht der Methoden zum direkten Nachweis von Nukleinsäure des Parvovirus B19 (DNA)

Prinzip	Methode	Untersuchungsmaterial
B19V-DNA-Nachweis	Qualitative und quantitative PCR; internationaler Standard verfügbar Angabe in Einheiten (IU/ml) oder Genomäquivalenten (geq/ml)	Serum, Plasma, EDTA-Blut, Fruchtwasser
Genotypisierung	Verwendung spezifischer Primer/Sonden für die PCR oder DNA-Sequenzierung Spezialdiagnostik	Virale DNA, gereinigt aus Serum, Plasma, EDTA-Blut, Fruchtwasser

Tab. 17.3 Übersicht der Methoden zum Nachweis von B19V-spezifischen Antiköpern

Methode	Anmerkungen
Ligandenassays (z. B. ELISA, CLIA)	Quantitative Bestimmung und Differenzierung von B19V-spezifischen Antikörpern (B19V-IgG/IgM) in Serum und Plasma
Indirekter Immunfluoreszenztest	Quantitative Bestimmung und Differenzierung von anti-VP1-IgG und von anti-VP1-IgM in Serum und Plasma.
Rekombinanter Immunblot/line, Westernblot/line	Qualitative Bestimmung und Differenzierung von IgG-/IgM-Antikörpern gegen virale Struktur- (VP1/VP2) und Nichtstrukturproteine (NS1); Spezialdiagnostik

17.2 · Allgemeine Daten zur Labordiagnostik der Parvovirus-B19-Infektion

Begründung der Empfehlung
- Zu 1.: In der frühen Inkubationsphase (etwa 1 Woche nach dem Viruskontakt) sind vor dem Auftreten von B19V-IgM große Virusmengen im peripheren Blut vorhanden und nachweisbar. Zeitgleich mit der einsetzenden Antikörperbildung nimmt dieser Wert während der folgenden 2–3 Monate kontinuierlich ab.
- Zu 2.: Eine B19V-IgG-Serokonversion beweist eine akute Infektion.
- Zu 3.: Negative Werte für B19V-IgM können eine akute B19V-Infektion nicht mit Sicherheit ausschließen, weil B19V-IgM bei akuten Infektionen nur transient nachweisbar ist. B19V-IgM tritt frühestens etwa 10 Tage nach dem Viruskontakt auf und fällt häufig bereits nach 3 Wochen unter die Nachweisgrenze ab. B19V-IgG wird etwa 2 Wochen nach dem Viruskontakt mit ansteigenden Konzentration nachweisbar [20, 22, 24, 37, 40].

Hinweis: *Der Zeitpunkt der Infektion kann durch Nachweis von IgG-Antikörpern gegen lineare/denaturierte Epitope der VP2-Proteine im Western-/Immunoblot (anti-VP2-IgG/anti-VP/C-IgG) eingegrenzt werden. Diese Immunglobuline können bis zu 6 Monate nach der akuten B19V-Infektion nachgewiesen werden und ebenso wie niedrig avide anti-VP1/VP2-IgG ein Hinweis auf eine kürzlich zurückliegende Infektion sein* [32, 48, 59].

❓ Fragestellung 2: Wie erfolgt die Labordiagnostik der zurückliegenden Parvovirus-B19-Infektion/die Bestimmung der Immunität

Empfehlung

Die Diagnose einer zurückliegenden B19V-Infektion bzw. die Bestimmung der Immunität erfolgt durch den Nachweis von B19V-IgG. Zusammen mit einem negativen PCR- sowie negativem B19V-IgM-Befund zeigt der Nachweis von B19V-IgG eine länger zurückliegende, abgelaufene B19V-Infektion mit erfolgter Eliminierung der Viren aus dem peripheren Blut an. Unabhängig von der Höhe des Messwertes für B19V-IgG gelten Personen mit einem positiven B19V-IgG-Wert als immun.

Begründung der Empfehlung
B19V-IgG ist etwa 2 Wochen nach dem Viruskontakt im Serum/Plasma und danach lebenslang nachweisbar. Reinfektionen werden bei immunkompetenten Personen nur selten berichtet; sie sind in aller Regel asymptomatisch.

❓ Fragestellung 3: Wie erfolgt die Labordiagnostik der persistierenden Parvovirus-B19-Infektion?

Empfehlung

Die Diagnose von persistierenden B19V-Infektionen erfolgt durch Nachweis von B19V-Genomen (10^3-10^7 geq/ml) in Blut-, Serum oder Plasmaproben über längere Zeiträume (einige Wochen/Monate bis mehrere Jahre). Sie treten häufig, jedoch nicht ausschließlich bei immunsupprimierten Personen auf. Man findet sie auch gehäuft in der Folge von akuten Infektionen bei Schwangeren [18, 31, 40, 66].

> **Begründung der Empfehlung**
> In der Mehrzahl der akuten B19V-Infektionen erfolgt die immunologische Kontrolle verbunden mit der Eliminierung des Virus aus dem peripheren Blut innerhalb von 2–3 Monaten. Insbesondere bei Personen mit einer geschwächten und/oder unterdrückten Immunantwort erfolgt diese Kontrolle deutlich verzögert. In diesen Fällen sind niedrige bis mittlere Mengen von B19V-Genomen im Blut nachweisbar.
>
> **Hinweis:** *Bei allen Personen mit abgelaufenen B19V-Infektionen sind Virusgenome (bis zu 10^3 geq/10^6 Zellen) in Leber, Myokard, Haut, Muskeln lebenslang nachweisbar [34, 57]. In Verbindung mit dem positiven Nachweis von B19V-IgG weisen niedrige Kopienzahlen von B19V-Genomen, die ausschließlich im Gewebe, nicht aber im Blut detektierbar sind, auf eine zurückliegende Infektion hin.*

B19V-spezifische diagnostische Marker, ihre möglichen Kombinationen und der daraus ableitbare Infektionsstatus sind in ◘ Tab. 17.4 dargestellt.

17.2.3 Diagnostische Probleme

1. Die PCR-Testsysteme müssen in der Lage sein, alle 3 bekannten Genotypen des B19V zu erkennen.
2. B19V-Partikel sind sehr stabil, deswegen weisen die zur Nukleinsäurereinigung einsetzbaren Extraktionssysteme eine unterschiedliche Effizienz auf. Die Testsysteme müssen Inhibitoren- sowie DNA-Extraktionskontrollen enthalten und eine Sensitivität von mindestens 100 IU/ml (ca. 60-80 geq/ml, gemessen anhand des internationalen B19V-DNA-Standards) aufweisen. Ein negativer Wert schließt eine niedrige B19V-DNA-Last nicht aus.
3. B19V kann insbesondere bei Schwangeren eine über Monate andauernde persistierende Infektion etablieren, die durch niedrige B19V-DNA-Last (< 500–1.000 geq/ml) in Kombination mit positiven Werten für B19V-IgG gekennzeichnet ist [5, 18]. Dieser Befund sollte in einer Blutprobe, die im Abstand von 2–3 Wochen gewonnen wird, bestätigt werden. Bei wiederholt niedrigen B19V-DNA-Werten kann auf eine bereits länger zurückliegende Infektion geschlossen werden, die nach derzeitigem Kenntnisstand kein Risiko für das ungeborene Kind darstellt.
4. B19V-IgM ist bei akuten Infektionen nicht immer nachweisbar, daher schließt ein negativer Befund eine akute Infektion nicht mit Sicherheit aus. In hochvirämischen Proben akut infizierter Personen können B19V-spezifische Antikörper mit Viruspartikeln komplexiert vorliegen und den Antikörpernachweis behindern. Zur sicheren Diagnosestellung muss die Probe auf das Vorhandensein von B19V-DNA untersucht werden [5].
5. Der positive Nachweis von IgM-Antikörpern ist kein sicherer Marker für eine akute Infektion, da die Werte bei Infektionen mit anderen Erregern aufgrund von Kreuzreaktivitäten falsch positiv ausfallen können. Auch kann B19V-IgM gelegentlich über längere Zeit persistieren.
6. Nicht alle Testsysteme besitzen eine ausreichende Sensitivität für den Nachweis B19V-spezifischer Antikörper. Bevorzugt zu verwenden sind Teste, welche partikuläre Formen der VP1/VP2- oder VP2-Proteine (virus-like particles, VLPs) als Antigen enthalten.
7. Trotz Verwendung des Internationalen B19V-IgG-Standards sind Werte (IU/ml), die mit Testsystemen unterschiedlicher Hersteller erhalten werden, nicht miteinander vergleichbar.

17.3 · Spezielle Fragestellungen zur Labordiagnostik der Parvovirus-B19-Infektion

◘ Tab. 17.4 Darstellung der B19V-spezifischen diagnostischen Marker, ihre möglichen Kombinationen und des daraus ableitbaren Infektionsstatus

Diagnostischer Marker* (Nachweismethode)				Infektionsstatus
B19V-DNA (PCR)	anti-VP1/VP2 (ELISA)		IgG gegen Epitope in denaturiertem VP2,-VP/C** (Western Blot/Line)	
	IgM	IgG	IgG	
Positiv	Negativ	Negativ	Negativ	Akute Infektion
Positiv	Positiv	Negativ	Negativ	Akute Infektion
Positiv	Negativ	Positiv	Positiv	Akute/kürzliche Infektion
Positiv	Positiv	Positiv	Positiv	Akute/kürzliche Infektion
Negativ	Negativ	Positiv	Positiv	Kürzliche Infektion
Negativ	Positiv	Positiv	Positiv	Kürzliche Infektion
Negativ	Negativ	Positiv	Negativ	Abgelaufene Infektion
Positiv in Folgeproben	Negativ	Positiv	Negativ	Persistierende Infektion

* Alle Konstellationen der Marker beziehen sich auf ihre Nachweisbarkeit in immunkompetenten, nichtschwangeren Personen.
** IgG-Antikörper gegen Epitope in denaturierten Capsidproteinen (VP2, VP/C) sind nur bis zu sechs Monate nach akuter Infektion nachweisbar und zeigen eine kürzlich zurückliegende Infektion an [22, 24, 32, 48, 60]. Die Produktion der verschiedenen Antikörper/Antikörperklassen kann insbesondere bei akuten Infektionen Schwangerer aufgrund der veränderten Immunabwehr abweichen.

17.3 Spezielle Fragestellungen zur Labordiagnostik der Parvovirus-B19-Infektion

17.3.1 Labordiagnostik von Parvovirus-B19-Infektionen vor der Schwangerschaft

❓ Fragestellung 1: In welchen Fällen sollte der B19V-Immunstatus überprüft werden?

Empfehlung

Es besteht keine Notwendigkeit für eine allgemeine Testung.

Begründung der Empfehlung
Das Testresultat hat allgemein keinen Einfluss auf das weitere Management vor einer Schwangerschaft. Eine Impfung der seronegativen Personen ist mangels entsprechender Vakzine nicht möglich.

❓ Fragestellung 2: Falls erhoben, welche Konsequenz hat der Parvovirus-B19-IgG Befund?

ⓘ Erklärung: Seropositive Personen gelten als nicht empfänglich für eine akute B19V-Infektion. Bei immunkompetenten Personen wird durch die B19V-Infektion eine lebenslange Immunität induziert.

17.3.2 Labordiagnostik von Parvovirus-B19-Infektionen während der Schwangerschaft

? Fragestellung 1: In welchen Fällen und zu welchem Zeitpunkt sollte der Immunstatus überprüft werden?

Empfehlung

Bei Schwangeren mit beruflichen Kontakten zu Kindern im Alter unter 6 Jahren und/oder bei Schwangeren, die mit Kindern im Alter unter 6 Jahren in einem Haushalt leben oder bei Schwangeren mit beruflichen Kontakten zu immunsupprimierten Patienten wird empfohlen, zu einem möglichst frühen Zeitpunkt in der Schwangerschaft den B19V-Immunstatus zu klären (▶ Abschn. 17.2).

Begründung der Empfehlung
Schwangere mit Kontakten (beruflich/familiär) zu Kindern im Alter von unter 6 Jahren weisen eine signifikant erhöhte B19V-Seroprävalenz auf; dies lässt auf ein erhöhtes Expositionsrisiko schließen [8, 14, 54, 61, 64]. Kinder erwerben B19V-Infektionen häufig in Betreuungseinrichtungen und übertragen sie auf seronegative Kontaktpersonen und Familienmitglieder. Da immunsupprimierte Patienten mitunter über längere Zeiträume sehr große Virusmengen im Blut haben und ausscheiden, ist auch hier von einem erhöhten Infektionsrisiko auszugehen. Bei seronegativen Schwangeren können die Virusübertragung und Infektionsrate durch Beratung und Hygiene-Maßnahmen (regelmäßige Dekontamination von Oberflächen und Spielzeug mit viruziden Desinfektionsmitteln, Vermeidung von Kontakten mit Speichel) gesenkt werden [27]. Für das weitere Management von seronegativen Schwangeren ▶ Abschn. 17.3.2, Fragestellung 4. Seropositive Schwangere haben kein Infektionsrisiko.

? Fragestellung 2: Welche Konsequenz hat ein positiver/negativer Parvovirus-B19-IgG-Befund?

Empfehlung

1. Bei seropositiven Schwangeren werden keine weiteren Maßnahmen empfohlen.
2. Seronegative Schwangere sind empfänglich für eine B19V-Infektion und müssen über die Risiken einer akuten B19V-Infektion in der Schwangerschaft aufgeklärt werden. Dies gilt insbesondere für Schwangere mit beruflichen oder familiären Kontakten zu unter sechsjährigen Kindern, von denen ein erhöhtes Infektionsrisiko ausgeht. Zur Beratung bezüglich Hygiene-Maßnahmen zur Vermeidung der Infektion ▶ Abschn. 17.3.1, Fragestellung 2 [8, 54, 64].

Begründung der Empfehlung
- Zu 1.: Bei B19V-IgG-positiven Schwangeren kann von einer zurückliegenden B19V-Infektion mit Immunität ausgegangen werden, sie sind nicht gefährdet und können die Infektion nicht übertragen (▶ Abschn. 17.3.2, Fragestellung 2).
- Zu 2.: Seronegative Schwangere sind empfänglich für eine akute B19V-Infektion. Während der ersten 20 Schwangerschaftswochen sind akute Infektionen mit einer erhöhten Rate von Aborten und Hydrops fetalis verbunden.

17.3 · Spezielle Fragestellungen zur Labordiagnostik der Parvovirus-B19-Infektion

? Fragestellung 3: Was ist bei Kontakt einer Schwangeren mit einer mutmaßlich an Ringelröteln erkrankten Person zu tun?

Empfehlung

1. Bei Kontakt einer Schwangeren mit mutmaßlich an Ringelröteln erkrankten Personen soll der B19V-Antikörperstatus bestimmt werden.
2. Sind keine B19V-spezifischen IgG- und IgM-Antikörper nachweisbar, soll eine serologische Verlaufskontrolle nach 2–3 Wochen erfolgen. Zusätzlich kann ein B19V-Genomnachweis mittels PCR durchgeführt werden, um eine akute Infektion frühestmöglich nachzuweisen. Ist die PCR positiv, dann kann auf die serologische Verlaufskontrolle verzichtet werden.
3. Ist B19V-IgG bei gleichzeitig negativem Befunden für B19V-IgM nachweisbar, kann mit großer Wahrscheinlichkeit von Schutz ausgegangen werden. In Ausbruchssituationen ist der Zeitpunkt des Kontaktes mit einer infizierten Person allerdings schwer festzulegen; daher kann B19V-IgM schon unter die Nachweisgrenze gesunken sein. Der sichere Ausschluss einer akuten Infektion ist daher nur möglich, wenn auf eine Rückstellprobe oder Vorbefunde aus dem Zeitraum vor der Exposition zurückgegriffen werden kann (► Kap. 3.2). Liegen weder Vorbefunde noch Rückstellproben vor, sollte insbesondere bei Schwangeren vor der 30. Schwangerschaftswoche der Virusgenomnachweis mittels PCR zum sicheren Ausschluss der kürzlich zurückliegenden Infektion in Erwägung gezogen werden.

Begründung der Empfehlung

− Zu 1.: Die Diagnose der akuten Parvovirusinfektion während der Schwangerschaft hat Konsequenzen für das weitere Management.
− Zu 2.: B19V-IgM/IgG negative Personen sind empfänglich für eine B19V-Infektion. Findet im Fall von sehr kurz zurückliegenden Kontakten die Testung während der Inkubationsphase statt, so sind weder B19V-IgM noch B19V-IgG nachweisbar; im Blut findet man jedoch große Mengen von Virus-DNA. Durch die serologische Testung eines Folgeserums kann die Serokonversion mit Nachweis von B19V-IgM und/oder B19V-IgG die akute Infektion infolge des Kontaktes beweisen.
− Zu 3.: Bis zu 50 % der akuten B19V-Infektionen verlaufen asymptomatisch. Bei epidemischen Auftreten von akuten B19V-Infektionen besteht die Wahrscheinlichkeit, dass Schwangere Kontakt mit asymptomatisch infizierten Personen haben, ohne dass sie sich dessen bewusst sind. Deswegen ist in dieser Situation der Kontaktzeitpunkt nicht mit Sicherheit bestimmbar, er liegt unter Umständen bereits einige Tage bis Wochen vor dem mutmaßlichen Kontakt. In diesem Fall ist B19V-IgG nachweisbar, B19V-IgM kann jedoch bereits unter die Nachweisgrenze gesunken sein. Eine akute/kürzlich zurückliegende Infektion kann sicher nur ausgeschlossen werden, wenn mittels PCR keine Virusgenome im Blut der Schwangeren nachgewiesen werden.

Fragestellung 4: Was ist bei Verdacht auf eine akute Parvovirus-B19-Infektion/auf eine Ringelrötelnerkrankung der Schwangeren zu tun?

Empfehlung

1. Zeigen sich bei einer Schwangeren Krankheitszeichen (unklares Exanthem, Gelenkschmerzen, Fieber), die auf eine akute B19V-Infektion deuten, soll der Infektionsverdacht labordiagnostisch abgeklärt werden (▶ Abschn. 17.2).
2. Wird labordiagnostisch in den ersten 28 Schwangerschaftswochen eine akute B19V-Infektion nachgewiesen, werden wöchentliche Ultraschall- und Doppler-sonographische Untersuchungen empfohlen; diese sind durch dafür qualifizierte Ärzte/Untersucher durchzuführen.

Begründung der Empfehlung
- Zu 1.: Die Diagnose der akuten Parvovirusinfektion während der Schwangerschaft hat Konsequenzen für das weitere Management.
- Zu 2.: Während der ersten 20 Schwangerschaftswochen und hier vor allem während der ersten 12 Schwangerschaftswochen sind akute B19V-Infektionen mit einer erhöhten Abortrate (5,6 % erhöht im Vergleich zu einer Kontrollgruppe) verbunden [1, 25, 26, 29, 30, 56]. Ab etwa der 10.–12. Schwangerschaftswoche kann das Virus transplazentar auf den Feten übertragen werden und durch die infektionsbedingte Zerstörung der fetalen Erythrozytenvorläuferzellen eine Anämie verursachen, gelegentlich in Verbindung mit Thrombozytopenie. Ab diesem Entwicklungsstadium bildet der Fetus infizierbare Erythrozytenvorläufer, welche sich in den folgenden Wochen der Entwicklung stark vermehren. Hydrops fetalis als Folge einer schwer verlaufenden fetalen Anämie bildet sich überwiegend in der 11.–23. Woche der fetalen Entwicklung, seltener zwischen den Wochen 23–28 aus [4, 8, 21, 25, 39, 45, 46, 53, 58, 62, 68, 70]. Der Zeitrahmen zwischen der akuten B19V-Infektion der Schwangeren und der Ausbildung eines Hydrops fetalis im Feten beträgt meist 3–6 (–12) Wochen; es sind Einzelfälle beschrieben, bei denen sich die fetalen Krankheitsanzeichen erst 5 Monate nach der mütterlichen Infektion zeigten. Nach der Labordiagnose einer akuten B19V-Infektion während der ersten 20 Schwangerschaftswochen müssen wegen des Risikos für eine fetale B19V-Infektion mit Entwicklung eines Hydrops fetalis bis zur 28-30. Schwangerschaftswoche engmaschig (d. h. in einwöchigen Abständen) Doppler-sonographische Untersuchungen durchgeführt werden, um die Ausbildung einer fetalen Anämie zu diagnostizieren [25, 50, 69, 70]. Akute B19V-Infektionen, die sich bei der Schwangeren nach der 20. Schwangerschaftswoche ereignen, sind nicht mit fetalen Todesfällen oder schweren Fällen von Hydrops fetalis verbunden [21, 25, 53]. Frühere Daten, die eine Assoziation mit Fällen von intrauterinem Kindstod in der Spätschwangerschaft zeigten, konnten nicht bestätigt werden [6, 44, 47, 63]. Ausnahmen sind Feten mit Störungen der Erythrozytenbildung (Thalassämie, Sichelzellanämie, Fanconi-Anämie etc.). In diesen seltenen Fällen kann sich auch in der Spätschwangerschaft eine schwere, behandlungsbedürftige Anämie ausbilden.

17.3 · Spezielle Fragestellungen zur Labordiagnostik der Parvovirus-B19-Infektion

❓ Fragestellung 5: Welche Maßnahmen sollen in der gynäkologischen Praxis/Klinik ergriffen werden, wenn akute Parvovirus-B19-Infektionen aufgetreten sind?

Empfehlung

1. Schwangere mit Symptomen, die auf eine akute B19V-Infektion deuten oder Schwangere mit bereits diagnostizierter akuter B19V-Infektion sollten keine Kontakte zu anderen Schwangeren haben, insbesondere nicht zu Schwangeren vor der 20. Schwangerschaftswoche. Dies gilt für den Zeitraum der akuten B19V-Infektion, bis zu dem B19V-IgG im Blut nachweisbar ist und die sich daran anschließende Woche.
2. Das ärztliche/pflegerische Personal, das mit akutinfizierten Schwangeren Kontakt hat, sollte Kenntnis über den persönlichen B19V-Immunstatus haben. Seronegatives ärztliches/pflegerisches Personal sollte wegen der Gefahr, selbst infiziert zu werden und die Infektion auf die Patientinnen in der Praxis/Klinik zu übertragen, den Kontakt zu akut infizierten Schwangeren meiden und zum Schutz vor der Übertragung gegebenenfalls einen Mundschutz tragen sowie viruzide Desinfektionsmittel zur Händedesinfektion mit der vorgeschriebenen Einwirkzeit verwenden.

Begründung der Empfehlung
— Zu 1.: Mit Einsetzen der nachweisbaren spezifischen Immunantwort (B19V-IgG) nimmt die Viruslast in Blut und Speichel innerhalb von einigen Tagen ab [5, 41]. Epidemiologische Daten belegen, dass akut infizierte Personen etwa 1 Woche nach Einsetzen der Immunantwort die Infektion über den Speichel nicht mehr übertragen. Auch wurden Übertragungen der B19V-Infektion ausgehend von immunologisch kompetenten Patienten/Personen mit persistierender B19V-Infektion (Viruslast < 10^4 geq/ml Blut) bisher nicht beobachtet.
— Zu 2.: Während der akuten B19V-Infektion findet sich eine sehr hohe Viruslast in Blut und Speichel (> 10^{13} Viren bzw. Virusgenome/ml); infektiöse Viren werden hierdurch ausgeschieden und übertragen. Virusübertragungen durch ärztliches und pflegerisches Personal sind zu vermeiden. Aufgrund der hohen Desinfektionsmittel- und Umweltstabilität von B19V müssen viruzide Desinfektionsmitteln zur Inaktivierung der Infektiosität verwendet werden.

❓ Fragestellung 6: Was ist bei Doppler-sonographischen und sonographischen Anzeichen auf eine intrauterine Parvovirus-B19-Infektion zu tun?

Empfehlung

Bei Doppler-sonographischen oder sonographischen Anzeichen für eine intrauterine Parvovirus-Infektion soll die Indikation zur invasiven Diagnostik und gegebenenfalls zur fetalen Therapie rasch geprüft werden, da sich die fetale hämatologische Situation innerhalb kurzer Zeit lebensbedrohlich verschlechtern kann. Ist die Situation des Fetus stabil, kann zunächst eine Blut-(EDTA)- oder Serumprobe der Schwangeren labordiagnostisch auf akute Parvovirus-Infektion untersucht werden (▶ Abschn. 17.2). Zeitgleich sollten Doppler-sonographische Kontrolluntersuchungen bezüglich der Diagnostik einer fetalen Anämie veranlasst werden.

Begründung der Empfehlung
Eine intrauterine/kongenitale B19V-Infektion kann eine schwere fetale Anämie verursachen. Sie fällt häufig durch verdächtige Doppler- und/oder Ultraschallbefunde (erhöhte maximale systolische Flussgeschwindigkeit in der Arteria cerebri media, Cardiomegalie, Ödeme, Aszites und andere hydropische Symptome) auf. In diesen Fällen ist die Indikation für die fetale Therapie und Diagnostik gegeben, unabhängig von einer labordiagnostisch nachgewiesenen B19 V Infektion der Mutter.

Fragestellung 7: Was ist bei positivem Nachweis von Parvovirus-B19-IgM zu tun?

Empfehlung

Eine PCR-Analyse zum Nachweis von B19V-Genomen soll zur labordiagnostischen Abklärung einer akuten B19V-Infektion durchgeführt werden. Ein positiver IgM-Befund ist nicht beweisend für eine akute B19V-Infektion.

Begründung der Empfehlung
Während der Schwangerschaft findet man häufig unspezifisches B19V-IgM bei gleichzeitig negativen und/oder positiven B19V-IgG auf [13, 43]. Eine akute Infektion mit Gefährdung des Feten liegt nur dann vor, wenn sich im Blut der Schwangeren Virusgenome nachweisen lassen.

Fragestellung 8: Was ist bei passender Symptomatik und fehlendem Nachweis von Parvovirus-B19-IgM zu tun?

Empfehlung

Die akute Infektion soll labordiagnostisch durch Nachweis von B19V-DNA mittels PCR abgeklärt werden.

Begründung der Empfehlung
Da B19V-IgM bei akuten Infektionen nur transient gebildet wird und gelegentlich nicht nachgewiesen werden kann, muss zusätzlich eine PCR zum Nachweis von B19V-DNA veranlasst werden. Bei negativem PCR-Ergebnis sind keine weiteren Maßnahmen notwendig.

Fragestellung 9: Welche weiteren diagnostischen Maßnahmen sind bei einer akuten Parvovirus-B19-Infektion während der Schwangerschaft durchzuführen?

Empfehlung

1. Sollte aufgrund fetaler Anämie und/oder Hydrops fetalis eine Chordozentese (intrauterine Transfusion, Bestimmung des fetalen Hämoglobinwerts) vorgenommen werden, kann in diesem Rahmen Untersuchungsmaterial (EDTA-Blut) zur diagnostischen Abklärung der akuten fetalen B19V-Infektion (B19V-DNA mittels PCR; der Nachweis von B19V-IgM im Fetalblut ist aufgrund der geringeren Sensitivität ohne Bedeutung) gewonnen werden.
2. Treten keine Doppler-sonographischen oder sonographischen Zeichen einer fetalen Anämie auf, sind keine invasiven Maßnahmen erforderlich.

17.3 · Spezielle Fragestellungen zur Labordiagnostik der Parvovirus-B19-Infektion

Begründung der Empfehlung
- Zu 1. Erfordert die klinische Situation eine Chordozentese, dann kann fetales EDTA-Blut zur Sicherung der Diagnose mittels PCR gewonnen werden.
- Zu 2. Die Durchführung invasiver Methoden (Fruchtwasserpunktion, Nabelschnurpunktion) zur Gewinnung fetaler Proben ausschließlich zur diagnostischen Abklärung einer akuten B19V-Infektion wird bei Feten ohne Erkrankungszeichen/Anämie aufgrund des damit verbundenen Risikos nicht empfohlen. Die daraus zu gewinnenden Erkenntnisse haben keinen Einfluss auf das weitere Management. Es genügt die Abklärung der akuten B19V-Infektion bei der Schwangeren (siehe Abschnitt C.II.7.2).

Fragestellung 10: Kann man die vertikale Infektion des Feten verhindern?

Erklärung: Es gibt derzeit keine Möglichkeit, die vertikale Übertragung der Infektion auf den Feten zu verhindern. Sinnvoll sind engmaschige Kontrolluntersuchungen mittels Doppler-Sonographie zur frühen Diagnose von fetalen Anämien (▶ Abschn. 17.3.2, Fragestellung 4). Ein Hyperimmunglobulin zur Verhinderung der transplazentaren Übertragung exisitiert nicht. Die hochdosierte Gabe von Standard-Immunglobulinpräparaten (intravenös an die Schwangere oder über die Nabelschnurvene in den fetalen Kreislauf) wird nicht empfohlen. Es gibt hierzu nur wenige Einzelfallberichte [38, 55]. Da über 90 % der akuten B19V-Infektionen während der Schwangerschaft nicht mit schweren fetalen Erkrankungen verbunden sind, sollte auf derartige präventive Maßnahmen verzichtet werden.

Fragestellung 11: Lassen sich aus der Höhe der Parvovirus-B19-DNA-Last Rückschlüsse auf das Infektions- oder Erkrankungsrisiko des Kindes ziehen?

Empfehlung

Aus der Höhe der B19V-DNA-Last lassen sich keine Rückschlüsse auf das Infektions- oder Erkrankungsrisiko des Kindes ziehen.

Begründung der Empfehlung
Derzeit veröffentliche Daten zeigen keine Assoziation zwischen der Höhe der B19V-DNA-Last im Blut der Schwangeren und dem fetalen Erkrankungsrisiko erkennen [3, 11, 33].

17.3.3 Labordiagnostik von Parvoirus-B19-Infektionen nach der Schwangerschaft und/oder beim Neugeborenen

Fragestellung 1: Welche diagnostischen Maßnahmen sind bei Neugeborenen nach Parvovirus-B19-Infektion in der Schwangerschaft notwendig?

Empfehlung

1. Bei asymptomatischen Neugeborenen von Müttern mit akuter B19V-Infektion während der Schwangerschaft werden diagnostische Maßnahmen nicht allgemein empfohlen.

2. Bei klinisch auffälligen Neugeborenen soll eine fetale B19V-Infektion durch PCR ausgeschlossen werden.
3. Bei Kindern mit nachgewiesener fetaler B19V-Anämie ist eine Entwicklungsdiagnostik in Erwägung zu ziehen.

Begründung der Empfehlung
- Zu 1. Bei klinisch unauffälligen Neugeborenen ist eine labordiagnostische Untersuchung nicht notwendig.
- Zu 2. und 3. Die Datenlage zu Spätfolgen der fetalen B19V-Infektion ist widersprüchlich. Ältere Arbeiten beschreiben, dass über 90 % der Neugeborenen nach akuter B19V-Infektion der Schwangeren gesund geboren werden, auch wenn sie fetale Anämie/Hydrops fetalis entwickelten und durch intrauterine Erythrozytentransfusion behandelt werden mussten [7, 10, 15, 16]. Neuere Veröffentlichungen weisen jedoch auf neurologische Entwicklungsstörungen der Kinder hin, die auf die fetale Anämie zurückgehen können [9, 12, 36, 42, 49]. Außerdem können fetale B19V-Infektionen in Assoziation mit fetaler Myokarditis vereinzelt Herztransplantationen im Kindesalter notwendig machen [65].

Fragestellung 2: Sollen bestimmte Maßnahmen für Schwangere ergriffen werden, wenn eine akute Parvovirus-B19-Infektion um den Geburtszeitpunkt diagnostiziert wurde?

Empfehlung

1. Bei Kenntnis einer akuten B19V-Infektion der Schwangeren/Mutter zum Zeitpunkt der Entbindung soll das Neugeborene während der folgenden 2–3 Wochen bezüglich der Ausbildung einer Anämie beobachtet werden.
2. Personen mit akuter Infektion sollen keinen Kontakt zu anderen Schwangeren vor der 20. Schwangerschaftswoche haben. Dies gilt für den Zeitraum bis zu dem B19V-IgG im Blut der Infizierten nachweisbar ist und die sich daran anschließende Woche.
3. Die für die Krankenhaushygiene verantwortliche Einrichtung/Person soll verständigt werden. Das ärztliche/pflegerische Personal, das in dieser Infektionsphase mit den Infizierten Kontakt hat, sollte Kenntnis über den persönlichen B19V-Immunstatus haben.

Begründung der Empfehlung
- Zu 1. Bisher gibt es keinen Hinweis, dass akute B19V-Infektionen bei Neugeborenen mit schweren Symptomen (schwere Anämie) verlaufen. **Ausnahme:** Kinder mit Störungen der Erythrozytenbildung (Sichelzellanämie, Thallasämie etc), immundefiziente Kinder.
- Zu 2. Die Übertragung der Infektion auf andere Schwangere oder auf Kontaktpersonen für Schwangere ist zu vermeiden.
- Zu 3. Bei ärztlichen/pflegerischen Kontakten mit akut infizierten Personen sind Einmalhandschuhe, gegebenenfalls Mundschutz sowie viruzide Desinfektionsmittel mit der vorgeschriebenen Einwirkzeit zu verwenden.

Fragestellung 3: Scheiden Neugeborene nach kongenitaler Parvovirus-B19-Infektion den Virus aus, sind sie infektiös?

Erklärung: Bei kongenital infizierten, asymptomatischen Kindern ohne Anämie mit nachweisbarem B19V-IgG kann man während der ersten Lebenswochen/-monate mittels der PCR niedrige Mengen von B19V-Genomen im Blut nachweisen. Sie gelten als nicht infektiös.

Fragestellung 4: Darf bei akuter Parvovirus-B19-Infektion gestillt werden?

Empfehlung

Kinder von Müttern mit akuter B19V Infektion können gestillt werden.

Begründung der Empfehlung
Bisher gibt es keinen Hinweis, dass akute B19V-Infektionen bei Neugeborenen mit schweren Symptomen (schwere Anämie) verlaufen. Dies gilt auch für Fälle, in welchen die Infektion möglicherweise durch die Muttermilch übertragen wurde. Da aufgrund der hohen Virämie und Virusstabilität zu erwarten ist, dass akut infizierte Mütter B19V über die Milch ausscheiden, sollte die Möglichkeit der Übertragung der Infektion über die Muttermilch mit den Eltern besprochen werden. Pasteurisierung der Milch von akut infizierten Müttern kann die Infektiosität abschwächen, aber nicht vollständig zerstören. Entsprechende Daten wurden bei Versuchen zur Inaktivierung des Virus in Blut- und/oder Plasmaproben gewonnen und sind auf die Inaktivierung des Virus in Milch übertragbar.

Literatur

1. Anderson MJ, Khousam MN, Maxwell DJ, Gould SJ, Happerfield LC, Smith WJ (1988) Human parvovirus B19 and hydrops fetalis. Lancet 1(8584):535
2. Beigi RH, Wiesenfeld HC, Landers DV, Simhan HN (2008) High rate of severe fetal outcomes associated with maternal parvovirus b19 infection in pregnancy. Infect Dis Obstet Gynecol 524601
3. Bonvicini F, Manaresi E, Gallinella G, Gentilomi GA, Musiani M, Zerbini M (2009) Diagnosis of fetal parvovirus B19 infection: value of virological assays in fetal specimens. BJOG 116(6):813–817
4. Bonvicini F, Puccetti C, Salfi NC, Guerra B, Gallinella G et al (2011) Gestational and fetal outcomes in B19 maternal infection: a problem of diagnosis. J Clin Microbiol 49(10):3514–3518
5. Bredl S, Plentz A, Wenzel JJ, Pfister H, Möst J, Modrow S (2011) False-negative serology in patients with acute parvovirus B19 infection. J Clin Virol 51(2):115–120
6. Broliden K (2002) Detection of human parvovirus B19 infection in first-trimester fetal loss. Obstet Gynecol 99(5 Pt 1):795–798
7. Chauvet A, Dewilde A, Thomas D, Joriot S, Vaast P et al (2011) Ultrasound diagnosis, management and prognosis in a consecutive series of 27 cases of fetal hydrops following maternal parvovirus B19 infection. Fetal Diagn Ther 30(1):41–47
8. Chisaka H, Ito K, Niikura H, Sugawara J, Takano T et al (2006) Clinical manifestations and outcomes of parvovirus B19 infection during pregnancy in Japan. Tohoku J Exp Med 209(4):277–283
9. Courtier J, Schauer GM, Parer JT, Regenstein AC, Callen PW, Glenn OA (2012) Polymicrogyria in a Fetus with Human Parvovirus B19 Infection: A Case with Radiologic-Pathologic Correlation. Ultrasound Obstet Gynecol doi: 10.1002/uog.11121
10. Cramp HE, Armstrong BD (1977) Erythema infectiosum: no evidence of teratogenicity. Br Med J 1(6067):1031
11. de Haan TR, Beersma MF, Oepkes D, de Jong EP, Kroes AC, Walther FJ (2007) Parvovirus B19 infection in pregnancy: maternal and fetal viral load measurements related to clinical parameters. Prenat Diagn 27(1):46–50
12. de Jong EP, Lindenburg IT, van Klink JM, Oepkes D, van Kamp IL et al (2012) Intrauterine transfusion for parvovirus B19 infection: long-term neurodevelopmental outcome. Am J Obstet Gynecol 206(3):204.e1–5
13. de Oliveira Vianna RA, Siqueira MM, Camacho LA, Setúbal S, Knowles W et al (2008) The accuracy of anti-human herpesvirus 6 IgM detection in children with recent primary infection. J Virol Methods 153(2):273–275
14. de Villemeur AB, Gratacap-Cavallier B, Casey R, Baccard-Longère M, Goirand L et al (2011) Occupational risk for cytomegalovirus, but not for parvovirus B19 in child-care personnel in France. J Infect 63(6):457–467
15. Dembinski J, Eis-Hübinger AM, Maar J, Schild R, Bartmann P (2003) Long term follow up of serostatus after maternofetal parvovirus B19 infection. Arch Dis Child 88(3):219–221
16. Dembinski J, Haverkamp F, Maara H, Hansmann M, Eis-Hübinger AM, Bartmann P (2002) Neurodevelopmental outcome after intrauterine red cell transfusion for parvovirus B19-induced fetal hydrops. BJOG 109(11):1232–1234

17. Dieck D, Schild RL, Hansmann M, Eis-Hübinger AM (1999) Prenatal diagnosis of congenital parvovirus B19 infection: value of serological and PCR techniques in maternal and fetal serum. Prenat Diagn 19(12):1119–1123
18. Dobec M, Juchler A, Flaviano A, Kaeppeli F (2007) Prolonged parvovirus b19 viremiain spite of neutralizing antibodies after erythema infectiosum in pregnancy. Gynecol Obstet Invest 63(1):53–54
19. Doyle S (2011) The detection of parvoviruses. Methods Mol Biol 665:213–231
20. Enders M, Helbig S, Hunjet A, Pfister H, Reichhuber C, Motz M (2007) Comparative evaluation of two commercial enzyme immunoassays for serodiagnosis of human parvovirus B19 infection. J Virol Methods 146(1–2):409–413
21. Enders M, Klingel K, Weidner A, Baisch C, Kandolf R et al (2010) Risk of fetal hydrops and non-hydropic late intrauterine fetal death after gestational parvovirus B19 infection. J Clin Virol 49(3):163–168
22. Enders M, Schalasta G, Baisch C, Weidner A, Pukkila L et al (2006) Human parvovirus B19 infection during pregnancy – value of modern molecular and serological diagnostics. J Clin Virol 35(4):400–406
23. Enders M, Weidner A, Enders G (2007) Current epidemiological aspects of human parvovirus B19 infection during pregnancy and childhood in the western part of Germany. Epidemiol Infect 135(4):563–569
24. Enders M, Weidner A, Rosenthal T, Baisch C, Hedman L et al (2008) Improved diagnosis of gestational parvovirus B19 infection at the time of nonimmune fetal hydrops. J Infect Dis 197(1):58–62
25. Enders M, Weidner A, Zoellner I, Searle K, Enders G (2004) Fetal morbidity and mortality after acute human parvovirus B19 infection in pregnancy: prospective evaluation of 1018 cases. Prenat Diagn 24(7):513–518
26. Forestier F, Tissot JD, Vial Y, Daffos F, Hohlfeld P (1999) Haematological parameters of parvovirus B19 infection in 13 fetuses with hydrops foetalis. Br J Haematol 104(4):925–927
27. Gilbert NL, Gyorkos TW, Béliveau C, Rahme E, Muecke C, Soto JC (2005) Seroprevalence of parvovirus B19 infection in daycare educators. Epidemiol Infect 133(2):299–304
28. Guidozzi F, Ballot D, Rothberg AD (1994) Human B19 parvovirus infection in an obstetric population. A prospective study determining fetal outcome. J Reprod Med 39(1):36–38
29. Heegaard ED, Brown KE (2002) Human parvovirus B19. Clin Microbiol Rev 15(3):485–505
30. Heegaard ED, Hasle H, Skibsted L, Bock J, Brown KE (2000) Congenital anemia caused by parvovirus B19 infection. Pediatr Infect Dis J 19(12):1216–1218
31. Hemauer A, Gigler A, Searle K, Beckenlehner K, Raab U et al (2000) Seroprevalence of parvovirus B19 NS1-specific IgG in B19-infected and uninfected individuals and in infected pregnant women. J Med Virol 60(1):48–55
32. Kaikkonen L, Söderlund-Venermo M, Brunstein J, Schou O, Panum Jensen I et al (2001) Diagnosis of human parvovirus B19 infections by detection of epitope-type-specific VP2 IgG. J Med Virol 64(3):360–365
33. Knöll A, Louwen F, Kochanowski B, Plentz A, Stüssel J et al (2002) Parvovirus B19 infection in pregnancy: quantitative viral DNA analysis using a kinetic fluorescence detection system (TaqMan PCR). J Med Virol 67(2):259–266
34. Kuethe F, Lindner J, Matschke K, Wenzel JJ, Norja P et al (2009) Prevalence of parvovirus B19 and human bocavirus DNA in the heart of patients with no evidence of dilated cardiomyopathy or myocarditis. Clin Infect Dis 49(11):1660–1666
35. Liefeldt L, Plentz A, Klempa B, Kershaw O, Endres AS et al (2005) Recurrent high level parvovirus B19/genotype 2 viremia in a renal transplant recipient analyzed by real-time PCR for simultaneous detection of genotypes 1 to 3. J Med Virol 75(1):161–169
36. Lindenburg IT, Smits-Wintjens VE, van Klink JM, Verduin E, van Kamp IL et al, LOTUS study group (2012) Long-term neurodevelopmental outcome after intrauterine transfusion for hemolytic disease of the fetus/newborn: the LOTUS study. Am J Obstet Gynecol 206(2):141e1–8
37. Manaresi E, Gallinella G, Venturoli S, Zerbini M, Musiani M (2004) Detection of parvovirus B19 IgG: choice of antigens and serological tests. J Clin Virol 29(1):51–53
38. Matsuda H, Sakaguchi K, Shibasaki T, Takahashi H, Kawakami Y, Furuya K (2005) Intrauterine therapy for parvovirus B19 infected symptomatic fetus using B19 IgG-rich high titer gammaglobulin. J Perinat Med 33(6):561–563
39. Miller E, Fairley CK, Cohen BJ, Seng C (1998) Immediate and long term outcome of human parvovirus B19 infection in pregnancy. Br J Obstet Gynaecol 105(2):174–178
40. Modrow S, Dorsch S (2002) Antibody responses in parvovirus B19 infected patients. Pathol Biol (Paris) 50(5):326–331
41. Modrow S, Gärtner B (2006) Parvovirus B19-Infektion in der Schwangerschaft. Deutsches Ärzteblatt 103(43):A2869–2876
42. Nagel HT, de Haan TR, Vandenbussche FP, Oepkes D, Walther FJ (2007) Long-term outcome after fetal transfusion for hydrops associated with parvovirus B19 infection. Obstet Gynecol 109(1):42–47

Literatur

43. Navalpotro D, Gimeno C, Navarro D (2006) Concurrent detection of human herpesvirus type 6 and measles-specific IgMs during acute exanthematic human parvovirus B19 infection. J Med Virol 78(11):1449–1451
44. Norbeck O, Papadogiannakis N, Petersson K, Hirbod T, Broliden K, Tolfvenstam T (2002) Revised clinical presentation of parvovirus B19-associated intrauterine fetal death. Clin Infect Dis 35(9):1032–1038
45. Nunoue T, Kusuhara K, Hara T (2002) Human fetal infection with parvovirus B19: maternal infection time in gestation, viral persistence and fetal prognosis. Pediatr Infect Dis J 21(12):1133–1136
46. Nyman M, Skjöldebrand-Sparre L, Broliden K (2005) Non-hydropic intrauterine fetal death more than 5 months after primary parvovirus B19 infection. J Perinat Med 33(2):176–178
47. Nyman M, Tolfvenstam T, Petersson K, Krassny C, Skjöldebrand-Sparre L (2002) Detection of human parvovirus B19 infection in first-trimester fetal loss. Obstet Gynecol 99:795–798
48. Pfrepper KI, Enders M, Motz M (2005) Human parvovirus B19 serology and avidity using a combination of recombinant antigens enables a differentiated picture of the current state of infection. J Vet Med B Infect Dis Vet Public Health 52(7–8):362–365
49. Pistorius LR, Smal J, de Haan TR, Page-Christiaens GC, Verboon-Maciolek M et al (2008) Disturbance of cerebral neuronal migration following congenital parvovirus B19 infection. Fetal Diagn Ther 24(4):491–494
50. Plentz A, Modrow S (2011) Diagnosis, management and possibilities to prevent parvovirus B19 infection in pregnancy. FutureVirology 6: 1435–1450
51. Public Health Laboratory Service Working Party on Fifth Disease (1990) Prospective study of human parvovirus (B19) infection in pregnancy. BMJ 300(6733):1166–1170
52. Reinheimer C, Allwinn R, Doerr HW, Wittek M (2010) Seroepidemiology of parvovirus B19 in the Frankfurt am Main area, Germany: evaluation of risk factors. Infection 38(5):381–385
53. Riipinen A, Väisänen E, Nuutila M, Sallmen M, Karikoski R et al (2008) Parvovirus b19 infection in fetal deaths. Clin Infect Dis 47(12):1519–1525
54. Röhrer C, Gärtner B, Sauerbrei A, Böhm S, Hottenträger B et al (2008) Seroprevalence of parvovirus B19 in the German population. Epidemiol Infect 136(11):1564–1575
55. Rugolotto S, Padovani EM, Sanna A, Chiaffoni GP, Marradi PL, Borgna Pignatti C (1999) Intrauterine anemia due to parvovirus B19: successful treatment with intravenous immunoglobulins. Haematologica 84(7):668–669
56. Sarno AP Jr, Feinstein SJ, Bell JG, Parikh R, Papazian K (2007) Emergent fetal intracardiac transfusion for thrombocytopenia and acute hypovolemia due to cordocentesis-associated hemorrhage in parvovirus-induced hydrops. Fetal Diagn Ther 22(2):124–127
57. Schenk T, Enders M, Pollak S, Hahn R, Huzly D (2009) High prevalence of human parvovirus B19 DNA in myocardial autopsy samples from subjects without myocarditis or dilative cardiomyopathy. J Clin Microbiol 47(1):106–110
58. Simms RA, Liebling RE, Patel RR, Denbow ML, Abdel-Fattah SA et al (2009) Management and outcome of pregnancies with parvovirus B19 infection over seven years in a tertiary fetal medicine unit. Fetal Diagn Ther 25(4):373–378
59. Söderlund M, Brown CS, Cohen BJ, Hedman K (1995) Accurate serodiagnosis of B19 parvovirus infections by measurement of IgG avidity. J Infect Dis 171(3):710–713
60. Söderlund M, Brown CS, Spaan WJ, Hedman L, Hedman K (1995) Epitope type-specific IgG responses to capsid proteins VP1 and VP2 of human parvovirus B19. J Infect Dis 172(6):1431–1436
61. Stelma FF, Smismans A, Goossens VJ, Bruggeman CA, Hoebe CJ (2009) Occupational risk of human Cytomegalovirus and Parvovirus B19 infection in female day care personnel in the Netherlands; a study based on seroprevalence. Eur J Clin Microbiol Infect Dis 28(4):393–397
62. Stenner S, Enders G, Klee A, Eiden U, Weidner A, Gonser M (2002) Diagnostic and therapy of a severe fetal parvovirus-B19-infection with persistence of viral DNA in the mothers blood but inconspicuous serological tests. Case report. Z Geburtshilfe Neonatol 206(3):102–106
63. Tolfvenstam T, Papadogiannakis N, Norbeck O, Petersson K, Broliden K (2001) Frequency of human parvovirus B19 infection in intrauterine fetal death. Lancet 357(9267):1494–1497
64. Valeur-Jensen AK, Pedersen CB, Westergaard T, Jensen IP, Lebech M et al (1999) Risk factors for parvovirus B19 infection in pregnancy. JAMA 281(12):1099–1105
65. von Kaisenberg CS, Bender G, Scheewe J, Hirt SW, Lange M et al (2001) A case of fetal parvovirus B19 myocarditis, terminal cardiac heart failure, and perinatal heart transplantation. Fetal Diagn Ther 16(6):427–432
66. von Poblotzki A, Hemauer A, Gigler A, Puchhammer-Stöckl E, Heinz FX et al (1995) Antibodies to the nonstructural protein of parvovirus B19 in persistently infected patients: implications for pathogenesis. J Infect Dis 172(5):1356–1359

67. Vyse AJ, Andrews NJ, Hesketh LM, Pebody R (2007) The burden of parvovirus B19 infection in women of childbearing age in England and Wales. Epidemiol Infect 135(8):1354–1362
68. Weiffenbach J, Bald R, Gloning KP, Minderer S, Gärtner BC et al (2012) Serological and virological analysis of maternal and fetal blood samples in prenatal human parvovirus b19 infection. J Infect Dis 205(5):782–788
69. Yaegashi N, Niinuma T, Chisaka H, Uehara S, Okamura K et al (1999) Serologic study of human parvovirus B19 infection in pregnancy in Japan. J Infect 38(1):30–35
70. Yaegashi N, Niinuma T, Chisaka H, Watanabe T, Uehara S et al (1998) The incidence of, and factors leading to, parvovirus B19-related hydrops fetalis following maternal infection; report of 10 cases and meta-analysis. J Infect 37(1):28–35
71. Yaegashi N, Okamura K, Yajima A, Murai C, Sugamura K (1994) The frequency of human parvovirus B19 infection in nonimmune hydrops fetalis. J Perinat Med 22(2):159–163
72. Yaegashi N, Shiraishi H, Tada K, Yajima A, Sugamura K (1989) Enzyme-linked immunosorbent assay for IgG and IgM antibodies against human parvovirus B19: use of monoclonal antibodies and viral antigen propagated in vitro. J Virol Methods 26(2):171–181

Zytomegalie

Klaus Hamprecht

18.1 Grundlegende Informationen zum Zytomegalievirus – 196

18.2 Allgemeine Daten zur Labordiagnostik der Zytomegalievirusinfektion – 198
18.2.1 Diagnostische Methoden (Stand der Technik) und Transport der Proben – 198
18.2.2 Allgemeine Fragestellungen zur Labordiagnostik der Zytomegalievirusinfektion – 200
18.2.3 Diagnostische Probleme – 204

18.3 Spezielle Fragen zur Labordiagnostik der Zytomegalievirus-(CMV)-Infektion – 204
18.3.1 Labordiagnostik von CMV-Infektionen vor der Schwangerschaft – 204
18.3.2 Labordiagnostik von CMV-Infektionen während der Schwangerschaft – 206
18.3.3 Labordiagnostik von Zytomegalievirusinfektionen nach der Schwangerschaft und/oder beim Neugeborenen – 212

Literatur – 214

18.1 Grundlegende Informationen zum Zytomegalievirus

Virusname	
– Bezeichnung/Abkürzung	Humanes Zytomegalievirus/HCMV, CMV
– taxonomisch	Humanes Herpesvirus 5/HHV-5
– Virusfamilie/Unterfamilie/Gattung	*Herpesviridae/Betaherpesvirinae/Cytomegalovirus*
Umweltstabilität	
– Stabilität, feuchte Oberfläche [108]	Metall/Holz: 1 h
	Glas/Plastik: 3 h
	Gummi/Kleidung/Keks: 6 h
– Stabilität, Temperatur (*in vitro*) [86, 113]	20 °C: ca. 1 Tag
	50 °C: ca. 10 min
Desinfektionsmittelresistenz	begrenzt viruzide und viruzide Desinfektionsmittel sind wirksam
Wirt	Mensch
Verbreitung	weltweit
Durchseuchung (Deutschland)	
– Seroprävalenz/Schwangere	42 % [31, 33]
– Serokonversionsrate/Schwangere	
- Deutschland	0,5 %
- Frankreich	ohne Hygieneberatung: 0,8 % [45]
	nach Hygieneberatung: 0,19 %–0,26 % [84, 110]
Inkubationszeit	4–6 Wochen [55]
Übertragung/Ausscheidung	Schmier-/Tröpfcheninfektion durch Urin > Speichel > Genitalsekret
Erkrankungen [74, 106]	
1. Primärinfektion	Mononukleose-ähnliches Syndrom
– Symptome	Fieber, Asthenie, Myalgie, Rhinopharyngitis, erhöhte Lymphozytenzahl/Transaminasenwerte
– asymptomatische Verläufe	75 % bei immunkompetenten Personen
2. Reaktivierung/Reinfektion	
– Symptome	unbekannt
– asymptomatische Verläufe	sind die Regel
Infektiosität/Kontagiosität (Ausscheidungsrate bei Seropositiven)	
– Erwachsene	
- allgemein	7 %
- mit Risikofaktoren	22 % (sexuell übertragbare Erkrankungen)

18.1 · Grundlegende Informationen zum Zytomegalievirus

– Schwangere [104]		
- 1. Trimenon	Urin: 1 %	
	Zervixsekret: 1,6–13 %	
- 3. Trimenon	Urin: 13 %	
	Zervixsekret 11–40 %	
– Kinder [21]		
- kongenital infiziert	80 %	
- gesund, in Kindertagesstätten	23 %	
- gesund, in der Familie betreut	12 %	
- hospitalisierte Kinder	11,5 %	
- höchste Viruslast	bei 1- bis 2-jährigen	
– Stillende [48, 71]	Milch/transiente Ausscheidung > 95 %	
Vertikale Übertragung		
– pränatal	transplazentar	
- bei CMV-Latenz [36, 67]	1 %	
- bei CMV-Primärinfektion [11, 12, 23, 32, 41, 47, 85, 90, 92, 95]	präkonzeptionell: 0–17 %	
	perikonzeptionell: 31–45 %	
	1. Trimenon: 30–42 %	
	2. Trimenon: 38–45 %	
	3. Trimenon: 64–77 %	
– perinatal	Zervixsekret/Muttermilch: hohe Rate bei HIV-/CMV-Koinfektionen [105]	
– neo-/postnatal	Muttermilch: 35 %, Rate bei Kindern seropositiver Mütter [50]	
Embryopathie/Fetopathie	ja, kongenitale CMV-Infektion	
– fetale Symptome [52, 83, 109]	Abort, intrauteriner Tod, Totgeburt (fetale thrombotische Vaskulopathie)	
– neonatale Symptome	Wachstumsretardierung 50 %	
	Petechien 76 %	
	Ikterus 67 %	
	Hepatomegalie 60 %	
	Mikrozephalie 53 %	
	zerebrale Fehlbildungen: Krampfanfälle, Chorioretinitis/Optikusatrophie, Purpura	
– zugehörige Laborbefunde [13, 15, 58]	AST/GOT-Erhöhung (> 80 U/l): 83 %	
	Hyperbilirubinämie (> 4 mg/dl): 81 %	
	Thrombopenie (< 100.000 mm^3): 77 %	

Embryopathie/Fetopathie Häufigkeit [32, 47, 41, 95]	
– Primärinfektion perikonzeptionell	Abort 17–90 %
– Primärinfektion 1. Trimenon	infizierte Neugeborene: – asymptomatisch: 52 % – schwer erkrankt 4 % – mild erkrankt: 4 %
	Abort: 20 %
– Primärinfektion 2. Trimenon	infizierte Neugeborene: – asymptomatisch: 83 % – mild erkrankt 14 %
	Abort: 3 %
– Primärinfektion 3. Trimenon	infizierte Neugeborene: – asymptomatisch: 95–100 %
Spätfolgen	
– Primärinfektion [27, 37, 80, 81, 97]	Gehörschädigung, Sehstörung, mentale Retardierung (IQ<70), motorisches Handicap
– Reinfektion/Reaktivierung [67]	Gehörschädigung (ca. 11 %, Hochprävalenzländer); Häufigkeit anderer Spätfolgen unbekannt
Antivirale Therapie	verfügbar, *off-label use* für kongenital infizierte, erkrankte Neugeborene [56, 57]
Prophylaxe	
– Impfung	nicht verfügbar [82, 102]
– passive Immunisierung	CMV-Hyperimmunglobulin (HIG)
	aktuell keine ausreichende Evidenz für eine Intervention zur maternalen/fetalen Prävention/Therapie [70]; wenige Studien zeigen einen Trend zur Reduktion der Transmissionsrate und Krankheitslast [4, 18, 75, 76, 112]

Die Möglichkeiten zur Intervention/Prävention der maternalen und/oder fetalen CMV-Infektion zeigt ◘ Tab. 18.1.

18.2 Allgemeine Daten zur Labordiagnostik der Zytomegalievirusinfektion

18.2.1 Diagnostische Methoden (Stand der Technik) und Transport der Proben

Methoden zum direkten CMV-Nachweis sind in ◘ Tab. 18.2 dargestellt.

Methoden zum Nachweis CMV-spezifischer Antikörper zeigt ◘ Tab. 18.3.

Das humane Zytomegalievirus gehört zu den gefahrgutrechtlichen Stoffen der Kategorie B, Risikogruppe 2. CMV-haltige Proben müssen nach UN3373 versandt werden, d. h. das Primärgefäß mit der Patientenprobe muss in einem Umverpackungsröhrchen und mit adsorbierendem Material in einem gekennzeichneten Transportbehältnis (Kartonbox) verschickt werden. Der Versand ist bei Raumtemperatur möglich; Kühlung wird nur empfohlen, wenn das Material für eine Virusisolierung vorgesehen ist.

Tab. 18.1 Übersicht der Möglichkeiten zur Intervention/Prävention der maternalen und/oder fetalen CMV-Infektion

Therapie/Prophylaxe	Verfügbar	Maßnahme
Impfung zum Schutz vor maternaler Infektion	Nein	
Hygieneberatung zum Schutz vor maternaler Infektion	Ja	Beratung CMV-negativer Schwangerer zur Kontaktvermeidung mit Urin/Speichel von Kleinkindern
Prophylaxe der vertikalen Übertragung	Nein*	Gabe von CMV-Hyperimmunglobulin (HIG); klinische Studien nicht abgeschlossen, Evidenz für Empfehlung nicht ausreichend*
Antivirale Therapie der fetalen Erkrankung	Nein	
Antivirale Therapie der maternalen Infektion/Erkrankung	Nein**	Antivirale Therapie mit Nukleosidanalogon (Studie)
Therapie der neonatalen Erkrankung	Ja	Antivirale Therapie mit Nukleosidanalogon

* off-lable use, aktuell häufig in Deutschland angewendet [18];
** off-label use [53].

Tab. 18.2 Übersicht der Methoden zum direkten CMV-Nachweis

Prinzip	Methode	Untersuchungsmaterial
CMV-DNA-Nachweis	quantitative PCR (Polymerasekettenreaktion) Angabe: Genomkopien/ml	Leukozyten; EDTA-Blut, Vollbut, Plasma* (Bestimmung des Infektionsstatus) Urin, Rachenabstrich/-spülung (Bestimmung der CMV-Ausscheidung, Diagnostik bei Neugeborenen) Fruchtwasser, Nabelschnurblut (Diagnostik der fetalen Infektion)
CMV-Isolierung	Anzucht in der Zellkultur (humane Vorhautfibroblasten) Kurzzeit-Mikrokultur zum CMV-Antigen-Nachweis mittels Immunfluoreszenz Spezialdiagnostik	Urin, Rachenabstrich/-spülung (Bestimmung der CMV-Ausscheidung; Diagnostik bei Neugeborenen) Fruchtwasser (Diagnostik der fetalen Infektion)

* Bei der Untersuchung von Folgeproben mittels quantitativer PCR ist immer das gleiche Ausgangsmaterial für die DNA-Isolierung zu verwenden [64].

Tab. 18.3 Übersicht der Methoden zum Nachweis CMV-spezifischer Antikörper

Methode	Anmerkungen
Ligandenassays (z. B. ELISA, CLIA, CMIA, ECLIA)	Bestimmung und Differenzierung der Ig-Klassen (IgG, IgM) in Serum oder Plasma Einfache Durchführung, kommerziell verfügbar, teilweise automatisiert
Immun/Westernblot	Bestimmung und Differenzierung der Ig-Klassen (IgG, IgM) in Serum oder Plasma Bestimmung von IgG-Reaktivitäten gegen definierte CMV-Proteine (anti-gB-IgG bei frischer CMV-Primärinfektion nicht nachweisbar) [87] Einfache Durchführung, kommerziell verfügbar Spezialdiagnostik
CMV-IgG-Avidität (ELISA, Immunoblot)	Differenzierung zwischen CMV-Primärinfektion und CMV-Latenz/CMV-Rekurrenz Stufendiagnostik bei IgM-Nachweis in Schwangerschaft
Neutralisationstest	Funktioneller Antikörpertest: Differenzierung zwischen CMV-Primärinfektion und CMV-Latenz/CMV-Rekurrenz Primärinfektion: innerhalb von 3-4 Wochen Nachweis neutralisierender Antikörper in Epithelzellkultur; innerhalb von 3-4 Monaten in Fibroblastenzellkultur [40] Spezialdiagnostik

18.2.2 Allgemeine Fragestellungen zur Labordiagnostik der Zytomegalievirusinfektion

Fragestellung 1: Wie erfolgt die Labordiagnose der CMV-Primärinfektion?

Empfehlung

Bei Verdacht auf eine CMV-Primärinfektion in der Schwangerschaft soll die labordiagnostische Abklärung durch Bestimmung der CMV-spezifischen Antikörper im Sinne einer Stufendiagnostik mit Kombination verschiedener Testsysteme erfolgen

1. Nachweis einer CMV-IgG-Serokonversion: Dies erfordert die Verfügbarkeit von sequentiell abgenommenen Blutproben, wovon die initiale Probe CMV-IgG negativ sein muss. Liegt eine archivierte Serumprobe aus der Vorphase vor, so sollte diese für den Nachweis der Serokonversion eingesetzt werden
2. Nachweis von niedrig avidem CMV-IgG in Kombination mit hoch positiven Werten für CMV-IgM
3. Fehlender Nachweis von Antikörpern gegen das CMV-Glykoprotein B (Anti-gB-IgG mittels Immunblot) in Kombination mit niedrig avidem CMV-IgG und/oder hoch positivem CMV-IgM [87]
4. Für die Differenzialdiagnose von CMV-Primärinfektion und -Rekurrenz spielt der Nachweis der CMV-DNA (oder -Antigen) im Blut der Schwangeren keine Rolle

18.2 · Allgemeine Daten zur Labordiagnostik der Zytomegalievirusinfektion

Begründung der Empfehlung
- Zu 1.: Die CMV-IgG-Serokonversion beweist eine Primärinfektion.
- Zu 2.: Der alleinige Nachweis von CMV-IgM ist nicht beweisend für eine Primärinfektion [61], da CMV-spezifische IgM-Antikörper auch bei Rekurrenz sowie bei Koinfektionen mit EBV- oder Parvovirus B19 nachweisbar sein können. CMV-IgM-Antikörper können auch längere Zeit persistieren. Niedrige Avidität von CMV-IgG spricht für eine Primärinfektion während der letzten 3–4 Monate [28, 62, 63].
- Zu 3.: Anti-gB-IgG ist frühestens etwa 3 Monate nach Serokonversion nachweisbar. Das Fehlen einer gB-Reaktivität kann zur Eingrenzung des Infektionszeitpunktes beitragen [103], jedoch muss berücksichtigt werden, dass auch bei 18 % der CMV-seropositiven Individuen mit länger zurückliegender Infektion anti-gB-IgG nicht nachweisbar ist [100].
- Zu 4.: Ist CMV-DNA oder Virus in Blut, Urin oder Speichel nachweisbar, beweist dies nicht eine Primärinfektion. Nachweisbare Mengen von CMV-DNA oder Virus werden auch bei Rekurrenzen ausgeschieden [62, 63, 66, 96]. In einer selektierten Population sehr junger gesunder Frauen wurde bei ca. 80 % eine vorübergehende Virusausscheidung und bei der Hälfte eine virale DNAämie beobachtet [6].

Fragestellung 2: Wie erfolgt die Labordiagnose rekurrenter CMV-Infektionen (Reaktivierung/Reinfektion)?

Empfehlung

Es ist derzeit keine Routinemethode zur einfachen und sicheren Diagnose von CMV-Rekurrenzen oder Reinfektionen bei Schwangeren ohne präkonzeptionelle Referenzserologie verfügbar.

Begründung der Empfehlung
Nach der CMV-Primärinfektion etabliert sich bei allen Personen eine lebenslange Viruspersistenz. Im Rahmen einer Virusreaktivierung können seropositive Schwangere einen signifikanten CMV-IgG-Titeranstieg mit hoch aviden CMV-IgG-Antikörpern (gelegentlich in Kombination mit CMV-IgM) aufweisen. Intermittierende Virusausscheidung und virale DNAämie wurden in den USA bei einem selektierten Kollektiv von Schwangeren mit einem Durchschnittsalter von 18 Jahren sehr häufig beobachtet [6].

Fragestellung 3: Wie erfolgt die Labordiagnose der zurückliegenden CMV-Infektion?

Empfehlung

Die Labordiagnose einer länger zurückliegenden CMV-Primärinfektion (Zustand der CMV-Latenz) soll durch Nachweis von hoch avidem CMV-IgG bei gleichzeitig negativen Werten für CMV-IgM erfolgen. CMV-Ausscheidung in Urin und Speichel ist in der Regel nicht nachweisbar.

Begründung der Empfehlung
Etwa 3–4 Monate nach CMV-Primärinfektion ist aufgrund der Aviditätsreifung der Antikörper ausschließlich hochavides CMV-IgG nachweisbar. Erfolgt während der Schwangerschaft

der Nachweis von CMV-IgG bis zur Gestationswoche 8–10, liegt eine latente CMV-Infektion vor, der Zeitpunkt der CMV-Primärinfektion liegt vor der Konzeption. In diesen Fällen sind keine weiteren Untersuchungen notwendig [63].

Hinweis: *Erfolgt die CMV-IgG-Bestimmung im Rahmen der Erhebung des CMV-Serostatus in der Frühschwangerschaft (d. h. ohne Verdacht auf ein akutes Infektionsgeschehen), sind zusätzliche Analysen wie die Bestimmung des CMV-IgM oder der CMV-IgG-Avidität nicht notwendig und nicht empfohlen.*

? Fragestellung 4: Wie erfolgt die Labordiagnose der fetalen CMV-Infektion?

Empfehlung

1. Der Nachweis von CMV-DNA und/oder Virus im Fruchtwasser soll frühestens ab der 21. Schwangerschaftswoche und mindestens 13 Wochen nach der Primärinfektion der Schwangeren erfolgen, er zeigt eine fetale Infektion an. Eine eindeutige Korrelation zwischen einer Erkrankung des Neugeborenen und hoher Kopienzahl von CMV-DNA im Fruchtwasser (10.000–100.000 Kopien/ml) besteht nicht [42]. Werden weniger als 1.000 Kopien CMV-DNA/ml Fruchtwasser nachgewiesen, so ist nach derzeitigem Kenntnisstand die fetale Infektion eher nicht mit einer Erkrankung des Neugeborenen assoziiert [63].
2. Der Nachweis von CMV-DNA und/oder Virus im Fetalblut, gewonnen ab der 30. Schwangerschaftswoche, zeigt eine fetale Infektion an (Nachweissensitivität von 100 %) [9].
3. Der Nachweis von CMV-IgM im Fetalblut wird für die Diagnose der fetalen Infektion nicht empfohlen. Wird CMV-IgM jedoch nachgewiesen, so korreliert dieser Befund signifikant mit Erkrankung des Neugeborenen [30, 96].
4. Im Fetalblut können erhöhte Werte für β2-Mikroglobulin (Anstieg > 11,5 mg/l) als Surrogatmarker in Kombination mit hohem CMV-IgM-Titer/Index und hoher CMV-DNA-Last prognostischen Wert für eine symptomatische Infektion des Neugeborenen haben.

Begründung der Empfehlung
- Zu 1.: Ab der 21. Schwangerschaftswoche und nach einer Frist von mindestens 13 Wochen zwischen der Primärinfektion der Schwangeren und der Amniozentese schließt ein negativer CMV-DNA und/oder Virusnachweis die fetale Infektion mit sehr hoher Wahrscheinlichkeit aus (Spezifität: 100 %, negativ-prädiktiver Wert: 94 %). Wird die Amniozentese jedoch zwischen der 14. und 20. Schwangerschaftswoche durchgeführt, liegt die Nachweisrate viraler DNA nur bei ca 45 % [29]; die Rate falsch negativer Befunde bei fetaler CMV-Infektion ist entsprechend hoch [63].
- Zu 2.: Die Sensitivität des Nachweises von CMV-DNA und/oder Virus in Fetalblut, gewonnen zwischen der 20./21. und der 30. Schwangerschaftswoche ist für die Diagnose einer kongenitalen CMV-Infektion etwas geringer als diejenige aus Fruchtwasser (Sensitivität: 85 % versus 93 %; Spezifität 100 %).
- Zu 3.: Auch nach der 20. Schwangerschaftswoche beträgt die Sensitivität des CMV-IgM-Nachweises in Fetalblut nur 55-80 % [63, 89].

18.2 · Allgemeine Daten zur Labordiagnostik der Zytomegalievirusinfektion

— Zu 4.: Auch wenn die fetale Infektion durch Nachweis von CMV oder viraler DNA im Fruchtwasser bereits diagnostiziert ist, kann die Bestimmung von CMV-IgM-Titern/Indices, CMV-DNA und β2-Mikroglobulin für die Abschätzung einer Erkrankung des Neugeborenen herangezogen werden. Diese in einer retrospektive Studie erhobenen Daten beruhen allerdings auf geringen Fallzahlen [34].

Fragestellung 5: Wie erfolgt die Labordiagnose der kongenitalen CMV-Infektion beim Neugeborenen?

Empfehlung

Die Diagnose der kongenitalen Infektion soll beim Neugeborenen durch Nachweis von CMV-DNA und/oder durch CMV-Isolierung aus Urin oder Speichel innerhalb der ersten 2 Lebenswochen erfolgen.

Begründung der Empfehlung
Die serologische Diagnostik beim Neugeborenen hat für den Nachweis einer kongenitalen CMV-Infektion nur untergeordnete Bedeutung, weil bei bis zu 80 % der kongenital infizierten Neugeborenen CMV-IgM nicht nachweisbar ist. Ein positiver CMV-IgM-Befund weist auf eine kongenitale Infektion des Neugeborenen hin, er soll aber durch direkten Virus- oder DNA-Nachweis in Urin oder Speichel bestätigt werden [63, 89]. Der Nachweis von CMV-IgG kann durch maternale Leihantikörper bedingt sein.

Fragestellung 6: Wie soll retrospektiv beim Kleinkind eine kongenitale CMV-Infektion diagnostiziert werden?

Empfehlung

Beim Kleinkind soll eine kongenitale CMV-Infektion retrospektiv mittels Nachweis der CMV-DNA aus der Trockenblut-Filterkarte (Guthrietestkarte vom 3. Lebenstag) diagnostiziert werden [7, 8]. Um eine möglichst hohe diagnostische Sicherheit zu gewährleisten soll für die DNA-Extraktion ein ausreichend großes Filterkartenstück mit Trockenblut eingesetzt werden, damit man auch geringe Genomkopien (< 1.000 Kopien/ml Plasma) nachweisen kann [44]. Ein negatives Testergebnis schließt eine kongenitale CMV-Infektion nicht mit Sicherheit aus.

Begründung der Empfehlung
Der Nachweis von CMV DNA in der Guthrietestkarte vom 3. Lebenstag beweist eine kongenitale CMV-Infektion. Vor allem bei asymptomatisch infizierten Neugeborenen mit niedriger Viruslast gelingt der CMV-DNA-Nachweis aus der Guthrietestkarte nicht immer. Daher ist das negative Ergebnis mit einer gewissen Unsicherheit verbunden [16, 44].

Hinweis: *Es ist zu beachten, dass bei Anforderung der Guthrie-Testkarten durch den behandelnden Neonatologen oder Kinderarzt eine schriftliche Einverständniserklärung der Eltern vorliegen muss. Gemäß Beschluss des Gemeinsamen Bundesausschusses (GBA) vom 21.12.2004 (§ 15.3, Kinderrichtlinien zur Einführung des erweiterten Neugeborenenscreenings) sind alle Restblutproben nach spätestens 3 Monaten zu vernichten (Deutsches Ärzteblatt 102, 22.4.2006).*

18.2.3 Diagnostische Probleme

1. Häufigstes Problem der serologischer CMV-Diagnostik bei Schwangeren ist der niedrige Vorhersagewert eines zufällig gefundenen positiven CMV-IgM-Wertes, der bedingt sein kann durch
   a. persistierendes CMV-IgM – es kann bis zu 12 Monaten nach Ablauf der Primärinfektion nachgewiesen werden [89];
   b. rekurrierende Infektion mit CMV-IgM-Nachweis – es besteht jedoch eine Korrelation zwischen hohen IgM-Indizes und niedriger Avidität bei der CMV-Primärinfektion [28];
   c. Reaktivität bei anderen Infektionen, z. B. mit Epstein-Barr-Virus [72] oder Parvovirus B19, oder bei Autoimmunerkrankungen [63]; methodisch bedingte falsch positive Ergebnisse [3, 28, 59, 60].
2. Ein negativer CMV-IgM-Befund schließt eine aktive Infektion nicht ganz sicher aus, da die Stärke und Dauer des IgM-Nachweises individuell unterschiedlich sind und die Testsysteme unterschiedliche Sensitivitäten aufweisen. (◘ Tab. 18.4).
3. Tests zum Nachweis der CMV-IgG-Avidität sind bezüglich der Diskriminierung zwischen hoher und niedriger Avidität sowie bezüglich der Maturationskinetik zu avidem CMV-IgG nicht standardisiert. Daher kann im Einzelfall die IgG-Avidität bei Verwendung verschiedener Testsysteme unterschiedlich bewertet werden [94]. Die Einführung neuer *cut-off*-Werte für die Diskriminierung niederer und hoher Aviditäten kann zu verbessertem Patientenmanagement führen [111].
4. Der in der Literatur angegebene hohe negativ-prädiktive Wert eines negativen PCR-Befundes aus Trockenblutfilterkarten (Guthrietestkarte) zum Ausschluss einer kongenitalen CMV-Infektion [7] ist sehr kritisch zu sehen [16, 44].

18.3 Spezielle Fragen zur Labordiagnostik der Zytomegalievirus-(CMV)-Infektion

18.3.1 Labordiagnostik von CMV-Infektionen vor der Schwangerschaft

Fragestellung 1: In welchen Fällen sollte der CMV-Serostatus überprüft werden?

Empfehlung

Frauen, die eine assistierte reproduktionsmedizinische Maßnahme planen, sollten vor Beginn der Maßnahme bezüglich ihres CMV-Serostatus getestet werden.

Begründung der Empfehlung
Die Kenntnis des CMV-Serostatus beider Partner hat Einfluss auf das Management der geplanten reproduktionsmedizinischen Maßnahme. Zu spät erkannte, perikonzeptionelle CMV-Primärinfektionen gehen mit einem erhöhten Risiko für eine Schädigung des Kindes einher [32, 47, 95]. Die Kenntnis des Serostatus vor dem Eintritt der geplanten Schwangerschaft kann die Donorauswahl beeinflussen.

18.3 · Spezielle Fragen zur Labordiagnostik der Zytomegalievirus-(CMV)-Infektion

Tab. 18.4 Übersicht der serologischen Ergebniskonstellationen, ihre Interpretation und Bedeutung zur Diagnose der CMV-Infektion während der Schwangerschaft. Die aufgeführten Ergebniskonstellationen gelten für die Situation der erstmaligen Testung einer Serumprobe in den angegebenen Schwangerschaftsphasen. Die Maßnahmen werden empfohlen, wenn keine Rückstellproben aus einer früheren Phase zur Testung verfügbar sind. Liegt eine archivierte Serumprobe oder ein negativer CMV-IgG-Befund aus der Vorphase der Schwangerschaft vor, kann durch die Bestimmung einer Serokonversion der Infektionsstatus geklärt und der fragliche Zeitpunkt der CMV-Primärinfektion bestimmt werden.

CMV-Serologie – Befund			Bestimmung in Schwangerschafts-Phase	Bewertung, Maßnahmen
IgG	IgM	IgG-Avidität		
Negativ	Negativ	–	Trimester 1–3	Nicht infiziert, suszeptibel; *Hygieneberatung*
Negativ	*Positiv*	–	Trimester 1–3	Ausschluss von falsch positivem CMV-IgM; Testung von Folgeserum nach 10 Tagen zum Nachweis einer fraglichen Serokonversion
Positiv	*Positiv*	Hoch	Vor SSW 16/18	(I) CMV-Latenz (II) CMV-Rekurrenz
Positiv	*Positiv*	Hoch	Nach SSW 16/18	CMV-Primärinfektion möglich, perikonzeptionell oder während Frühschwangerschaft Ultraschallkontrolle bei der Schwangeren, ggf. Amniozentese; Urinkontrolle beim Neugeborenen
Positiv	Negativ	Hoch	Vor SSW 16/18	CMV-Latenz
Positiv	Negativ	Hoch	Nach SSW 16/18	1. CMV-Latenz 2. CMV-Primärinfektion, perikonzeptionell oder während Frühschwangerschaft ist nicht sicher auszuschließen. Ultraschallkontrolle bei der Schwangeren, ggf. Amniozentese; Urinkontrolle beim Neugeborenen
Positiv	Negativ/ *positiv*	*Intermediär*	Trimester 1–3	Keine Aussage bezüglich des Infektionszeitpunktes möglich
Positiv	*Positiv*	*Niedrig*	Trimester 1–3	CMV-Primärinfektion; Zusatztestung Immunoblot: anti-gB-IgG fehlt, breite IgM-Reaktivität (anti-IE1/anti pp150/anti CM2/anti-pp65/anti-gB-IgM). In Abhängigkeit von der Schwangerschaftsphase sind Untersuchungen zur Abklärung einer potentiellen fetalen Infektion, Ultraschallkontrollen bei der Schwangeren, ggf. Amniozentese (SSW 21) und/oder Urinkontrolle beim Neugeborenen angezeigt

18.3.2 Labordiagnostik von CMV-Infektionen während der Schwangerschaft

> **Fragestellung 1:** In welchen Fällen und zu welchem Zeitpunkt sollte eine CMV-Diagnostik durchgeführt werden?

Empfehlung

1. Bei allen Schwangeren wird zum Zeitpunkt der Feststellung der Schwangerschaft die ausschließliche Bestimmung des CMV-IgG-Serostatus zur Labordiagnose einer CMV-Latenz (▶ Abschn. 18.2) empfohlen.
2. Nur bei Schwangeren mit erhöhtem Infektionsrisiko durch familiäre oder berufliche CMV-Exposition mit Kindern bis zum 3. Lebensjahr [3] soll zum Zeitpunkt der Feststellung der Schwangerschaft der vollständige CMV-IgG/IgM-Serostatus erhoben werden [63]. Bei positivem Nachweis von CMV-IgM soll eine zusätzliche CMV-IgG-Aviditätsbestimmung durchgeführt werden (◘ Abb. 18.1, ◘ Tab. 18.4).
3. Wenn die Schwangere klinische Symptome zeigt, die auf eine CMV-Infektion hinweisen, (▶ Abschn. 18.1) oder wenn sich spezifische Auffälligkeiten (beispielsweise hyperechogener Darm) in der Ultraschalldiagnostik zeigen, die auf eine CMV-Primärinfektion hinweisen, soll eine CMV-Diagnostik gemäß den Empfehlungen in ▶ Abschn. 18.2 durchgeführt werden.
4. Gegebenenfalls sollte bei drohender Frühgeburt (GA < 32 + 0) und geschätztem Geburtsgewicht unter 1.500 g eine CMV-Diagnostik durchgeführt werden.

Begründung der Empfehlung

— Zu 1.: Die Kenntnis des CMV-Serostatus ermöglicht bei seronegativen Schwangeren eine entsprechende Hygieneberatung zur Vermeidung des Kontakts mit Urin und Speichel von Kleinkindern als Maßnahme zur Expositionsprophylaxe. Bei seronegativen Frauen kann die Beratung zu präventiven Hygienemaßnahmen das Risiko einer CMV-Primärinfektion senken, ▶ Abschn. 3.1 [2, 20, 35, 84, 110].

Hinweis: Für die hier ausgesprochene Empfehlung gab es nur einen geringen Konsens (6 Ja-versus 5 Nein-Stimmen). Es gab Übereinstimmung darin, dass die Kenntnis des CMV-Serostatus jeder Schwangeren hilfreich ist. Außer der Hygieneprophylaxe gibt es aktuell keine ausreichend evidenzbasierte Therapieoption, daher ergibt sich derzeit aus dem Testergebnis keine weitere Konsequenz. Die einmalige Bestimmung des Serostatus zu Beginn der Schwangerschaft ist nur die Grundlage für die Hygieneberatung, sie ist nicht für die Entdeckung von Primärinfektionen gedacht oder geeignet. Sollten künftige Studien zeigen, dass eine Hyperimmunglobulin- oder antivirale Therapie das Risiko der vertikalen Übertragung und/oder die Krankheitslast der kongenitalen CMV-Infektion signifikant senken können, muss diese Empfehlung dem Wissensstand angepasst werden [114].

— Zu 2.: Schwangere Mütter von unter dreijährigen Kleinkindern haben ein erhöhtes Risiko für den Erwerb einer CMV-Infektion [1, 3, 68, 77–79]. Bei seronegativen Frauen kann die Beratung zu präventiven Hygienemaßnahmen das Risiko einer CMV-Primärinfektion senken, ▶ Abschn. 3.1 [2, 20, 35, 84, 110].
— Zu 3.: Nur 25 % aller CMV-Primärinfektionen bei Schwangeren verlaufen symptomatisch [74, 89]. So kann auch ein Transaminasenanstieg oder eine Lymphozytose im Kontext eines fieberhaften Infektes mit Lymphadenopathie (EBV-negative Mononukleose) und/

18.3 · Spezielle Fragen zur Labordiagnostik der Zytomegalievirus-(CMV)-Infektion

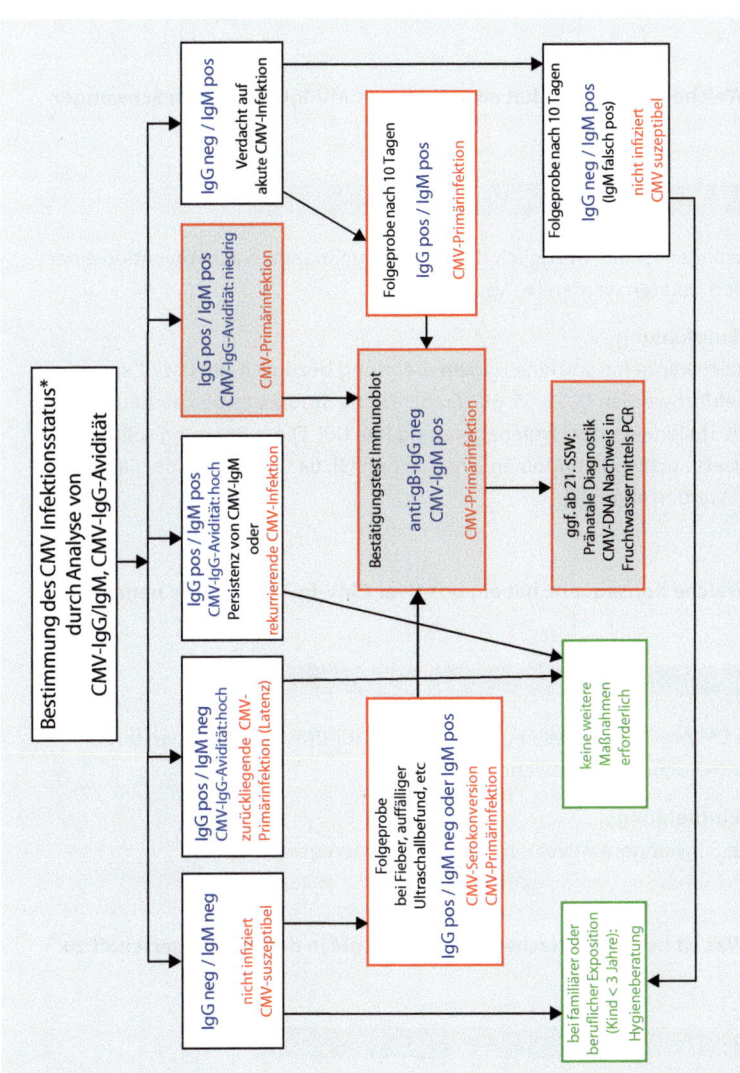

*Hinweis: Die Erhebung des CMV-Serostatus zu Schwangerschaftsbeginn (CMV-Screening) erfolgt durch die ausschließliche Bestimmung des CMV-IgG.

Abb. 18.1 Vorgehensweise der Labordiagnostik zur Abklärung des CMV-Infektionsstatus bei Schwangeren mit Verdacht auf CMV-Primärinfektion, kombiniert mit möglichen Maßnahmen. *Blaue Schrift*: Ergebniskonstellation, *rote Schrift*: Interpretation, *grün*: Maßnahmen; *rote Umrandung*: weitere Abklärung erforderlich.

oder eines katarrhalischen Infektes auf eine akute CMV-Infektion hinweisen. Bei rekurrenter Infektion sind Symptome nicht zu erwarten [74]. Auch ist die Sensitivität der Ultraschalluntersuchung für das Erkennen einer fetalen CMV-Infektion mit assoziierten Schädigungen gering (15 %) [9, 46].
- Zu 4.: Die Kenntnis des CMV Serostatus der Schwangeren kann Bedeutung für den Umgang mit Muttermilch haben und sollte möglichst vor der Geburt eines Frühgeborenen bekannt sein.

Fragestellung 2: Welche Konsequenz hat ein negativer CMV-IgG Befund zu Schwangerschaftsbeginn?

Empfehlung

Seronegative Schwangere sollen bezüglich der Hygienemaßnahmen zur Prävention einer CMV-Primärinfektion beraten werden (▶ Abschn. 18.3.1).

Begründung der Empfehlung
Bei seronegativen Schwangeren soll eine Hygieneberatung bezüglich der CMV-Expositionsrisiken durchgeführt werden [3, 22, 55, 68]. Französische Studien zeigen eindeutig den hohen präventiven Stellenwert der Hygieneberatung [84, 110]. Diese Beratung sollte die Empfehlung zum Gebrauch von Kondomen einschließen [3], da CMV auch über Samenflüssigkeit übertragen werden kann [17].

Fragestellung 3: Welche Konsequenz hat ein positiver CMV-IgG Befund bei negativem IgM-Befund?

Empfehlung

Der Nachweis von CMV-IgG macht bei negativen Werten für CMV-IgM keine weiteren Testungen oder Untersuchungen notwendig [3, 114].

Begründung der Empfehlung
Die latent infizierte Schwangere ist vor einer Primärinfektion geschützt.

Fragestellung 4: Was ist bei einem Nachweis von CMV-IgM in der Schwangerschaft zu tun?

Empfehlung

In der Schwangerschaft soll jeder positive Nachweis von CMV-IgM durch weitere Untersuchungen (bei positivem CMV-IgG: Bestimmung der CMV-IgG-Avidität, bei negativem CMV-IgG: Folgeuntersuchungen zum Nachweis einer möglichen Serokonversion oder Fehlbestimmung, ▶ Abschn. 18.2, ◘ Tab. 18.4, ◘ Abb. 18.1) abgeklärt werden.

18.3 · Spezielle Fragen zur Labordiagnostik der Zytomegalievirus-(CMV)-Infektion

Begründung der Empfehlung
Der alleinige Nachweis von CMV-IgM besitzt bezüglich einer CMV-Primärinfektion einen niedrigen Vorhersagewert. CMV-IgM ist auch im Rahmen von CMV-Rekurrenzen (Reaktivierung, Reinfektion) oder einer CMV-IgM-Persistenz nachweisbar [3, 28, 63]. CMV-Reaktivierungen oder Reinfektionen führen im Gegensatz zu Primärinfektionen während der Schwangerschaft selten zu kongenitalen Infektionen mit schwerer Erkrankungen des Neugeborenen [101, 116].

Hinweis: *Die Mehrzahl von CMV-Rekurrenzen findet man bei Schwangeren in Ländern mit hoher CMV-Prävalenz [5, 14, 26, 67, 73, 99, 115, 117]. Hier entwickeln 11 % der durch rekurrente CMV-Infektion der Schwangeren kongenital infizierten Kinder Hörstörungen [63]. Derzeit können rekurrente CMV-Infektionen in Empfehlungen zum Management der CMV-Infektion in der Schwangerschaft nicht berücksichtigt [3, 63] werden, da für ihre Erfassung im Rahmen der Routinediagnostik eine Rückstellprobe zu Schwangerschaftsbeginn erforderlich ist (▶ Abschn. 3.2).*

? Fragestellung 5: Können Bestimmungen von CMV-IgG-Avidität und anti-gB-IgG zur Einschätzung des fetalen Schädigungsrisikos beitragen?

Empfehlung

Bei positivem Nachweis von CMV-IgM soll zur Eingrenzung des Infektionszeitpunktes und damit des fetalen Schädigungsrisikos die Bestimmung der CMV-IgG-Avidität durchgeführt werden. In der Frühschwangerschaft wird der Nachweis von anti-gB-IgG zusätzlich empfohlen.

Begründung der Empfehlung
Eine hohe Avidität von CMV-IgG sowie eine starke CMV-gB-Reaktivität im ersten Trimenon können eine CMV-Primärinfektion in der Schwangerschaft relativ sicher ausschließen. Die Aviditätsmaturation erstreckt sich über ca. 12–16 Wochen nach Primärinfektion [63], daher steht ein hoher CMV-IgG-Aviditätswert im ersten Trimenon meist für eine länger zurückliegende CMV-Primärinfektion vor der Schwangerschaft (◘ Tab. 18.4). Wird die CMV-IgG-Avidität jedoch erst in der 18.-20. Schwangerschaftswoche bestimmt, ist deren prognostischer Wert deutlich reduziert [63]. Im letzten Trimenon oder bei Geburt hat ein hoher Aviditätswert keine prognostische Bedeutung. Eine niedrige Avidität von CMV-IgG bei Geburt macht eine Primärinfektion der Schwangeren im letzten Trimenon sehr wahrscheinlich. In diesem Fall ist das fetale Schädigungsrisiko sehr gering. Anti-gB-IgG wird erst ca drei Monate nach einer CMV Primärinfektion gebildet [103]. Der Nachweis von anti-gB-IgG im ersten Trimenon schließt eine akute CMV-Infektion in der Schwangerschaft weitestgehend aus (◘ Abb. 18.1, ◘ Tab. 18.4) [100, 103].

Fragestellung 6: In welchen Fällen ist eine Fruchtwasseruntersuchung zur Diagnostik der fetalen CMV-Infektion in Erwägung zu ziehen?

Empfehlung

1. Eine Fruchtwasseruntersuchung soll bei auffälligen Ultraschallbefunden erwogen werden, bei denen differenzialdiagnostisch eine aktive CMV-Infektion abzuklären ist.
2. Gegebenenfalls sollte bei CMV-Primärinfektion der Schwangeren im ersten und frühen 2. Trimenon eine Fruchtwasseruntersuchung vorgenommen werden.
3. Bei Primärinfektion im dritten Trimenon ist eine Fruchtwasseruntersuchung nicht empfohlen.

Begründung der Empfehlung:
- Zu 1.: Bei auffälligen Ultraschallbefunden, die auf eine CMV-Primärinfektion zurückzuführen sind, ist in hohem Maße mit einer symptomatischen Infektion des Neugeborenen zu rechnen [85]. Dies impliziert hohes Risiko für Langzeitschäden.
- Zu 2.: Die Ultraschalluntersuchung alleine ist nicht geeignet, um die Infektion des Feten auszuschließen. Prä-und perikonzeptionelle sowie im ersten Trimenon stattfindende CMV-Primärinfektionen können bei vertikaler Übertragung auf den Feten mit schwerer Symptomatik verbunden sein [85]. Ein größerer Anteil der Feten wird jedoch bei akuter CMV-Primärinfektion der Schwangeren nicht infiziert (▶ Abschn. 18.1). Deswegen kann die Infektion des Feten diagnostisch durch Fruchtwasseruntersuchung abgeklärt werden. Der Ausschluss einer fetalen Infektion verhindert Schwangerschaftskonflikte.
- Zu 3.: Eine fetale Infektion im dritten Trimenon hat zunächst keine therapeutischen Konsequenzen. Nach der Geburt kann eine Infektion des Kindes durch negative CMV-PCR aus Urin innerhalb der ersten zwei Lebenswochen ausgeschlossen werden. Bei positiver PCR sind im weiteren Verlauf zusätzlich zum generellen U2-Hörscreeinng weitere apparative Hörtestungen angezeigt.

Fragestellung 7: Wann soll die pränatale CMV-Diagnostik aus Fruchtwasser durchgeführt werden?

Empfehlung

Die Durchführung einer Amniozentese zur Labordiagnose einer fetalen CMV-Infektion soll erst ab der 21. Schwangerschaftswoche durchgeführt werden.

Begründung der Empfehlung
Die Untersuchung des Fruchtwassers sollte mittels PCR und/oder Virusanzucht erfolgen. Sind beide Nachweismethoden bei Fruchtwasserentnahme in der 21. Schwangerschaftswoche mit einem Abstand von sechs bis acht Wochen zum vermuteten Beginn der CMV-Primärinfektion der Schwangeren negativ, kann eine fetale Infektion mit hoher Sicherheit ausgeschlossen werden [63]. Sind in der Fruchtwasserprobe weniger als 1.000 CMV-Genomkopien/ml nachweisbar, so ist mit hoher Wahrscheinlichkeit mit asymptomatischer Infektion des Neugeborenen zu rechnen [62]. Eine eindeutige Korrelation zwischen symptomatischer Infektion des Neugeborenen und hoher Genomkopienzahl (> 100.000 Kopien/ml Fruchtwasser) besteht jedoch nicht [42]. Wird die Amniozentese zwischen der 14. und 20. Schwangerschaftswoche durchgeführt, kann die Sensitivität des CMV-DNA-Nachweises jedoch auf 45 % reduziert sein [29].

18.3 · Spezielle Fragen zur Labordiagnostik der Zytomegalievirus-(CMV)-Infektion

Fragestellung 8: Ist eine zusätzliche fetale CMV-Diagnostik aus Fetalblut sinnvoll?

Empfehlung

1. Zum Nachweis einer fetalen CMV-Infektion ist eine zusätzliche Untersuchung des Fetalbluts nicht notwendig, wenn die Fruchtwasserpunktion zum oben empfohlenen Zeitpunkt (siehe Fragestellung 7) durchgeführt wird.
2. Im Falle einer CMV-Primärinfektion in den ersten 20 Schwangerschaftswochen (GA < 19 + 6) mit durch Amniozentese nachgewiesener Übertragung der Infektion auf den Feten kann zur weiteren perinatalen Risikoabschätzung eine Bestimmung von Thrombozytenzahl, β2-Mikroglobulin, CMV-IgM sowie CMV-DNA aus Fetalblut erwogen werden; die Datenlage reicht jedoch nicht für eine Empfehlung aus.

Begründung der Empfehlung
- Zu 1.: Aufgrund der hohen Sensitivität des CMV-DNA-Nachweises aus Fruchtwasser zum empfohlenen Zeitpunkt, ist eine zusätzliche Entnahme von Fetalblut für die Diagnose der fetalen Infektion nicht notwendig [30, 65, 89].
- Zu 2.: Die Kombination von erhöhtem ß2-Mikroglobulin, einem deutlich über dem Grenzwert erhöhten CMV-IgM, einer niedrigen Thrombozytenzahl sowie einer hohen CMV-Kopienzahl im fetalen Blut war in einer retrospektiven Beobachtungsstudie mit einem erhöhten Schädigungsrisiko assoziiert [34], jedoch gibt es auch hierzu divergierende Befunde [96].

Fragestellung 9: Soll vor Durchführung einer Amniozentese eine Bestimmung der CMV-DNA mittels PCR im Blut der Schwangeren durchgeführt werden?

Empfehlung

Eine CMV-DNA-Bestimmung aus dem Blut der Schwangeren vor Durchführung der Amniozentese ist nicht erforderlich.

Begründung der Empfehlung
Das Vorliegen einer CMV-DNAämie im Blut der Schwangeren stellt kein signifikantes Risiko für eine iatrogene Übertragung von CMV während der Durchführung der Amniozentese dar [93].

Fragestellung 10: Welches Material eignet sich nach Abort/Totgeburt oder Schwangerschaftsabbruch zur Diagnostik der fetalen CMV-Infektion?

Empfehlung

Die fetale CMV-Infektion soll durch Nachweis der CMV-DNA mittels PCR im Fruchtwasser und Plazentagewebe diagnostiziert werden.

Begründung der Empfehlung
Die CMV-Infektion des Feten kann man durch Nachweis der CMV-DNA im Plazentagewebe (Nachweisrate: 100 % bei elektiver Termination in GA20-21) diagnostizieren. Ähnlich häufig gelingt der CMV-DNA-Nachweis aus fetalem Pankreas, es folgen Lunge (87 %), Leber (71 %), Gehirn (55 %), Herz (44 %) [10, 38, 39]. Bei Totgeburten aufgrund fetaler CMV-Infektion findet

sich eine fetale thrombotische Vaskulopathie [52, 83]. Schwangerschaftsabbrüche werden häufig wegen einer CMV-Primärinfektion um den Konzeptionszeitpunkt (17–90 %) oder während des ersten Trimesters (20 %) vorgenommen, wegen des geringer werdenden fetalen Schädigungsrisikos sinkt mit fortschreitender Schwangerschaft die Abbruchrate im zweiten und dritten Trimester auf unter 3 % [32, 41, 47, 95].

18.3.3 Labordiagnostik von Zytomegalievirusinfektionen nach der Schwangerschaft und/oder beim Neugeborenen

❓ Fragestellung 1: In welchen Fällen soll nach der Geburt eine Bestimmung des CMV-Serostatus der Mutter durchgeführt werden?

Empfehlung

Bei Müttern von Risiko-Frühgeborenen (< 32 Wochen oder Geburtsgewicht unter 1.500 g) sollte eine CMV-IgG-Bestimmung durchgeführt werden, sofern nicht bereits vorgeburtlich erfolgt.

Begründung der Empfehlung
Nahezu jede CMV-IgG-positive Mutter scheidet infektiöses CMV über die Milch aus [48, 50, 71]. Für reife Neugeborene ist dies ohne klinische Relevanz. Die CMV-Erstinfektion kann jedoch bei sehr unreifen Frühgeborenen einen schweren, septischen Verlauf nehmen. Die Prävention der CMV-Transmission durch Muttermilch kann entweder durch Holderpasteurisierung von abgepumpten Milchproben mittels Erwärmung im Wasserbad auf 62 °C oder durch Kurzzeitpasteurisierung erfolgen [49]. Eine Kryoinaktivierung mittels wiederholter Einfrier-Auftau-Zyklen kann die Virusinfektiosität nicht vollständig zerstören [69], Holderpasteurisierung (30 min 62 °C) zerstört nutritiv und immunologisch wichtige Komponenten der Milch. Die Kurzzeitpasteurisierung (5 sec, 62 °C) mittels Generierung eines Milchfilmes [49] kann diese Komponenten weitgehend erhalten [43], sie befindet sich in klinischer Evaluation.

Hinweis: *Einheitliche Empfehlungen von Fachgesellschaften zum Umgang mit Muttermilch bei CMV-IgG-positiven Müttern von Frühgeborenen gibt es nicht, da keine ausreichend gute Datenbasis existiert, um Risiko und Nutzen der Gabe unpasteurisierter CMV-haltiger Muttermilch gegeneinander abzuwägen. Weitergehende Einigkeit besteht darin, dass bei Frühgeborenen (unabhängig von Gestationsalter und Gewicht), die Trinkversuche an der Brust der Mutter machen können, ein positiver CMV-IgG-Serostatus kein Hindernis dafür sein sollte.*

❓ Fragestellung 2: Soll bei CMV-IgG-positiven Müttern die Muttermilch mittels CMV-PCR getestet werden?

Empfehlung

Weder bei Früh- noch bei Reifgeborenen ist es erforderlich, aus Muttermilch mittels PCR einen Nachweis von CMV-DNA zu führen.

18.3 · Spezielle Fragen zur Labordiagnostik der Zytomegalievirus-(CMV)-Infektion

Begründung der Empfehlung
Alle seropositiven Mütter scheiden, meist in einem Intervall zwischen der 2. und 8. Woche nach der Entbindung, CMV in fluktuierenden Mengen aus. Die Erfassung der Virusausscheidung würde häufiges (d. h. wöchentliches) Testen erfordern [50]. Für Reifgeborene birgt CMV-haltige Muttermilch kein Schädigungsrisiko.

? Fragestellung 3: Dürfen Mütter mit einem kongenital CMV-infizierten Neugeborenen stillen?

Empfehlung

Kongenital infizierte Neugeborene dürfen gestillt werden.

Begründung der Empfehlung
Es gibt derzeit keinen Anhalt für eine zusätzliche Gefährdung bereits intrauterin CMV-infizierter Neugeborener durch CMV in der Muttermilch, unabhängig von einer antiviralen Behandlung des Kindes.

? Fragestellung 4: Welches Neugeborene sollte auf CMV untersucht werden?

Empfehlung

Alle Neugeborenen sollen zum Ausschluss einer kongenitalen CMV-Infektion untersucht werden, wenn bei der Mutter während der Schwangerschaft eine CMV-Primärinfektion diagnostiziert wurde oder das Neugeborene Symptome aufweist, die mit einer kongenitalen CMV-Infektion vereinbar sind.

Begründung der Empfehlung
Das Ergebnis der Untersuchung ermöglicht die Identifizierung kongenital infizierter Kinder und damit die frühzeitige Aufnahme neonatologischer Diagnostik- und Vorsorgemaßnahmen. Für ein generelles CMV-Neugeborenenscreening fehlt derzeit eine ausreichende Datenlage [25].

? Fragestellung 5: Wie soll die Labordiagnose eines Neugeborenen mit kongenitaler CMV-Infektion durchgeführt werden?

Empfehlung

Innerhalb der ersten 2 Lebenswochen soll zum Ausschluss einer kongenitalen CMV-Infektion eine Untersuchung der CMV-Ausscheidung im Urin, Rachenabstrich oder Speichel mittels PCR und/oder Viruskultur erfolgen.

Begründung der Empfehlung
Die PCR-Untersuchung aus Blut jenseits der zweiten Lebenswoche bietet die Gefahr der Überlappung mit postnataler CMV-Erstinfektion durch Stillen. Siehe Ausführungen in ▶ Abschn. 18.2.

> **Fragestellung 6: Soll eine quantitative Bestimmung der CMV-DNA aus Blut und Urin des kongenital infizierten Neugeborenen durchgeführt werden?**

Empfehlung

Die quantitative Bestimmung der CMV-DNA-Last kann zur Einleitung einer antiviralen Therapie und Abschätzung der Prognose bezüglich der Entwicklung eines Hörschadens erwogen werden.

Begründung der Empfehlung
Es gibt Hinweise, dass eine hohe Viruslast mit Hörverlust korrelieren kann [15, 21]. Eine CMV-DNA-Last unter 3.500 Genomkopien/ml Vollblut scheint mit einem geringeren Risiko für späteren Hörverlust bei asymptomatisch infizierten Neugeborenen zu korrelieren [98]. Das Ergebnis der Bestimmung gewährt zusätzliche Argumente für eine mögliche Therapieindikation.

> **Fragestellung 7: In welchen Fällen soll eine retrospektive Analyse der Guthrietestkarte vom dritten Lebenstag durchgeführt werden?**

Empfehlung

Bei Auftreten von sensorineuralen Hörstörungen (SNHL) bis zum zweiten Lebensjahr soll eine PCR-Untersuchung der Trockenblutprobe auf der Guthrietestkarte zum Ausschluss einer kongenitalen CMV-Infektion als Ursache durchgeführt werden [56].

Begründung der Empfehlung
Die zum metabolischen Neugeborenen-Screening am dritten Lebenstag angelegte Guthrie-Testkarte kann zur Diagnosestellung einer kongenitalen CMV-Infektion mittels PCR herangezogen werden (▶ Abschn. 18.2).

Hinweis: *Im Gegensatz zu anderen europäischen Ländern und den USA muss in Deutschland die Guthrie-Testkarte drei Monate nach Blutentnahme als Restblutprobe vernichtet werden.*

Literatur

1. Adler SP (1991) Cytomegalovirus and child day care: risk factors for maternal infection. Pediatr Infect Dis 10(8):590–594
2. Adler SP, Finney JW, Manganello AM, Best AM (2004) Prevention of child-to-mother transmission of cytomegalovirus among pregnant women. J Pediatr 145(4):485–491
3. Adler SP (2011) Screening for cytomegalovirus during pregnancy. Infect Dis Obstet Gynecol ID 942937
4. Adler SP (2012) Primary maternal cytomegalovirus infection during pregnancy: do we have a treatment option? Clin Infect Dis 55(4):504–506
5. Ahlfors K, Ivarsson SA, Harris S, Svanberg L, Homqvist R et al (1984) Congenital cytomegalovirus infection and disease in Sweden and the relative importance of primary and secondary maternal infections. Scand J Infect Dis 16:129–137
6. Arora N, Novak Z, Fowler KB, Boppana SB, Ross SA (2010) Cytomegalovirus viruria and DNAemia in healthy seropositive women. JID 202;1800–1803
7. Barbi M, Binda S, Primache V, Caroppo S, Dido P et al (2000) Cytomegalovirus DNA detection in Guthrie cards: a powerful tool for diagnosing congenital infection. J Clin Virol 17:159–165

8. Barbi M, Binda S, Caroppo S (2006) Diagnosis of congenital CMV infection via dried blood spots. Rev Med Virol 16:385–392
9. Benoist G, Salomon LJ, Mohlo M, Suarez B, Jacquemard F, Ville Y (2008) cytomegalovirus-related fetal brain lesions: comparison between targeted ultrasound examination and magnetic resonance imaging. Ultrasound Obstet Gynecol 32:900–905
10. Bissinger AL, Sinzger C, Kaiserling E, Jahn G (2002) Human cytomegalovirus as a direct pathogen: correlation of multiorgan involvement and cell distribution with clinical and pathological findings in a case of congenital inclusion disease. J Med Virol 67:200–206
11. Bodéus M, Hubinont C, Goubau P (1999) Increased risk of cytomegalovirus transmission in utero during late gestation. Obstet Gynecol 93:658–660
12. Bodéus M, Kabamba-Mukadi B, Zech F, Hubinont C, Bernard P (2010) Human cytomegalovirus in utero transmission: Follow-up of 524 maternal seroconversion. J Clin Virol 47:201–202
13. Boppana SB, Pass RF, Britt WJ, Stagno S, Alford CA (1992) Symptomatic congenital cytomegalovirus infection: neonatal morbidity and mortality. Pediatr Infect Dis J 11:93–99
14. Boppana SB, Rivera LB, Fowler KB, Mach M, Britt WJ (2001) Intrauterine transmission of cytomegalovirus to infants of women with preconceptional immunity. N Engl J Med 344:1366–1371
15. Boppana SB, Fowler KB, Pass RF, Rivera LB, Bradford RD et al (2005) Congenital cytomegalovirus infection: association between virus burden in infancy and hearing loss. J Pediatr 146(6):817–823
16. Boppana SB, Ross SA, Novak Z, Shimamura M, Tolan RW et al (2010) Dried blood spot real-time polymerase chain reaction assays to screen newborns for congenital cytomegalovirus infection. JAMA 303(14):1375–1382
17. Bresson JL, Clavequin MC, Mazeron MC, Mengelle C, Scieux C et al, Federation Francaise des CECOS (2003) Risk of cytomegalovirus transmission by cryopreserved semen: a study of 635 semen samples from 231 donors. Hum Reprod 18(9):1881–1886
18. Buxmann H, von Stackelberg OM, Schlößer RL, Enders G, Gonser M et al (2012) Use of cytomegalovirus hyperimmunoglobulin for prevention of congenital cytomegalovirus disease: a retrospective analysis. J Perinat Med 439–446
19. Cahill AG, Odibo AO, Stamilio DM, Macones GA (2009) Screening and treating for primary cytomegalovirus infection in pregnancy: where do we stand? A decision-analytic and economic analysis. AJOG 201:466.e1–7
20. Cannon MJ, Davis KF (2005) Washing our hands of the congenital cytomegalovirus disease epidemic. BMC Public Health 5:70
21. Cannon MJ, Hyde TB, Scott-Schmid D (2011) Review of cytomegalovirus shedding in bodily fluids and relevance to congenital cytomegalovirus infection. Rev Med Virol 21:240–255
22. Cannon MJ, Westbrook K, Levis D, Schleiss MR, Thackeray R, Pass RF (2012) Awareness of and behaviors related to child-to-mother transmission of cytomegalovirus. Preventive Medicine 54:351–357
23. Daiminger U, Bäder U, Enders G (2005) Pre- and periconceptional primary cytomegalovirus infection: risk of vertical transmission and congenital disease. BJOG 112:166–172
24. De Villemeur AB, Gratacap-Cavallier B, Casey R, Baccard-Longere M, Goirand L et al (2011) Occupational risk for cytomegalovirus, but not for parvovirus B19 in child-care personnel in France. J Infect 63:457–467
25. de Vries JJC, Vossen ACTM, Kroes ACM, Van der Zeijst BAM (2011) Implementing neonatal screening for congenital cytomegalovirus: addressing the deafness of policy makers. Rev Med Virol 21:54–61
26. de Vries JJC, van Zwet EW, Dekker FW, Kroes ACM, Verkerk PH, Vossen ACTM (2013) The apparent paradox of maternal seropositivity as a risk factor for congenital cytomegalovirus infection: a population-based prediction model. Rev Med Virol 23; 241–249
27. Dollard SC, Grosse SC, Ross DS (2007) New estimates of the prevalence of neurological and sensory sequelae and mortality associated with congenital cytomegalovirus infection. Rev Med. Virol 17:355–363
28. Dollard SC, Staras SAS, Amin MM, Schmid DS, Cannon MJ (2011) National prevalence estimates for cytomegalovirus IgM and IgG avidity and association between high IgM antibody titer and low IgG avidity. Clin Vaccine Immunol 18(11):1895–1899
29. Donner C, Liesnard C, Brancart F, Rodesch F (1994) Accuracy of amniotic fluid testing before 21 weeks' gestation in prenatal diagnosis of congenital cytomegalovirus infection. Pren Diagn 14:1055–1059
30. Enders G, Bäder U, Lindemann L, Schalasta G, Daiminger A (2001) Prenatal diagnosis of congenital cytomegalovirus infection in 189 pregnancies with known outcome. Prenat Diagn 21(5):362–377
31. Enders G, Bäder U, Bartelt U, Daiminger A (2003) Zytomegalievirus- (CMV-) Durchseuchung und Häufigkeit von CMV-Primärinfektionen bei schwangeren Frauen in Deutschland. Bundesgesundheitsblatt 46:426–432
32. Enders G, Daiminger A, Bäder U, Exler S, Enders M (2011) Intrauterine transmission and clinical outcome of 248 pregnancies with primary cytomegalovirus infection in relation to gestational age. J Clin Virol 52:244–246

33. Enders G, Daiminger A, Lindemann L, Knotek F, Bäder U et al (2012) Cytomegalovirus (CMV) seroprevalence in pregnant women, bone marrow donors and adolescents in Germany, 1996–2010. Med Microbiol Immunol 201(3):303–309
34. Fabbri E, Revello M, Furione M, Zavattoni M, Lilleri D et al (2011) Prognostic markers of symptomatic congenital human cytomegalovirus infection in fetal blood. BJOG 118:448–456
35. Finney JW, Miller KM, Adler SP (1993) Changing protective and risky behaviors to prevent child-to-parent transmission of cytomegalovirus. J Applied Behavior Analysis 26:471–472
36. Fowler KB, Stagno S, Pass RF (2003) Maternal immunity and prevention of congenital cytomegalovirus infection. JAMA 289(8):1008–1011
37. Fowler KB, Boppana SB (2006) Congenital cytomegalovirus (CMV) infection and hearing deficit. J Clin Virol 35:226–231
38. Gabrielli L, Bonasoni MP, Lazzarotto T, Lega S, Santini D et al (2009) Histological finding in foetuses congenitally infected by cytomegalovirus. J Clin Virol 46S:S16–S21
39. Gabrielli L, Bonasoni MP, Santini D, Piccirilli G, Chiereghin A et al (2012) Congenital cytomegalovirus infection: patterns of fetal brain damage. Clin Microbiol Infect 18:E419–E427
40. Gerna G, Sarasini A, Patrone M, Percivalle E, Fiorina L et al (2008) Human cytomegalovirus serum neutralizing antibodies block virus infection of endothelial/epithelial cells, but not fibroblasts, early during primary infection. J Gen Virol 89; 853–865
41. Gindes L, Teperberg-Oikawa M, Sherman D, Pardo J, Rahav G (2008) Congenital cytomegalovirus infection following primary maternal infection in the third trimester. BJOG 115:830–835
42. Goegebuer T, Van Meensel B, Beuselinck K, Cossey V, Van Ranst M et al (2009) Clinical predictive value of real-time PCR quantification of human cytomegalovirus DNA in amniotic fluid samples. J Clin Microbiol 47(3):660–665
43. Goelz R, Hihn E, Hamprecht K, Dietz K, Jahn G et al (2009) Effects of different CMV-heat-inactivation-methods on growth factors in human breast milk. Pediatr Res 65;458–461
44. Göhring K, Dietz K, Hartleif S, Jahn G, Hamprecht K (2010) Influence of different extraction methods and PCR techniques on the sensitivity of HCMV-DNA detection in dried blood spot (DBS) filter cards. J Clin Virol 48:278–281
45. Gratacap-Cavallier B, Morand P, Dutertre N, Bosson JL, Baccard-Longere M et al (1998) Cytomegalovirus infection in pregnant women. Seroepidemiological prospective study in 1018 women in Isere. J Gynecol Obstet Biol Reprod 27;161–166
46. Guerra B, Simonazzui G, Puccetti C, Lanari M, Farina A et al (2008) Ultrasound prediction of symptomatic congenital cytomegalovirus infection. Am J Obstet Gynecol 198:380.e1–380.e7
47. Hadar E, Yogev Y, Melamed N, Chen R, Amir J, Pardo J (2010) Periconceptional cytomegalovirus infection: pregnancy outcome and rate of vertical transmission. Prenat Diagn 30:1213–1216
48. Hamprecht K, Maschmann J, Vochem M, Dietz K, Speer CP, Jahn G (2001) Epidemiology of transmission of cytomegalovirus from mother to preterm infant by breastfeeding. Lancet 357(9255):513–118
49. Hamprecht K, Maschmann J, Müller D, Dietz K, Besenthal I et al (2004) Cytomeaglovirus (CMV) inactivation in breast milk: reassessment of pasteurization and freeze-thawing. Pediatr Res 56; 529–535
50. Hamprecht K, Maschmann J, Jahn G, Poets CF, Goelz R (2008) Cytomegalovirus transmission to preterm infants during lactation. J Clin Virol 41(3):198–205
51. Harvey J, Dennis CL (2008) Hygiene interventions for prevention of cytomegalovirus infection among childbearing women: systematic review. J Advanced Nursing 63:440–450
52. Iwasenko JM, Howard J, Arbuckle S, Graf N, Hall B et al (2011) Human cytomegalovirus infection is detected frequently in stillbirths and is associated with fetal thrombotic vasculopathy. J Infect Dis 203:1526–1533
53. Jacquemard F, Yamamoto M, Costa JM, Romand S, Jaqz-Aigrain E et al (2007) Maternal administration of valaciclovir in symptomatic intrauterine cytomegalovirus infection. BJOG 114:1113–1121
54. Johnson JM, Anderson BL (2013) Cytomegalovirus: Should we screen pregnant women for primary iinfection? Am J Perinatol30:121–124
55. Johnson J, Anderson B, Pass F (2012) Prevention of maternal and congenital cytomegalovirus infection. Clin Obstet Gynecol 55(2):521–530
56. Kadambari S, Williams EJ, Luck S, Griffiths PD, Sharland M (2011) Evidence based management guidelines for the detection and treatment of congenital CMV. Early Hum Dev87(11):723–728
57. Kimberlin DW, Li CY, Sanchez PJ, Demmler GJ, Dankner W et al, National Institute of Allergy and Infectious Diseases Collaborative Antiviral Study Group (2003) Effect of ganciclovir therapy on hearing in symptomatic congenital cytomegalovirus disease involving the central nervous system: a randomized, controlled trial. J Pediatr 143(1):16–25

Literatur

58. Kylat RI, Kelle EN, Ford-Jones EL (2006) Clinical findings and adverse outcome in neonates with symptomatic congenital cytomegalovirus (SCCMV) infection. Eur J Pediatr 165:773–778
59. Lazzarotto T, Maine GT, Del Monte P, Frush H, Shi K, Landini MP (1996) Detection of serum immunoglobulin M to human cytomegalovirus by western blotting correlates better with virological data than detection by conventional enzyme immunoassay. Clin Diagn Lab Immunol 3(5):597–600
60. Lazzarotto T, Brojanac S, Maine GT, Landini MP (1997) Search for cytomegalovirus-specific immunoglobulin M: comparison between a new western blot, conventional western blot, and nine commercially available assays. Clin Diagn Lab Immunol 4(4):483–486
61. Lazzarotto T, Guerra B, Spezzacatena P, Varani S, Gabrielli L et al (1998) Prenatal diagnosis of congenital cytomegalovirus infection. J Clin Microbiol 36(12):3540–3544
62. Lazzarotto T, Guerra B, Lanari M, Gabrielli L, Landini MP (2008) New advances in the diagnosis of congenital cytomegalovirus infection. J Clin Virol 41:192–197
63. Lazzarotto T, Guerra B, Gabrielli L, Lanari M, Landini MP (2011) Update on the prevention, diagnosis and management of cytomegalovirus infection during pregnancy. Clin Microbiol Infect 17:1285–1293
64. Lisboa LF, Asberg A, Kumar D, Pang X, Hartmann A et al (2011) The clinical utility of whole blood versus plasma cytomegalovirus viral load assays for monitoring therapeutic response. Transplantation 91(2):231–236
65. Liesnard C, Donner C, Brancart F, Gosselin F, Delforge ML, Rodesch F (2000) Prenatal diagnosis of congenital cytomegalovirus infection: prospective study of 237 pregnancies at risk. Obstet Gynecol 95:881–888
66. Mace M, Sissoeff A, Rudent A, Grangeot-Keros L (2004) A serological testing algorithm for the diagnosis of primary CMV infection in pregnant women. Prenat Diagn 24:861–863
67. Manicklal S, Emery VC, Lazzarotto T, Boppana SB, Gupta RK (2013) The "silent" global burden of congenital cytomegalovirus. Clin Microbiol Rev 26:86–102
68. Marshall BC, Adler SP (2009) The frequency of pregnancy and exposure to cytomegalovirus infections among women with a young child in day care. Am J Obstet Gynecol 200:163.e1–163.e5
69. Maschmann J, Hamprecht K, Weissbrich B, Dietz K, Jahn G, Speer CP (2006) Freeze-thawing of breast milk does not prevent cytomegalovirus transmission to a preterm infant. Arch Dis Child Fetal Neonatal Ed 91; F288–290
70. McCarthy FP, Giles ML, Rowlands S, Purcell KJ, Jones CA (2011) Antenatal interventions for preventing the transmission of cytomegalovirus (CMV) from the mother to fetus during pregnancy and adverse outcomes in the congenitally infected infant. Cochrane Database Syst Rev 16(3):CD008371
71. Meier J, Lienicke U, Tschirch E, Krüger DH, Wauer RR, Prösch S (2005) Human cytomegalovirus reactivation during lactation and mother-to-child transmission in preterm infants. J Clin Microbiol 43(3):1318–1324
72. Miendje Deyi Y, Goubau P, Bodeus M (2000) False-positive IgM antibody tests for cytomegalovirus in patients with acute Epstein-Barr virus infection. Eur J Clin Microbiol Infect Dis 19(7):557–560
73. Nagamori T, Koyano S, Inoue N, Yamada H, Oshima M et al (2010) Single cytomegalovirus strain associated with fetal loss and then congenital infection of a subsequent child born to the same mother. J Clin Virol 49(2):134–136
74. Nigro G, Anceschi MM, Cosmi EV, Congenital Cytomegalic Disease Collaborating Group (2003) Clinical manifestations and abnormal laboratory findings in pregnant women with primary cytomegalovirus infection. BJOG 110:572–577
75. Nigro G, Adler SP, La Torre R, Best AM, Ph D for the Congenital Cytomegalovirus Collaborating Group (2005) Passive immunization during pregnancy for congenital cytomegalovirus infection. N Engl J Med 353:1350–1362
76. Nigro G, Adler SP, Parruti G, Anceschi MM, Coclite E et al (2012) Immunoglobulin therapy of fetal cytomegalovirus infection occurring in the first half of pregnancy – A case-control study of the outcome in children. J Infect Dis 205:215–227
77. Pass RF, Hutto C, Ricks R, Cloud GA (1986) Increased rate of cytomegalovirus infection among parents of children attending day-care-centers. N Engl J Med 314(22):1414–1418
78. Pass RF, Little EA, Stagno S, Britt WJ, Alford CA (1987) Young children as a probable source of maternal and congenital cytomegalovirus infection. N Engl J Med 316(22):1366–1370
79. Pass RF, Hutto C, Ricks R, Cloud GA (1996) Increased rate of cytomegalovirus infection among parents of children attending day-care centers. N Engl J Med 314(22):1414–1418
80. Pass RF (2005) Congenital cytomegalovirus infection and hearing loss. Herpes 12(2):50–55
81. Pass RF, Fowler KB, Boppana SB, Britt WJ, Stagno S (2006) Congenital cytomegalovirus infection first trimester maternal infection: symptoms at birth and outcome. J Clin Virol 35:216–220

82. Pass RF, Zhang C, Evans A, Simpson T, Andrews W et al (2009) Vaccine prevention of maternal cytomegalovirus infection. N Engl J Med 360:1191–1199
83. Pereira L (2011) Have we overlooked congenital cytomegalovirus infection as a cause of stillbirth? J Infect Dis 203:1510–1512
84. Picone O, Vauloup-Fellous C, Cordier AG, Parent Du Chatelet I, Senat MV et al (2009) A 2-year study on cytomegalovirus infection during pregnancy in a French hospital. BJOG 116(6):8181–823
85. Picone O, Vauloup-Fellous C, Cordier AG, Guitton S, Senat MV et al (2013) A series of 238 cytomegalovirus primary infections during pregnancy: description and outcome. Prenat Diagn 33; 751–758
86. Plummer G, Lewis B (1965) Thermoinactivation of herpes simplex virus and cytomegalovirus. J Bacteriol 89(3):671
87. Rajasekariah H, Scott G, Robertson PW, Rawlinson WD (2013) Improving diagnosis of primary cytomegalovirus infection in pregnant women using immunoblots. J Med Virol 85:315–319
88. Revello MG, Baldanti F, Furione M, Sarasini A, Percivalle E et al (1995) Polymerase chain reaction for prenatal diagnosis of congenital human cytomegalovirus infection. J Med. Virol 47(4):462–466
89. Revello MG, Gerna G (2002) Diagnosis and management of human cytomegalovirus infection in the mother, fetus, and newborn infant. Clin Microbiol Rev 15(4):680–715
90. Revello MG, Zavattoni M, Furione M, Lilleri D, Gorini G, Gerna G (2002) Diagnosis and outcome of preconceptional and periconceptional primary human cytomegalovirus infections. J Infect Dis 186:553–557
91. Revello MG, Gerna G (2004) Pathogenesis and prenatal diagnosis of human cytomegalovirus infection. J Clin Virol 29:71–83
92. Revello MG, Zavattoni M, Furione M, Fabbri E, Gerna G (2006) Preconceptional primary human cytomegalovirus infection and risk of congenital infection. J Infect Dis 193:783–787
93. Revello MG, Furione M, Zavattoni M, Tassis B, Nicolini U et al (2008) Human cytomegalovirus (HCMV) DNAemia in the mother at amniocentesis as a risk factor for iatrogenic HCMV infection of the fetus. J Infect Dis 197:593–596
94. Revello MG, Genini E, Gorini G, Klersy C, Piralla A, Gerna G (2010) Comparative evaluation of eight commercial human cytomegalovirus IgG avidity assays. J Clin Virol 48:255–259
95. Revello MG, Fabbri E, Furione M, Zavattoni M, Lilleri D et al (2011) Role of prenatal diagnosis and counseling in the management of 735 pregnancies complicated by primary human cytomegalovirus infection: A 20-year experience. J Clin Virol 50:303–307
96. Romanelli RM, Magny JF, Jacquemard F (2008) Prognostic markers of symptomatic congenital cytomegalovirus infection. Braz J Infect Dis 12(1):38–43
97. Ross SA, Boppana SB (2004) Congenital cytomegalovirus infection: outcome and diagnosis. Semin Pediatr Infect Dis 16:44–49
98. Ross SA, Novak Z, Fowler KB, Arora N, Britt WJ, Boppana SB (2009) Cytomegalovirus blood viral load and hearing loss in young children with congenital infection. Pediatr Infect Dis J 28(7):588–592
99. Ross SA, Arora N, Novak Z, Fowler KB, Britt WJ, Boppana SB (2010) Cytomegalovirus reinfections in healthy seroimmune women. J Infect Dis 201:386–389
100. Rothe M, Pepperl-Klindworth S, Lang D, Vornhagen R, Hinderer W et al (2001) An antigen fragment encompassing the AD2 domains of glycoprotein B from two different strains is sufficient for differentiation of primary vs. recurrent human cytomegalovirus infection by ELISA. J Med Virol 65:719–729
101. Rousseau T, Douvier S, Reynaud I, Laurent N, Bour JB et al (2000) Severe fetal cytomegalic inclusion disease after documented maternal reactivation of cytomegalovirus infection during pregnancy. Prenat Diagn 20:333–336
102. Schleiss MR (2008) Cytomegalovirus vaccine development. Curr Top Microbiol Immunol 325:361–382
103. Schoppel K, Kropff B, Schmidt C, Vornhagen R, Mach M (1997) The humoral immune response against human cytomegalovirus is characterized by a delayed synthesis of glycoprotein-specific antibodies. J Infect Dis 175:533–544
104. Shen CY, Chang SF, Yen MS, NG HAT, Huang ES, Wu CW (1993) Cytomegalovirus excretion in pregnant and nonpregnant women. J Clin Microbiol 31(6):1635–1636
105. Slyker JA, Lohman-Payne BL, John-Stewart GC, Maleche-Obimboc D, Overbaugh J et al (2009) Acute cytomegalovirus infection in Kenyan HIV-infected infants. AIDS 23:2173–2181
106. Stagno S, Pass RF, Cloud G, Britt WJ, Henderson RE et al (1986) Primary cytomegalovirus infection in pregnancy. Incidence, transmission to fetus, and clinical outcome. JAMA 256(14):1904–1908
107. Stelma FF, Smismans A, Goossens VJ, Bruggeman CA, Hoebe CJ (2009) Occupational risk of human cytomegalovirus and parvovirus B19 infection in female day care personnel in the Netherlands; a study based on seroprevalence. Eur J Clin Microbiol Infect Dis 38(4):393–397

108. Stowell JD, Forlin-Passoni D, Din E, Radford K, Brown D et al (2011) Cytomegalovirus survival on common environmental surfaces:opportunities for viral transmission. J Infect Dis 205(2):211–214
109. Syridou G, Spanakis N, Konstantinidou A, Piperaki ET, Kafetzis D et al (2008) Detection of cytomegalovirus, Parvovirus B19 and herpes simplex viruses in cases of intrauterine fetal death:association with pathological findings. J Med Virol 80:1776–1782
110. Vauloup-Fellous C, Picone O, Cordier AG, Parent-du Chatelet I et al (2009) Does hygiene counselling have an impact on the rate of CMV primary infection during pregnancy? Results of a 3-year prospective study in a French hospital. J Clin Virol 46(Suppl. 4):S49–53
111. Vauloup-Fellous C, Berth M, Heskia F, Dugua J-M, Grangeot-Keros L (2013) Re-evaluation of the VIDAS® cytomegalovirus (CMV) IgG avidity assay: determination of new cut-off values based on the study of kinetics of CMV-IgG maturation. J Clin Virol 56(2):118–123
112. Visentin S, Manara R, Milanese L, Da roit A, Forner G et al (2012) Early primary cytomegalovirus infection in pregnancy: maternal hyperimmunglobulin therapy improves outcomes among infants a 1 year age. CID 55(4):497–503
113. Vonka V, Benyesh-Melnick M (1966) Thermoinactivation of human cytomegalovirus. J Bacteriol 91(1):221
114. Walker SP, Palma-Dias R, Wood EM, Shekleton P, Giles ML (2013) Cytomegalovirus in pregnancy: to screen or not to screen? BMC Preg Childbirth 13;96
115. Wang C, Zhang X, Bialek S, Cannon MJ (2011) Attribution of congenital cytomegalovirus infection to primary versus non-primary maternal infection. CID 52;e11–e13
116. Wintergerst U, Hübener C, Strauss A, Jäger G, Bise K et al (2006) Schwere kongenitale CMV-Infektion trotz maternalem CMV-Durchseuchungstiter. Monatsschr Kinderheilkd 154:558–564
117. Yamamoto AY, Mussi-Pinhata MM, Boppana SB, Novak Z, Wagatsuma VM et al (2010) Human cytomegalovirus reinfection is associated with intrauterine transmission in a highly cytomegalovirus-immune maternal population. Am J Obstet Gynecol 202:e1–8

Anhang

Bereits existierende Leitlinien zu verwandten Themen

Deutschland

- **S1-Leitlinien**
- Proben zur mikrobiologischen Infektionsdiagnostik: Gewinnung, Lagerung und Transport (AWMF Registernummer 029/18)
- Blutübertragbare Virusinfektionen: Prävention (AWMF Registernummer 029/026)
- Händedesinfektion und Händehygiene (AWMF Registernummer 029/027)
- Infektionsprävention unter der Entbindung (AWMF Registernummer 029/035)

- **S2k-Leitlinien**
- Deutsch-Österreichische Leitlinie zur HIV-Therapie in der Schwangerschaft und bei HIV-exponierten Neugeborenen (AWMF Registernummer 055/002)
- HPV-Infektion / präinvasive Läsionen des weiblichen Genitale: Prävention, Diagnostik und Therapie (015/027)

- **S3-Leitlinien**
- Hepatitis-C-Virus (HCV)-Infektion; Prophylaxe, Diagnostik und Therapie (AWMF Registernummer 021/012)
- Hepatitis-B-Virusinfektion - Prophylaxe, Diagnostik und Therapie (AWMF Registernummer 021/11)

Schweiz

- Schweizer Empfehlungen für das Management des Herpes genitalis und der Herpes-simplex-Virus-Infektion des Neugeborenen (Schweizerische Ärztezeitung 2005; 85, S. 781-792)
- HIV, Schwangerschaft und Geburt. Ein Update der Empfehlungen zur Prävention der vertikalen HIV-Transmission (Bulletin des Bundesamtes für Gesundheit 2009; 5 S. 69-75).
- Pandemische Grippe (H1N1) 2009 bei schwangeren Frauen: Empfehlungen der gynécologie suisse / Schweizerische Gesellschaft für Gynäkologie und Geburtshilfe (SGGG) (► http://sggg.ch/files/Pandemische_Grippe_H1N1_2009.pdf)
- Empfehlungen zur Prävention der Mutter-Kind-Übertragung von Hepatitis B (Bulletin des Bundesamtes für Gesundheit 2007; 2, S. 1-11)
- Impfung von Frauen im gebärfähigen Alter gegen Röteln, Masern, Mumps und Varizellen (Bundesamt für Gesundheit 2006; Richtlinien und Empfehlungen S. 1-12; ► www.bag.admin.ch/infinfo)

USA

Siehe Homepage der Centers of Disease Control (CDC): ► http://www.cdc.gov/pregnancy/during.html

MIX
Papier aus verantwortungsvollen Quellen
Paper from responsible sources
FSC® C105338

If you have any concerns about our products,
you can contact us on
ProductSafety@springernature.com

In case Publisher is established outside the EU,
the EU authorized representative is:
**Springer Nature Customer Service Center GmbH
Europaplatz 3, 69115 Heidelberg, Germany**

Printed by Libri Plureos GmbH
in Hamburg, Germany